초 Speed

기초개념부터 쉽게 알려주는
전기기능장 실기 PLC

전기기능장 **김재규** 지음

PLC XGB

Programmable
Logic
Controller

BM (주)도서출판 **성안당**

■ 도서 A/S 안내

　하루가 다르게 빠르게 변화하고 있는 현대산업사회의 가장 중대한 원동력인 전기는 어느 분야에서나 필수적인 에너지원으로써 날로 그 중요성이 증대되고 있다. 이러한 시대적인 요구와 더불어 전기 기술 인력의 최고 기술자인 전기기능장의 위상도 점차 높아지고 있다.

　전기기능장 자격을 취득할 경우 『전기공사업법』상 "전기공사협회"에서 특급기술자로서 전기기능분야 최고급기술자의 지위를 받을 수 있고, 『전기사업법』상 "전기기술인협회"에서 전기안전관리 선임자격이 주어지며 전기 경력 및 감리원 자격을 받을 수 있다.

　전기기능장 자격을 취득하기 위해서 전기기능장 실기시험을 준비하거나 전기기능경기대회 또는 산업현장의 자동화에 따른 전기실무에서 없어서는 안 될 반드시 필요한 분야가 바로 PLC이다.

　이에 본서는 특급기술자, 전기기능장 등 최고의 기능인 및 기술자들과 수십 년간의 분석과 세밀한 연구를 거쳐 전기기능장 실기시험 출제기준에 적합한 PLC 내용을 최대한 수록하려고 노력하였다.
　전기기능장 실기시험을 준비하고 있는 전기기술자분들이 독학으로 편리하고 쉽게 학습할 수 있고 응용력을 넓힐 수 있도록 기본 개념부터 예시, 과년도 출제문제 등으로 구성하였다.

　따라서 본서가 전기기술자들의 기술력을 한 단계 더 발전시킴과 동시에 산업현장에서 적용할 수 있는 PLC(Programmable Logic Controller)의 실무서로서 많이 활용되기를 기대한다.

　끝으로 이 책이 나오기까지 바쁜 일정과 폭염 등 악조건 속에서도 끊임없이 분석과 연구, 자문을 해주신 김종규 기술자님, 강철규·서성덕 전기기능장, 임태문 강사님께 깊은 감사를 드린다.

저자 김재규 씀

01 개요

전기를 효율적으로 사용하기 위해서는 각종 전기시설의 유지·보수업무도 중요하다. 따라서 전기를 합리적으로 사용하고 전기로 인한 재해를 방지하기 위하여 일정한 자격을 갖춘 사람으로 하여금 전기공작물의 공사, 유지 및 운용에 관한 업무를 수행하도록 하기 위해 전기기능장 자격제도가 제정되었다.

02 수행직무

전기에 관한 최상급 숙련기능을 가지고 산업현장에서 작업관리, 소속기능자의 지도 및 감독, 현장훈련, 경영층과 생산계층을 유기적으로 결합시켜 주는 현장의 중간관리 등의 업무를 수행한다.

03 진로 및 전망

① 발전소, 변전소, 전기공작물시설업체, 건설업체, 한국전력공사 및 일반사업체나 공장의 전기부서, 가정용 및 산업용 전기 생산업체, 부품제조업체 등에 취업하여 전기와 관련된 제반시설의 관리 및 검사를 담당한다. 일부는 직업능력개발훈련교사로 진출할 수도 있다.
② 각종 전기기기의 구조를 이해하고 전기기기 및 생산설비를 안전하게 관리 및 검사할 수 있는 전문가의 수요는 계속될 것이며 특히 「전기공사사업법」에 의하면 특급기술자로 채용하게 되어 있고 그 외 「항로표지법」에서도 해상교통의 안전을 도모하고 선박운항의 능률을 향상시키기 위해 사설항로표지를 해상에 설치할 경우에는 자격취득자를 고용하게 되어 있다.
③ 「대기환경보전법」과 「수질환경보전법」에 의거하여 오염물질을 처리하는 방지시설업체에는 방지시설기술자를 채용하게 되어 있다.

04 시행처

한국산업인력공단

05 관련학과

전문계 고등학교, 전문대학 이상의 전기과, 전기제어과, 전기설비과 등

06 시험과목

① 필기 : 전기이론, 전기기기, 전력전자, 전기설비설계 및 시공, 송·배전, 디지털공학, 공업경영에 관한 사항
② 실기 : 전기에 관한 실무

07 검정방법

① 필기 : 객관식 4지 택일형(1시간)
② 실기 : 복합형[6시간 30분(필답형 1시간 30분, 작업형 5시간) 정도]

08 합격기준

100점을 만점으로 하여 60점 이상

09 전기기능장 PLC 출제기준

① PC기반, PLC 제어기기의 요소들을 이해하고 적합한 기기들을 선정할 수 있다.
② 자동제어시스템의 도면 등을 분석할 수 있다.
③ 시퀀스 및 PLC 제어회로를 구성 및 설치할 수 있다.
④ 제어기기 간의 통신시스템을 구축할 수 있다.
⑤ 제어시스템의 공정을 확인하고 연동제어회로의 각종 신호변화에 따른 정상동작 유무를 판단할 수 있다.
⑥ 논리회로 구성을 이해하고 간략화 할 수 있으며, 유접점, 무접점 회로를 상호 변환하여 구성할 수 있다.
⑦ 자동제어시스템을 관련 규정에 따라 유지보수 계획을 수립하고 계획에 준하여 유지보수 할 수 있다.

Contents

CHAPTER **04** | **PLC 기본 명령어 이해하기**

Contents

Contents

CHAPTER 10 | 타이머(Timer) 타임차트 이해하기

CHAPTER 11 카운터(Counter) 타임차트 이해하기

부록 최근 과년도 출제문제 이해하기

Contents

참고문헌 XGK/XGB 명령어집(LS Electric)

PLC의 기본 및 일반사항 이해하기

01 PLC의 기본 및 일반사항 이해하기

01 스위치의 종류

1 유지형 스위치

ELB(누전차단기), NFB 또는 MCCB(배선용 차단기), KS(커버나이프스위치), 매입스위치, 셀렉터스위치 등

2 복귀형 스위치

푸시버튼스위치(PB) 등

3 A · B · C접점의 종류

(1) A(a)접점

스위치 조작 전에 열려(개방) 있다가 조작신호에 의하여 닫히는(단락) 상태가 되는 접점으로 상시 개로접점(NO접점 : Normally Open Contact)이라고 한다.

(2) B(b)접점

스위치 조작 전에 닫혀(단락) 있다가 조작신호에 의하여 열리는(개방) 상태가 되는 접점으로 상시 폐로접점(NC접점 : Normally Closed Contact)이라고 한다.

(3) C(c)접점

고정 a접점과 b접점을 공유하고 조작 전에는 b접점 가동부가 접촉되어 있다가 조작하면 a접점으로 전환되는 접점이다.

a접점	b접점	c접점

(4) 버튼을 누르면 b접점(NC)은 a접점(NO)이 되고, a접점(NO)은 b접점(NC)이 된다.

(5) 눌렀던 손을 놓으면 자동으로 복귀되는 복귀형 스위치이다.

외형	접점	단자
	b접점 ―○─○― a접점 ―○ ○―	⊕ NC ⊕ ⊕ NO ⊕ NC : b접점 NO : a접점

02 XGB의 프로그램의 편집 기능

1 기능 제한사항

항목	내용	제한사항
최대 접점수	한 라인에 입력할 수 있는 최대 접점의 개수를 의미	31개
최대 라인수	편집 가능한 최대 라인수를 의미	65,535라인
최대 복사 라인수	한 번에 복사할 수 있는 최대 라인수를 의미	300라인
최대 붙여넣기 라인수	한 번에 붙여 넣을 수 있는 최대 라인수를 의미	3,000라인

2 기본 명령의 종류 및 설명

기호	설명	접점	단축키
Esc	선택모드 변경(선택할 경우 사용)		ESC
F3	평상시 열린 접점	―┤├―	F3
F4	평상시 닫힌 접점	―┤/├―	F4
sF1	양변환 검출접점	―┤P├―	S+F1
sF2	음변환 검출접점	―┤N├―	S+F2

3

기호	설명	접점	단축키
F5	가로선	———	F5
F6	세로선	|	F6
sF8	연결선	——➤	S+F8
sF9	반전	—※—	S+F9
F9	코일	—( )—	F9
F11	역 코일	—(/)—	F11
sF3	셋 코일	—(S)—	S+F3
sF4	리셋 코일	—(R)—	S+F4
sF5	양변환 검출코일	—(P)—	S+F5
sF6	음변환 검출코일	—(N)—	S+F6
F10	펑션·펑션 블록	{F}	S+F10

3 단축키(커서 이동)

단축키	설명
Home	열의 시작으로 이동
Ctrl+Home	프로그램 시작으로 이동
Back+Space	현재 데이터를 삭제하고 왼쪽으로 이동
→	현재 커서를 오른쪽으로 한 칸 이동
←	현재 커서를 왼쪽으로 한 칸 이동
↑	현재 커서를 위쪽으로 한 칸 이동
↓	현재 커서를 아래쪽으로 한 칸 이동
End	열의 끝으로 이동
Ctrl+End	편집된 가장 마지막 줄로 이동

■4 단축키(자주 사용)

단축키	명령	설명
Ctrl+C	복사	블록을 잡아 클립보드에 복사
Ctrl+V	붙여넣기	클립보드로부터 편집 창에 복사
Ctrl+X	잘라내기	블록을 잡아 삭제하면서 클립보드에 복사
Ctrl+Y	재실행	편집 취소된 동작을 다시 복구
Ctrl+Z	편집 취소	프로그램 편집 창에서 편집을 취소하고 바로 이전 상태로 되돌림
Ctrl+L	라인 삽입	커서 위치에 새로운 라인 추가
Ctrl+D	라인 삭제	커서 위치에 있는 라인을 삭제
Ctrl+E	설명/ 레이블 입력	커서 위치에 설명문 또는 테이블 입력
Ctrl+I	셀 삽입	커서 위치에 입력 가능한 셀을 추가
Ctrl+T	셀 삭제	커서 위치에서 하나의 셀을 삭제

03 기본 명령어 사용 방법

■1 S1과 S2의 2개 동작 비교

기호	설명	조건	결과
=	같다	S1=S2	On
>=	크거나 같다	S1>=S2	On
<	작다	S1<S2	On
<=	작거나 같다	S1<=S2	On
◇	같지 않다	S1≠S2	On
>	크다	S1>S2	On

■2 S1, S2, S3의 3개 동작 비교

기호	설명	조건	결과
=3	같다	S1=S2=S3	On
<=3	작거나 같다	S1<=S2<=S3	On
>=3	크거나 같다	S1>=S2>=S3	On

기호	설명	조건	결과
〈〉3	같지 않다	S1≠S2≠S3	On
〈3	작다	S1〈S2〈S3	On
〉3	크다	S1〉S2〉S3	On

■3 용어정리

(1) Hz(헤르츠)

우리나라는 1초에 60[Hz]를 말한다.

여기서, 주파수 1[Hz]주기는 0.5[sec] 켜졌다(On), 0.5[sec] 꺼졌다(Off) 또는 0.5[sec] 꺼졌다(Off), 켜졌다(On) 1회를 동작한다. (가정하고 시험에 출제된 프로그램이다.)

(2) 점멸(점등과 소등)

> **예** 전등이 켜졌다(On), 꺼졌다(Off) 반복하는 것이다.

(3) 점등은 계속 켜져 있는(On) 상태를 말한다.

(4) 소등은 꺼져 있는(Off) 상태를 말한다.

04 프로젝트 창의 런 중 수정

> **Tip**
>
> PLC 운전모드 런 상태 또는 시뮬레이터 운전 상태에서 프로그램을 수정할 수 있다.
> 『프로젝트 열기 ⇒ 접속(모니터 시작) ⇒ 런 중 수정[시뮬레이터 운전 중(활성화) 편집(편집과 런 중 수정 쓰기를 반복할 수 있다)] ⇒ 런 중 수정 쓰기 ⇒ 런 중 수정 종료』

■1 런 중 수정 시작 ✏

(1) 메뉴[온라인(O)] ⇒ [런 중 수정 시작(S)]를 선택한다.

(2) 프로그램 창이 런 중 수정 모드로 전환되며(배경색이 "라임색"으로 전환), 프로그램의 배경색상은 옵션에서 변경 가능하다.

■2 편집

런 중 수정 편집은 오프라인에서의 편집과 동일하다.

■3 런 중 수정 쓰기 🖨

(1) 런 중 수정 편집이 끝나면 메뉴[온라인(O)] ⇒ [런 중 수정 쓰기(L)]를 선택한다.

(2) 편집된 프로그램을 PLC로 전송한다.

■4 런 중 수정 종료 ✗

런 중 수정이 끝나면 메뉴[온라인(O)] ⇒ [런 중 수정 종료(Q)]를 선택하여 런 중 수정을 끝낸다(배경색이 "회색"으로 전환).

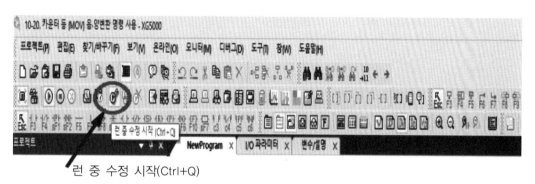

런 중 수정 시작(Ctrl+Q)

05 PLC 프로그램 범례(각종 계전기 및 다이어그램 범례)

기호	설명	기호	설명
▯⊠▭	On Delay Timer (온 딜레이 타이머)	▯▮▭	Off Delay Timer (오프 딜레이 타이머)
▯▮⊠▭	On · Off Delay Timer (온 · 오프 딜레이 타이머)	▭	Relay Or Motor Starter coil (릴레이, 전자접촉기)
⬭	단말(시작, 종료)	◇	판단 또는 조건(반복, 선택 등 따라 흐름)

기호	설명	기호	설명
▭	처리(데이터)	⬡	준비(변수 등 초기화)
(문서기호)	문서(번지 등 프린터)	→ ← ↑ ↓	기호 간 처리흐름
〈	작다	〈=	작거나 같다
〉	크다	〉=	크거나 같다
=	같다	≠. ◇	같지 않다
▱	입력과 출력 (수를 읽어 번지에 기억)	반복 K=5 K=K+1	반복 : K=5회

타이머 5종류
명령어 특징
이해하기

01 TON(On Deley Timer) 명령 : 한시동작 순시복귀 타이머

(1) 입력접점을 누르면(On) 설정값이 설정되어 있으면 현재값이 가산되기 시작하여 설정값에 도달될 때까지만 b접점에서 출력이 나오고 설정값 이상 되면 b접점에 연결된 출력은 소멸하고, a접점에 연결된 출력이 나온다.

(2) 자기유지되어 있을 경우 접점 등 초기화(Reset)시켜야 된다.

명칭	심벌	기능	설명	계수
TON	TON T t	입력 T	설정값 : t	설정값:3, 가산 : (1, 2, 3 : On)

02 TOFF(Off Deley Timer) 명령 : 순시동작 한시복귀 타이머

(1) 입력접점을 누르면(On) 현재값이 설정되어 있어도 감산되지 않고 설정값 그대로 있다가 입력접점을 놓는(Off) 순간 그 시점부터 현재값이 감산되며 출력이 나오고 현재값 0이 되면 출력은 소멸한다(단, 출력 발생 : 점등, 출력 소멸 : 소등).

(2) 초기화(Reset)가 필요 없다[단, 설정시간 동안에는 초기화(Reset)시켜야 된다].

명칭	심벌	기능	설명	계수
TOFF	TOFF T t	입력 T	설정값 : t	설정값:3, 가산 : 3(3, 2, 1 : On)

03 TMR(적산 타이머) 명령 : 누적 타이머

(1) 설정값이 설정되어 있고 입력접점을 누르는(On) 순간 그 시점부터 현재값이 설정 값 이하이면 출력은 나오지 않고, 입력접점을 다시 눌러서 설정값에 도달하면 출력 이 계속 나온다.

(2) 반드시 초기화(Reset)시켜야 된다(입력접점을 눌렀다 놓았다를 반복하면 설정값에 도달될 때까지 누적된다).

명칭	심벌	기능	설명	계수
TMR	TMR T t	입력 t1 t2 T	설정값 : t (t1+t2=t)	설정값:3, 가산 : 3(1+2 : On)

04 TMON(Monostable Timer) 명령 : 설정값 0이 되면 소멸

(1) 설정값이 설정되어 있으면 입력접점을 누르는(On) 순간 그 시점부터 출력이 나와 설정값을 감산하여 설정값 0이 되면 출력이 소멸된다.

(2) 초기화(Reset)가 필요 없다[단, 설정시간 동안에는 초기화(Reset)시켜야 된다].

명칭	심벌	기능	설명	계수
TMON	TMON T t	입력 t T	설정값 : t	설정값 : 3, 감산(3, 2, 1 : On)

05 TRTG(Retriggerable Timer) 명령 : 재동작 타이머

(1) 설정값이 설정되어 있으면 입력접점을 누르는(On) 순간 그 시점부터 설정시간 동 안 출력이 나오고, 설정시간 되기 전 입력접점을 다시 누르면(On) 그 순간부터 다 시 설정값이 재설정되어 설정값까지 출력(On) 후 소멸된다.

(2) 초기화(Reset)가 필요 없다[단, 설정시간 동안에는 초기화(Reset)시켜야 된다].

명칭	심벌	기능	설명	계수
TRTG	TRTG T t	입력 〔t〕 T	설정값 : t	설정값 : 3, 감산(3, 2, 1 : On)

카운터, 타이머 등 입력방법

- 입력접점에 Rising Edge(또는 눌렀을 때 ⌐Ͱⵏ)로 입력한다.
  ◇ Rising Edge : 상승하는 끝부분에서 한 펄스 신호가 들어가는 것
- 입력접점에 Positive(또는 눌렀을 때 ⌐Ͱⵏ)로 입력한다.
  ◇ Positive : 플러스(눌렀을 때) 부분에서 한 펄스 신호가 들어가는 것
- 입력접점에 양변환 접점(또는 눌렀을 때 ⌐Ͱⵏ)로 입력한다.
  ◇ 양(+)변환 : 눌렀을 때 그 부분에서 한 펄스 신호가 들어가는 것
- 입력접점에 입상 펄스(또는 눌렀을 때 ⌐Ͱⵏ)로 입력한다.
  ◇ 입상(↑) 펄스 : 눌렀을 때 화살표 부분에서 한 펄스 신호가 들어가는 것
- 입력접점이 ON하면 신호가 계속 들어가는 상태를 말한다.
- 입력접점에 Falling Edge(또는 놓았을 때 ⌐Ͱⵏ)로 입력한다.
  ◇ Falling Edge : 떨어지는 끝에서 한 펄스 신호가 들어가는 것
- 입력접점에 Negative(또는 놓았을 때 ⌐Ͱⵏ)로 입력한다.
  ◇ Negative : 마이너스(놓았을 때) 부분에서 한 펄스 신호가 들어가는 것
- 입력접점에 음변환 접점(또는 놓았을 때 ⌐Ͱⵏ)로 입력한다.
  ◇ 음(−)변환 : 놓았을 때 화살표 부분에서 한 펄스 신호가 들어가는 것
- 입력접점에 입하 펄스(또는 놓았을 때 ⌐Ͱⵏ)로 입력한다.
  ◇ 입하(↓) 펄스 : 놓았을 때 그 부분에서 한 펄스 신호가 들어가는 것
- 입력접점이 OFF하면 신호가 계속 들어가지 않는 상태를 말한다.
※ 이 책에서 동작사항과 타임차트 간 상이할 경우 타임차트를 우선한다.

06 타이머 경계치 설정(XGB 기종에 따라 시작 번지와 끝 번지가 다름)

Tip

프로젝트 창 클릭 ⇒ 기본 파라미터 클릭 ⇒ 디바이스 영역 설정 클릭 ⇒ 래치 영역 선택(체크하지 않기) ⇒ 타이머 경계치 "참고"(수정은 가능하나 있는 그대로 사용을 권장)

예 XGB(XBC-DR32H기종)

종류	시작	끝	프로그램 표기 방법 1초
100[ms]	0	499	10
10[ms]	500	999	100
1[ms]	1000	1023	1000

07 TON(On Deley Timer)

1 TON

입력조건이 On되면 현재값이 가산(증가)하여 설정값에 도달하면 접점이 On된다.

2 명령 및 심벌

3 영역설정

오퍼랜드	설명	데이터 타입
T	사용하고자 하는 타이머 접점	WORD
t	• 타이머의 설정값(t)을 나타내고 정수나 워드 디바이스 지정이 가능하다. • 설정시간 = 기본주기(1[ms], 10[ms], 100[ms])×설정값	WORD

4 TON(On 타이머)의 기능

(1) 입력조건이 On되는 순간부터 현재값이 증가하여 타이머 설정값에 도달하면 접점이 On된다.

(2) 입력조건이 Off되거나 리셋(Reset) 명령을 만나면 타이머 출력이 Off되고 현재값은 0이 된다.

(3) 타임차트

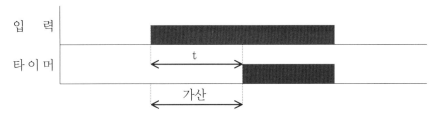

▪▪▪ 5 프로그램 예제 1

(1) P00000이 On한 후 10초 후 타이머의 현재값과 설정값이 같을 때 T0001은 On이 되고 P00020도 On이 된다.

(2) 만약 현재값이 설정값 도달 전에 입력조건이 Off되면 현재값은 0이 된다. 리셋 (Reset) 입력접점 P00001이 On이 되면 T0001이 Off되면서 현재값은 0이 된다.

(3) 타임차트

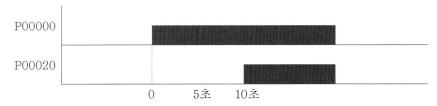

(4) 프로그램 예제 1(TON의 플리커회로 1)

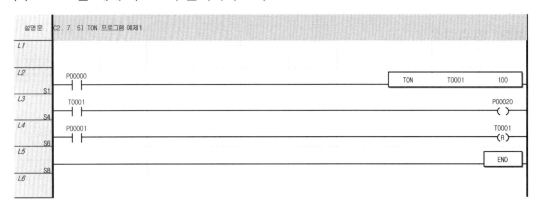

구 XGB 프로그램에서는 반드시 프로그램을 하고, 위의 (4)항의 프로그램에서 END 명령어를 해야 에러가 발생하지 않는다. 그러나 신 XGB 프로그램에서는 위의 (4)항의 프로그램에서 END 명령어를 생략해도 에러는 발생하지 않는다.

14

■6 프로그램 예제 2(TON의 플리커회로 1)

(1) 동작사항

① 타이머 1개를 사용하여 프로그램을 한다.

② 출력은 1초 Off / 1초 On 점멸을 반복한다.

(2) PLC 입·출력 배치도

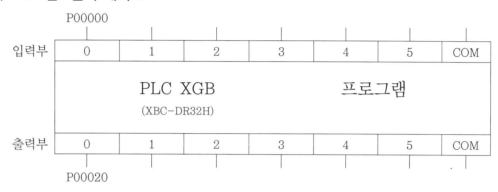

(3) 타임차트

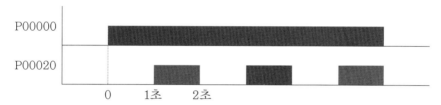

(4) 프로그램 예제 2(TON의 플리커회로 1)

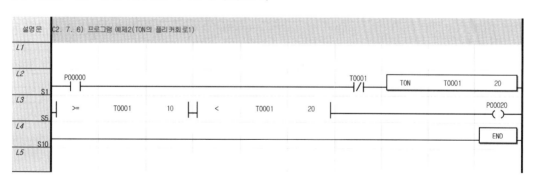

■7 프로그램 예제 3(TON의 플리커회로 2)

(1) 동작사항

① 타이머 2개를 사용하여 프로그램을 한다.

② 출력은 1초 Off / 1초 On 점멸을 반복한다.

(2) PLC 입·출력 배치도

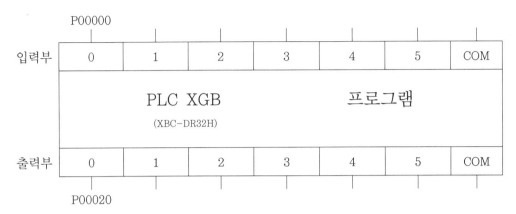

(3) 타임차트

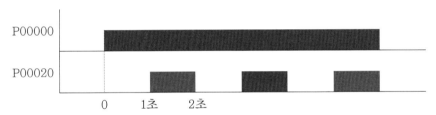

(4) 프로그램 예제 3(TON의 플리커회로 2) 1번, 2번 풀이

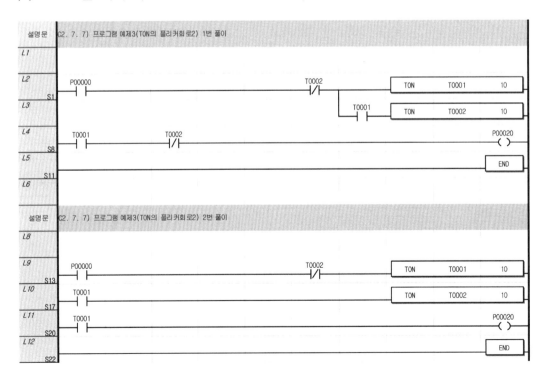

08 TOFF(Off Deley Timer)

1 TOFF

입력조건이 On에서 Off가 되면 타이머 현재값이 설정값으로부터 감산되어 현재값이 0이 되는 순간 출력은 Off된다.

2 명령 및 심벌

3 영역설정

오퍼랜드	설명	데이터 타입
T	사용하고자 하는 타이머 접점	WORD
t	• 타이머의 설정값을 나타내고 정수나 워드 디바이스 지정이 가능하다. • 설정시간 = 기본주기(1[ms], 10[ms], 100[ms])×설정값	WORD

4 TOFF(OFF 타이머)의 기능

(1) 입력조건이 On되면 타이머는 현재값이 설정값이 되어 출력은 On된다.

(2) 입력조건이 Off되면 타이머는 현재값이 설정값으로부터 감산되어 0이 되는 순간 출력이 Off된다.

(3) 리셋(Reset) 명령을 만나면 타이머 출력이 Off되고 현재값이 0이 된다.

(4) 타임차트

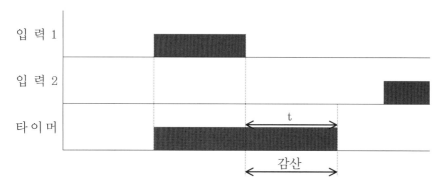

5 프로그램 예제 1

(1) 입력접점 P00000이 Off에서 On(양변환 접점)되거나 On에서 Off(음변환 접점) 또는 On되면 출력 P00020이 On된다.

(2) 입력접점 P00000을 놓았을(Off) 때 타이머의 현재값이 설정값(t) 동안 감산하여 현재값이 0이 되는 순간 출력이 Off된다.

(3) 리셋(Reset) 입력접점 P00001이 On하면 현재값이 0이 된다.

(4) 타임차트

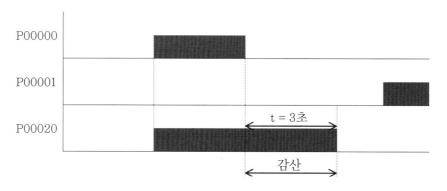

(5) 프로그램 예제 1

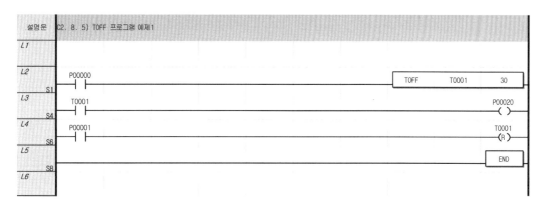

6 프로그램 예제 2

(1) 동작사항

입력접점 P00000에 Rising Edge하면 성립되고 타이머 현재값은 설정값으로부터 감소되어 0이 되기 전 P00001에 Falling Edge하면 타이머 출력이 Off된다.

(2) PLC 입·출력 배치도

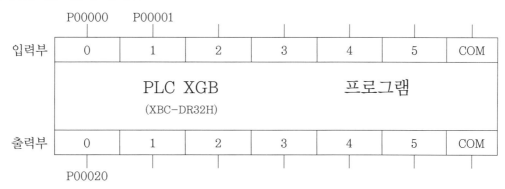

(3) 타임차트

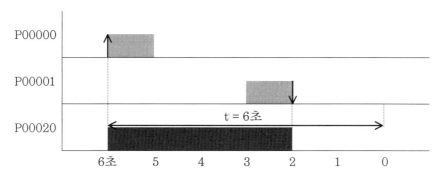

(4) 프로그램 예제 2

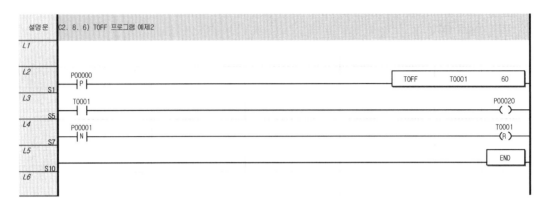

09 TMR(적산 타이머)

■1 TMR

입력조건이 On되는 동안 현재값이 증가하여 누적되어 타이머의 설정값에 도달하면 타이머 접점이 On된다.

■2 명령 및 심벌

| TMR | 입력조건접점 ⊓ ┤├ ┤ ├ | TMR | T | t |

■3 영역설정

오퍼랜드	설명	데이터 타입
T	사용하고자 하는 타이머 접점	WORD
t	• 타이머의 설정값을 나타내고 정수나 워드 디바이스 지정이 가능하다. • 설정시간 = 기본주기(XGB지원 : 1[ms], 10[ms], 100[ms]) × 설정값	WORD

4 TMR(적산 타이머)의 기능

(1) 입력조건이 On되는 순간 현재값이 증가하여 누적된 값이 타이머의 설정시간에 도달하면 타이머 접점이 On된다. 적산 타이머는 정전시간에도 타이머값을 유지하므로 PLC 순간 정전에도 이상이 없다.

(2) 리셋(Reset) 입력조건이 성립되면 타이머 접점은 Off되고 현재값은 0이 된다.

5 프로그램 예제 1

(1) 동작사항

① 입력접점 입력 1을 On, Off, On 반복 또는 On하면 출력 타이머 접점이 On된다.

② 리셋(Reset) 입력접점 입력 2를 On하면 현재값은 0이 된다.

(2) 타임차트

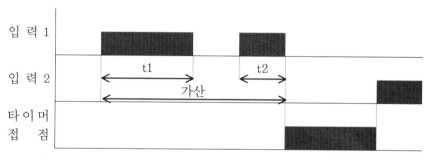

※ 설정시간(t) = t1 + t2

6 프로그램 예제 2

(1) 동작사항

① 입력접점 P00000을 On, Off, On 반복 후 T00001이 On하여 출력 P00020은 On된다.

② 리셋(Reset) 입력접점 P00001을 On하면 현재값은 0이 되어 P00020은 Off된다.

(2) 타임차트

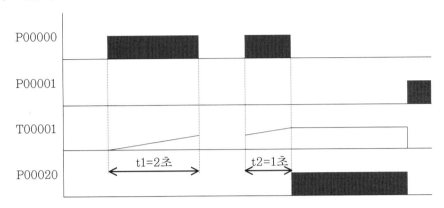

※ 설정시간[t(3초)] = [t1(2초) + t2(1초)]

(3) 프로그램 예제 2

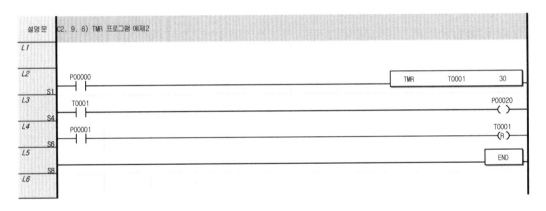

■7 프로그램 예제 3

(1) 동작사항

① TMR 타이머 설정값이 3초로 설정되어 있다.

② 입력접점 P00000이 On되면 현재값을 가산하여 누적값 타이머 설정값은 3초가 되어 P00020은 On된다.

③ 리셋(Reset) 입력접점 P00001을 On하면 현재값이 0이 되어 P00020은 Off된다.

(2) PLC 입·출력 배치도

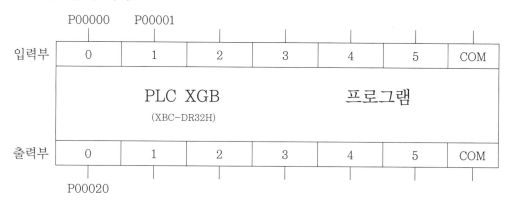

(3) 타임차트

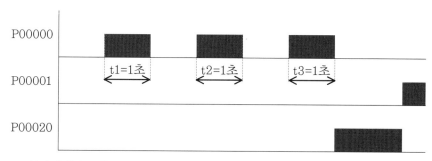

※ 설정시간[t(3초)] = t1(1초) + t2(1초) + t3(1초)

(4) 프로그램 예제 3

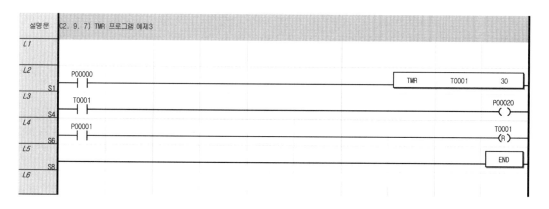

23

10 TMON(Monostable Timer)

1 TMON

입력조건이 On되는 순간 타이머 출력은 타이머의 현재값이 설정값으로부터 감소하기 시작하여 0이 되면 출력은 Off된다.

2 명령 및 심벌

3 영역설정

오퍼랜드	설명	데이터 타입
T	사용하고자 하는 타이머 접점	WORD
t	• 타이머의 설정값을 나타내고 정수나 워드 디바이스 지정이 가능하다. • 설정시간 = 기본주기(1[ms], 10[ms], 100[ms])×설정값	WORD

4 TMON(모노스테이블 타이머)의 기능

(1) 입력접점 입력 1이 On되는 순간 타이머 접점 출력이 On되고 타이머의 현재값이 설정값으로부터 감소하기 시작하여 0이 되면 타이머 출력은 Off된다.

(2) 타이머 출력이 On된 후 입력접점 입력 1이 On, Off로 변화하여도 입력조건과 관계없이 감산을 계속한다.

(3) 리셋(Reset) 입력접점 입력 2가 On되면 타이머 접점은 Off되고 현재값은 0이 된다.

24

(4) 타임차트

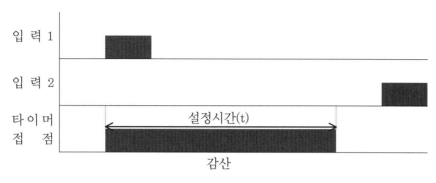

■5 프로그램 예제 1

(1) 입력접점 P00000을 On하면 타이머 접점 T0001은 즉시 On하여 타이머가 감산한다.

(2) 감산 중 입력접점 P00000은 On, Off를 반복하여도 감소는 계속한다.

(3) 리셋(Reset) 입력접점 P00001을 On하면 현재값은 0이 되며 출력은 Off된다.

(4) 타임차트

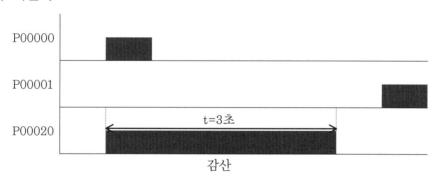

※ 설정시간(t) = 3초

(5) 프로그램 예제 1

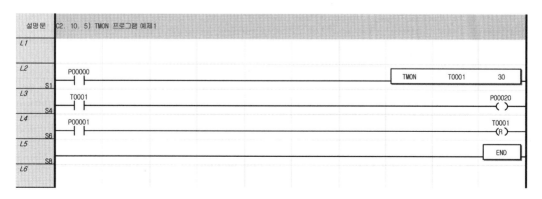

6 프로그램 예제 2

(1) 동작사항

① TMON 타이머 설정값은 6초로 설정되어 있다.

② 입력접점 P00000은 On되는 순간 출력도 On된다.

③ 입력접점 P00001은 On되면 리셋(Reset)된다.

(2) PLC 입·출력 배치도

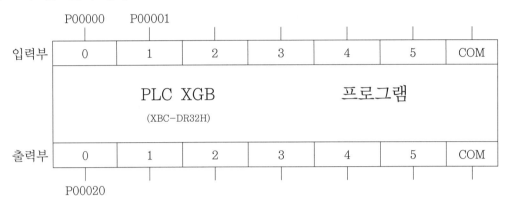

(3) 타임차트

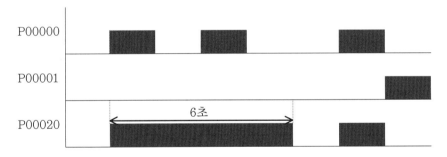

(4) 프로그램 예제 2

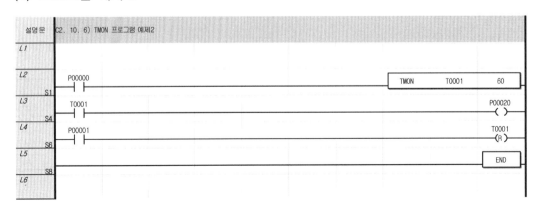

26

11 TRTG(Retriggerable Timer)

1 TRTG

입력조건이 On되고 현재값이 0이 되기 전 다시 입력조건을 Off에서 On하면 타이머 설정값으로 재설정된다.

2 명령 및 심벌

3 영역설정

오퍼랜드	설명	데이터 타입
T	사용하고자 하는 타이머 접점	WORD
t	• 타이머의 설정값을 나타내고 정수나 워드 디바이스 지정이 가능하다. • 설정시간 = 기본주기(1[ms], 10[ms], 100[ms])×설정값	WORD

4 TRTG(리트리거블 타이머)의 기능

(1) 입력조건이 성립되면 타이머 출력이 On되고 타이머의 현재값은 설정값으로부터 감소하기 시작하여 0이 되면 타이머 출력은 Off된다.

(2) 타이머 현재값이 0이 되기 전 입력 조건이 Off에서 On으로 변하면 타이머 현재값은 설정값으로 재설정된다.

(3) 리셋(Reset) 입력이 있으면 타이머 접점은 Off되고 현재값은 0이 된다.

(4) 타임차트

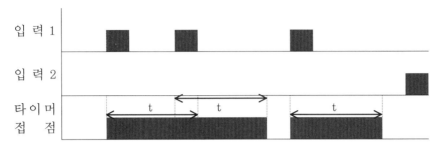

5 프로그램 예제 1

(1) 입력접점 P00000이 On되면 접점 T0001이 동시에 On되어 타이머는 감소를 시작하여 0에 도달하게 되면 출력 P00020은 Off된다.

(2) T0001이 0에 도달 전 입력접점 P00000이 On되면 현재값은 설정값이 되어 다시 감소한다.

(3) 리셋(Reset) 입력접점 P00001을 On하면 현재값이 0이 되며 출력은 Off된다.

(4) 타임차트

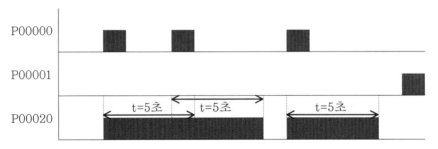

※ 설정시간(t) = 5초

(5) 프로그램 예제 1

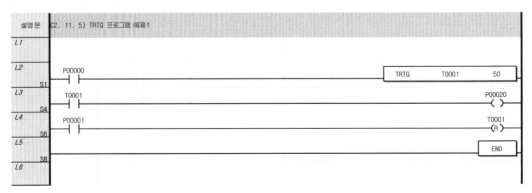

■ 6 프로그램 예제 2

(1) 동작사항

① TRTG 타이머 설정값은 3초로 설정되어 있다.

② 입력접점 P00000이 On되는 동안 P00020은 On되고, 타이머 현재값은 0이
되기 전 또 다시 입력조건을 Off에서 On하면 타이머 현재값은 설정값으로
반복된다.

③ 입력접점 P00001이 On되면 리셋(Resrt)된다.

(2) PLC 입·출력 배치도

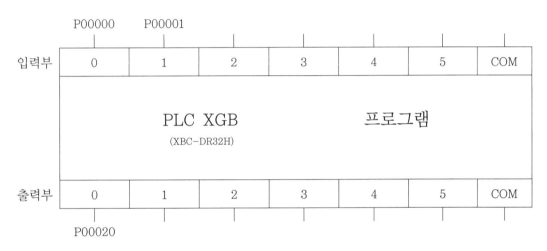

(3) 타임차트

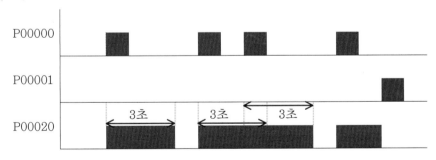

(4) 프로그램 예제 2

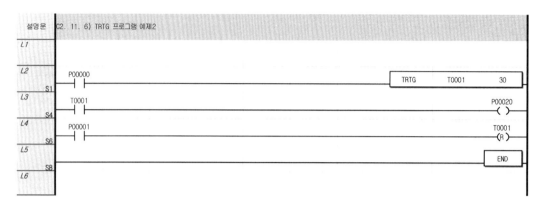

CHAPTER

03

카운터 4종류
명령어 특징
이해하기

03 카운터 4종류 명령어 특징 이해하기

01 CTU(Up Counter) 명령 : 가산 카운터

(1) 입력접점(펄스) 또는 On에 의하여 설정값 이상이 되면 출력이 나오고(접점 사용), 또는 현재값을 비교표로 작성해도 출력이 나오게 설정할 수 있다(단, 출력 발생 : 점등[On], 출력 소멸 : 소등[Off]).

(2) 반드시 초기화(Reset)시켜야 된다.

명칭	심벌	기능	설명	계수
CTU	CTU C n	Reset / Count Pulse / 설정값 / 현재값 / 출력	설정값 : n	설정값 : 3, 가산 3 (1, 2, 3 : On)

02 CTD(Down Counter) 명령 : 감산 카운터

(1) 입력접점(펄스) 또는 On에 의하여 설정값 설정에서 현재값이 0이 되면 출력이 나온다.

(2) 반드시 초기화(Reset)시켜야 된다.

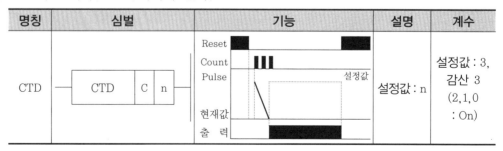

명칭	심벌	기능	설명	계수
CTD	CTD C n	Reset / Count Pulse / 설정값 / 현재값 / 출력	설정값 : n	설정값 : 3, 감산 3 (2,1,0 : On)

03 CTUD(Up Down Counter) 명령 : 가산, 감산 카운터

(1) 입력접점(펄스) 또는 On이 Up과 입력접점(펄스) 또는 On이 Down에 의하여 설정 값 이상이 되면 출력이 나오고 설정값 이하이면 출력이 소자되며, 또는 현재값을 비교표로 작성해도 출력이 나오게 설정할 수 있다.

(2) 초기화(Reset)시켜야 처음 상태로 된다.

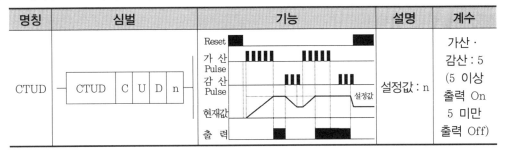

명칭	심벌	기능	설명	계수
CTUD	CTUD C U D n		설정값 : n	가산 · 감산 : 5 (5 이상 출력 On 5 미만 출력 Off)

04 CTR(Ring Counter) 명령 : 링 카운터 또는 반복 카운터

(1) 입력접점(펄스) 또는 On에 의하여 설정값이 되면 출력이 나오고, 입력접점(펄스) 또는 On에 의하여 출력이 소자되고 다시 입력접점(펄스)에 의해 동작이 반복(재동 작)되고, 또는 현재값으로 비교표를 작성해도 출력을 나오게 설정할 수 있다.

(2) 초기화(Reset)가 필요 없다.

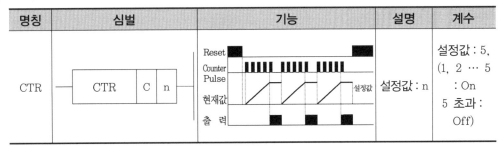

명칭	심벌	기능	설명	계수
CTR	CTR C n		설정값 : n	설정값 : 5, (1, 2 … 5 : On 5 초과 : Off)

05 CTU(Up Counter)

1 CTU

입력조건이 펄스 또는 On이 입력될 때마다 현재값을 1씩 가산하고 현재값이 설정값 이상이면 출력이 On된다.

2 명령 및 심벌

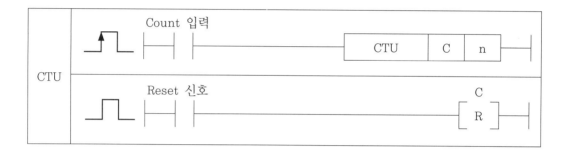

3 영역설정

오퍼랜드	설명	데이터 타입
C	사용하고자 하는 카운터 접점	WORD
n	설정값(0~65535)	WORD

4 CTU의 기능

(1) 입상 펄스가 입력될 때마다 현재값은 1씩 가산되고, 현재값이 설정값 이상이면 출력이 On되고 최대값(65535)까지 카운터한다.

(2) 리셋(Reset)신호를 On하면 출력을 Off시키며 현재값은 0이 된다.

(3) 타임차트[설정값(=최대값) 3회]

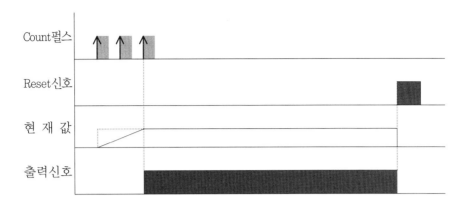

■5 프로그램 예제 1

(1) 입력접점 P00000이 입상 펄스 입력으로 Count Up하여 현재값과 설정값이 같을 때 출력 P00020이 On된다.

(2) 입력접점 P00001이 On되면 출력은 Off되고 현재값은 0으로 초기화된다.

(3) 타임차트[설정값(=최대값) 3회]

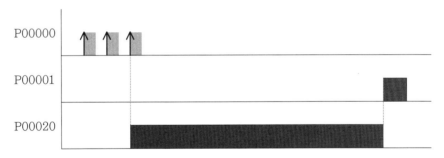

(4) 프로그램 예제 1

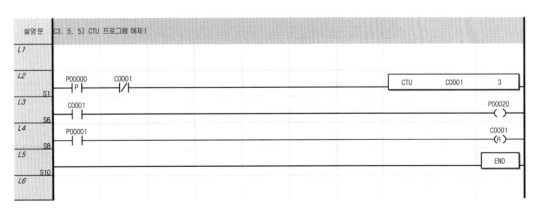

6 프로그램 예제 2

(1) 동작사항

① 입력접점 P00000에 입상 펄스가 입력될 때마다 1씩 가산하여 카운터의 최대 값은 3회가 된다.

② 입력접점 P00001의 입력조건이 On될 때 카운터값이 초기화된다.

(2) PLC 입·출력 배치도

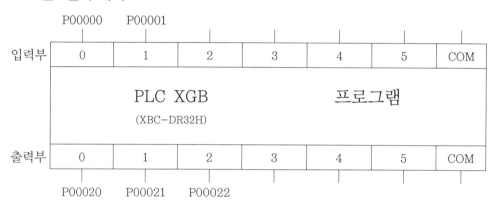

(3) 타임차트[설정값(=최대값) 3회]

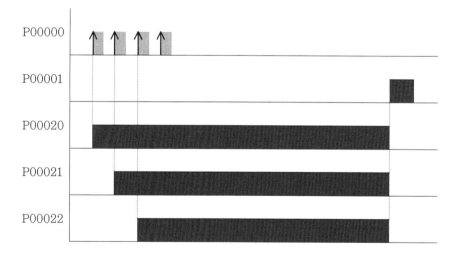

(4) 프로그램 예제 2(1번, 2번 풀이)

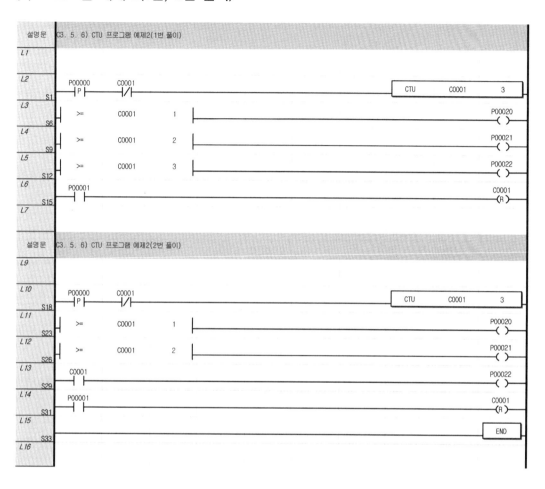

CTD(Down Counter)

1 CTD

입력조건에 펄스 또는 On이 입력될 때마다 설정값으로부터 1씩 감소하여 0이 되면
출력은 On된다.

■2 명령 및 심벌

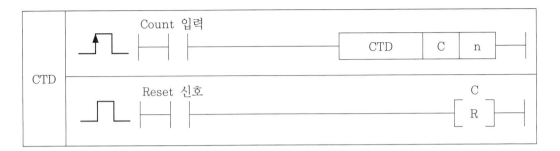

■3 영역설정

오퍼랜드	설명	데이터 타입
C	사용하고자 하는 카운터 접점	WORD
n	설정값(0~65535)	WORD

■4 CTD의 기능

(1) 입상 펄스가 입력될 때마다 설정값으로부터 1씩 감소하여 0이 되면 출력이 On된다.

(2) 리셋(Reset)신호가 On되면 출력을 Off시키며 현재값은 설정값이 된다.

(3) 타임차트[설정값(=최대값) 3회]

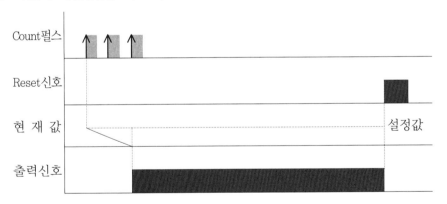

5 프로그램 예제 1

(1) 입력접점 P00000에 입상 펄스를 3회 On하면 Count Down하여 현재값이 0이 될 때 출력 P00020은 On된다.

(2) 입력접점 P00001이 On되면 출력을 Off시키며 현재값은 설정값이 된다.

(3) PLC 입·출력 배치도

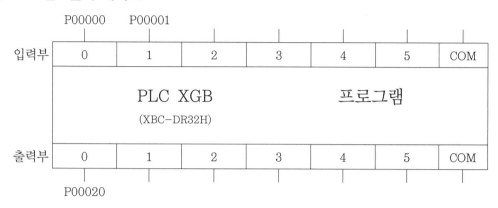

(4) 타임차트[설정값(=최대값) 3회]

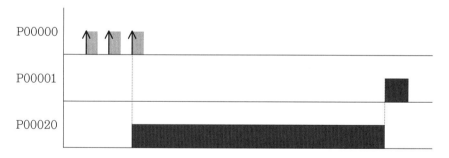

(5) 프로그램 예제 1

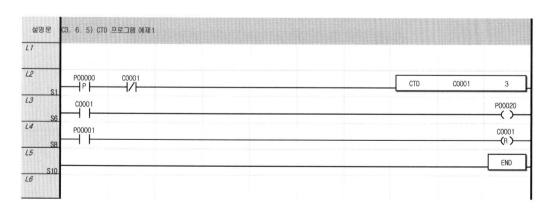

■■6 프로그램 예제 2

(1) 동작사항

① 입력접점 P00000에 입상 펄스를 입력할 때마다 1씩 감소하고, 카운터의 최대값은 4회이고 카운터가 감소하여 현재값이 0이 될 때 출력 P00020은 On 된다.

② 입력접점 P00001이 On되면 모든 출력을 Off시키고 현재값은 설정값이 된다.

(2) PLC 입·출력 배치도

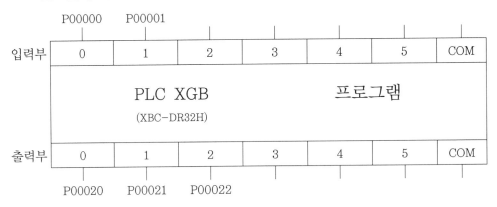

(3) 타임차트[설정값(=최대값) 4회]

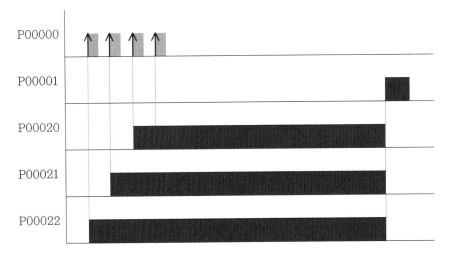

(4) 프로그램 예제 2

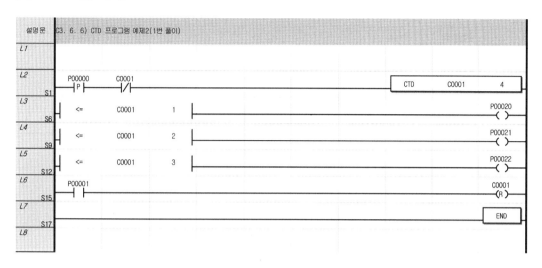

07 CTUD(Up Down Counter)

1 CTUD

U로 지정된 디바이스에 상승신호가 입력될 때마다 현재값을 1씩 가산하며, D로 지정된 디바이스에 상승신호가 입력될 때마다 현재값은 1씩 감소한다.

2 명령 및 심벌

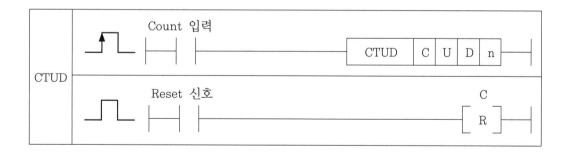

▨3 영역설정

오퍼랜드	설명	데이터 타입
C	사용하고자 하는 카운터 접점	WORD
U	현재값을 1씩 가산하는 신호	WORD
D	현재값을 1씩 감산하는 신호	WORD
n	설정값(0~65535)	WORD

▨4 CTUD의 기능

(1) U로 지정된 디바이스에 상승신호가 입력될 때마다 현재값을 1씩 가산하며, 현재값이 설정값 이상이면 출력을 On하고 최대값(65535)까지 Count한다.

(2) D로 지정된 디바이스에 상승신호가 입력될 때마다 현재값을 1씩 감산한다.

(3) 리셋(Reset)신호가 On되면 현재값은 0이 된다.

(4) U, D로 지정된 디바이스에 펄스가 동시에 On하면 현재값은 변하지 않는다.

(5) Count 동작 허용신호는 On된 상태를 유지하고 있어야 Up 또는 Down 카운터가 가능하다.

(6) 타임차트[설정값(=최대값) 4회]

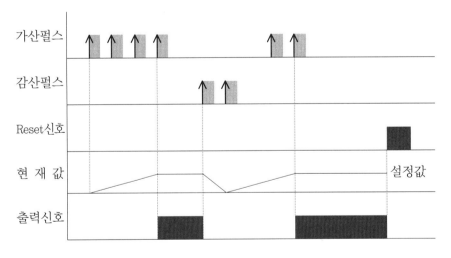

■5 프로그램 예제 1

(1) 입력접점 P00000에 입상 펄스 입력으로 Count Up하여 현재값과 설정값이 같을 때 출력 P00020은 On된다.

(2) 입력접점 P00001에 입상 펄스 입력으로 Count Down된다.

(3) 입력접점 P00002가 On되어 리셋(Reset) 조건이 만족되면 출력은 Off되고 카운터 현재값은 0이 된다.

(4) 카운터 허용신호(상시 On플래그)에 의해 항상 가산과 감소 카운터가 가능하다.

(5) PLC 입·출력 배치도

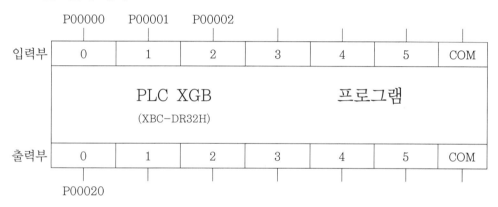

(6) 타임차트[설정값(=최대값) 4회]

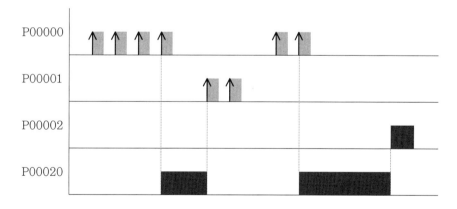

(7) 프로그램 예제 1(1번 양변환 접점, 2번 A접점 풀이)

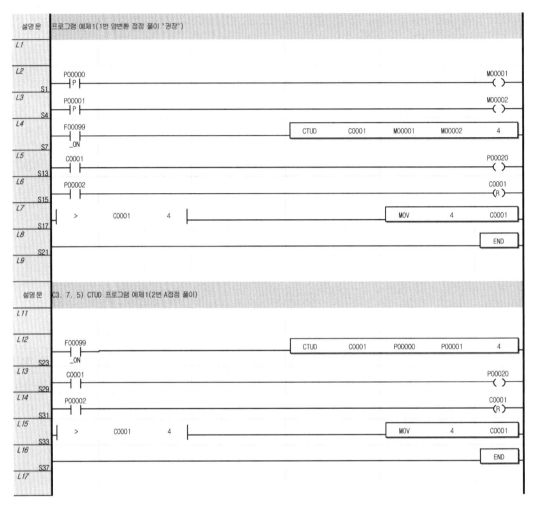

6 프로그램 예제 2

(1) 동작사항

입력접점 P00000에 입상 펄스를 입력할 때마다 1씩 가산되고 가산될 때마다 출력 P00020, P00021, P00022의 순서로 On되며, 입력접점 P00001에 입상 펄스를 입력할 때마다 1씩 감소되고 감소될 때마다 출력 P00022, P00021, P00020의 순서로 Off된다.

(2) PLC 입·출력 배치도

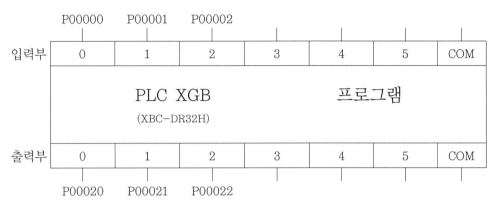

(3) 타임차트[설정값(=최대값) 3회]

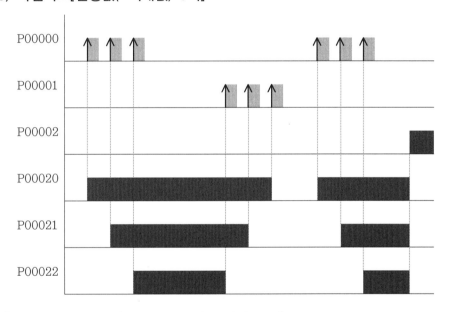

(4) 프로그램 예제 2(1번 비교, 2번 A접점 풀이)

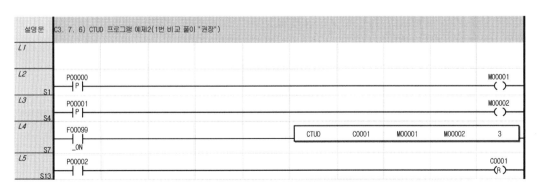

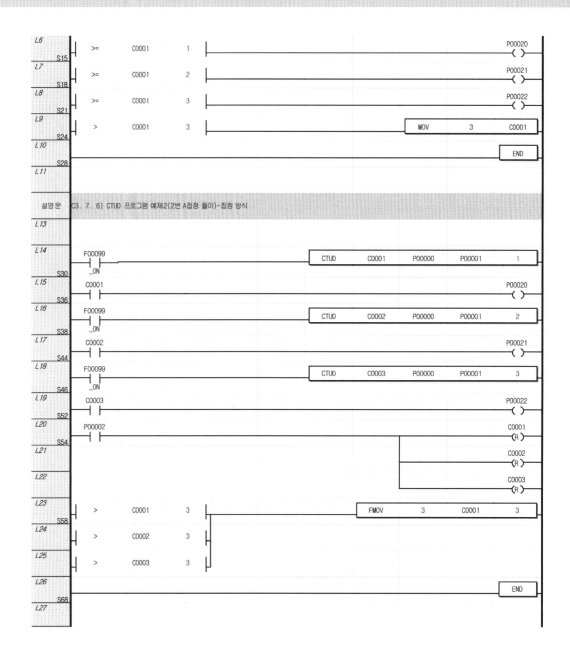

설명문 C3. 7. 6) CTUD 프로그램 예제2(2번 A접점 풀이)-접점 방식

08 CTR(Ring Counter)

1 CTR

입력조건 펄스 또는 On 입력될 때마다 현재값을 1씩 가산하고, 현재값이 설정값에 도달한 후 입력신호가 Off에서 On되면 현재값이 0으로 된다.

2 명령 및 심벌

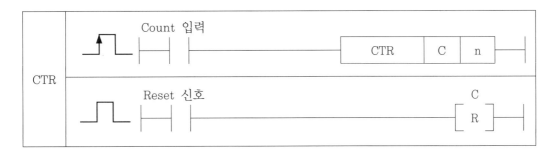

3 영역설정

오퍼랜드	설명	데이터 타입
C	사용하고자 하는 카운터 접점	WORD
n	설정값(0~65535)	WORD

4 CTR의 기능

(1) 펄스 또는 On이 입력될 때마다 현재값을 1씩 가산하고, 현재값이 설정값에 도달한 후 입력신호가 Off에서 On되면 현재값은 0으로 된다.

(2) 현재값이 설정값에 도달하면 출력은 On이 된다.

(3) 현재값이 설정값 미만이거나 리셋(Reset)조건이 On이면 출력은 Off된다.

(4) 타임차트[설정값(=최대값) 3회]

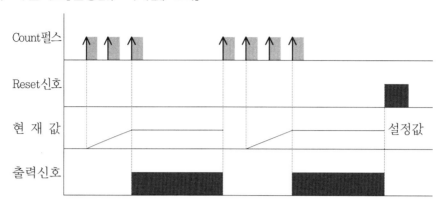

■5 프로그램 예제 1

(1) 입력접점 P00000이 입상 펄스에 의해 Count Up하여 현재값과 설정값이 같을 때 출력 P00020이 On된다.

(2) 입력접점 P00000이 입상 펄스 4회에 On하면 출력 P00020이 Off되면서 현재값은 0으로 리셋(Reset)된다.

(3) PLC 입·출력 배치도

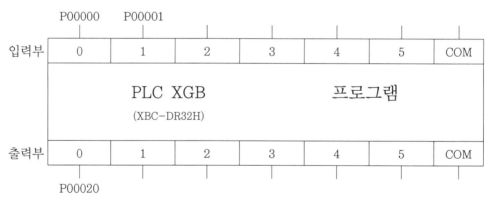

(4) 타임차트[설정값(=최대값) 3회]

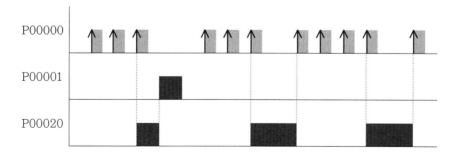

(5) 프로그램 예제 1

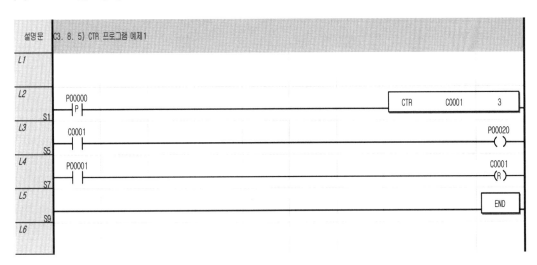

█6 프로그램 예제 2

(1) 동작사항

① 입력접점 P00000이 입상 펄스에 의해 Count Up하여 현재값과 설정값이 같을 때 출력 P00020은 On된다.

② 입력접점 P00000이 입상 펄스 2회에 On하면 출력 P00020이 Off되면서 현재값이 0으로 리셋(Reset)된다.

(2) PLC 입·출력 배치도

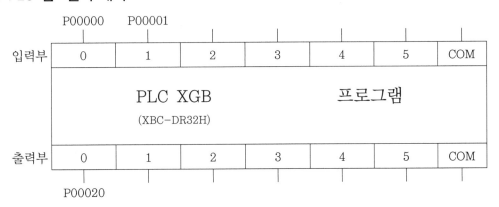

(3) 타임차트[설정값(=최대값) 1회]

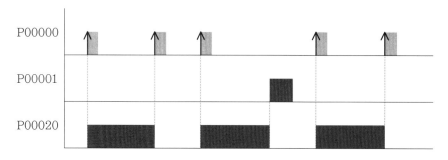

(4) 프로그램 예제 2

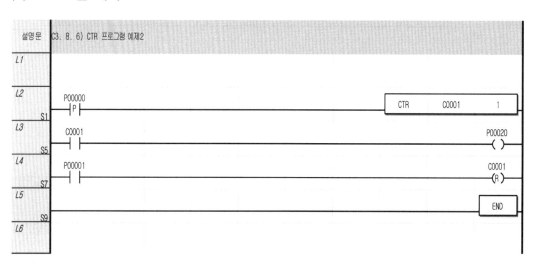

CHAPTER

04

PLC 기본
명령어
이해하기

01 NOT(반전) 명령

1 NOT

이전의 결과를 반전시키는 것이다.

2 명령 및 심벌

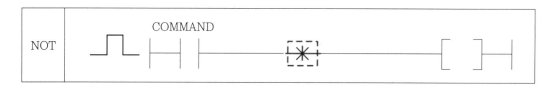

3 NOT의 기능

(1) NOT 명령은 이전의 결과를 반전시키는 기능을 한다.

(2) 반전 명령(NOT)을 사용하면 반전 명령 좌측의 회로에 대하여 a접점 회로는 b접점 회로로, b접점 회로는 a접점 회로로 그리고 직렬연결 회로는 병렬연결 회로로, 병렬연결 회로는 직렬연결 회로로 반전된다.

4 프로그램 예제

아래 프로그램의 (1), (2)는 동일 결과를 출력하는 예이다.

(1) 프로그램 예제 1

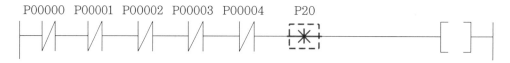

(2) 프로그램 예제 2

02 MCS, MCSCLR(마스터 컨트롤 명령)

1 MCS, MCSCLR

MCS 입력조건이 On이면 동일한 MCSCLR까지 실행한다.

2 명령 및 심벌

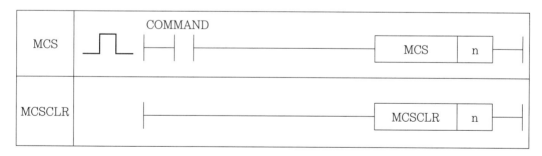

3 영역설정

오퍼랜드	설명	데이터 타입
n	정수, n(Nesting) 설정은 XGB는 0~7, XGK는 0~15까지 사용 가능	WORD(0–15)

■■ 4 MCS, MCSCLR의 기능

(1) MCS의 입력조건이 On이면 MCS번호와 동일한 MCSCLR까지를 실행하고, 입력조건이 Off가 되면 실행은 하지 않는다.

(2) 우선순위는 MCS번호 0이 가장 높고 7(XGB)/15(XGK)가 가장 낮으므로 우선순위가 높은 순으로 사용하고 해제는 그 역순으로 한다.

(3) MCSCLR 시 우선순위가 높은 것을 해제하면 낮은 순위의 MCS 블록도 함께 해제된다.

(4) MCS 혹은 MCSCLR은 우선순위에 따라 순차적으로 사용하여야 한다.

■■ 5 프로그램 예제

MCS 명령을 2개 사용하고 MCSCLR 명령은 우선순위가 높은 0을 사용한 프로그램이다.

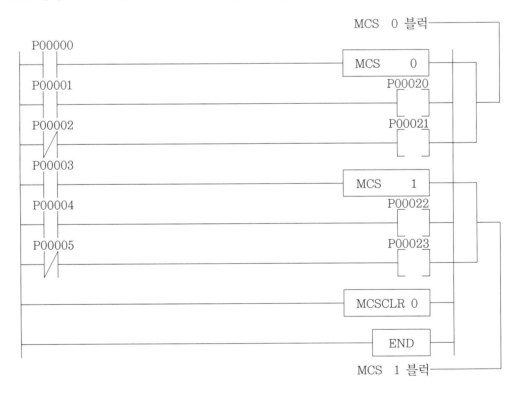

■■ 6 프로그램 예제 1[공통 LINE이 있는 회로(MCS, MCSCLS의 예)]

(1) 다음에 나타난 회로 상태 그대로 PLC 프로그램이 되지 않으므로 마스터 컨트롤(MCS, MCSCLS) 명령을 사용하는 프로그램을 사용해야 한다.

(2) 릴레이 회로

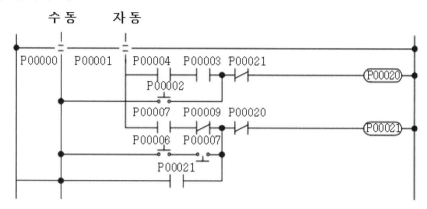

(3) 마스터 컨트롤을 사용한 프로그램

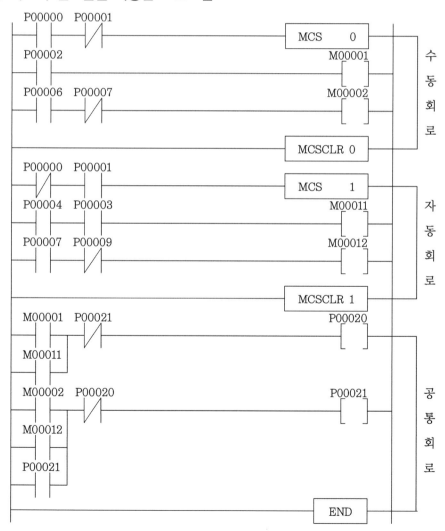

03 SET(출력 명령)

■1 SET

입력조건이 On되면 출력접점은 On 상태를 유지한다.

■2 명령 및 심벌

■3 영역설정

오퍼랜드	설명	데이터 타입
D	• On 상태를 유지시키고자 하는 접점 • 워드 디바이스의 비트접점	BIT

■4 SET의 기능

(1) 입력조건이 On되면 지정 출력접점을 On 상태로 유지시켜 입력이 Off되어도 출력이 On 상태를 유지한다. 지정 출력접점은 워드 디바이스의 비트접점이라면 해당 비트를 1로 셋(SET)한다.

(2) 셋(SET) 명령으로 On된 접점은 리셋(RST=RESET) 명령으로 Off시킬 수 있다.

(3) 초기화(Reset)시켜야 처음 상태로 된다.

■5 프로그램 예제

(1) 입력접점 P00000이 Off에서 On으로 되었을 때 출력 P00020, P00021의 상태를 확인하는 프로그램이다.

(2) 타임차트

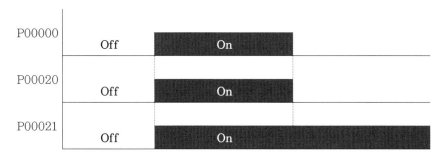

(3) 프로그램 예제

04 RST(출력 OFF 유지 명령)

1 리셋(RST=RESET)

입력조건이 On되면 출력접점은 Off 상태를 유지한다.

2 명령 및 심벌

3 영역설정

오퍼랜드	설명	데이터 타입
D	• Off 상태를 유지시키고자 하는 접점 • 워드 디바이스의 비트접점	BIT

◼◼4 RST의 기능

　입력조건이 On되면 지정 출력접점을 Off 상태로 유지시켜 입력이 Off되어도 출력이 Off 상태를 유지한다. 지정 출력접점이 워드 디바이스의 비트접점이라면 해당 비트를 0으로 한다.

◼◼5 프로그램 예제

(1) 입력접점 P00000이 Off에서 On으로 되었을 때 P00020, P00021의 출력상태를 확인하는 프로그램이다.

(2) 타임차트

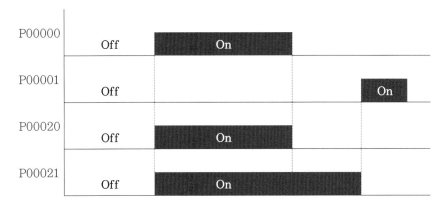

(3) 프로그램 예제

05 FF(출력 명령)

■1 FF

입력접점이 Off에서 On으로 변경될 때마다 출력 상태가 반전된다.

■2 명령 및 심벌

■3 영역설정

오퍼랜드	설명	데이터 타입
D	• 비트 디바이스의 접점 • 워드 디바이스의 비트접점	BIT

■4 FF의 기능

(1) 비트 출력 반전 명령으로 입력접점이 Off에서 On으로 될 때, 지정된 디바이스의 상태를 반전시킨다.

(2) 초기화(Reset)시키면 처음 상태로 된다.

■5 프로그램 예제

(1) 입력접점 P00000이 OFF에서 On으로 변경될 때마다, 출력 P00020의 상태가 반전되는 프로그램이다.

(2) 타임차트

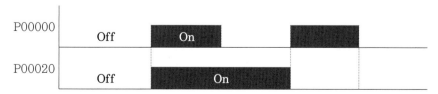

(3) 프로그램 예제

```
P00000
 ─│ │─────────────────────────────────────── FF │ P00020 ─
                                            ──────────────
 ──────────────────────────────────────────── END ────────
```

Tip

> 위의 (3)항 프로그램에서 마지막 END는 생략해도 프로그램은 정상적으로 작동되나 이전에는
> 프로그램을 한 후 반드시 END를 작성해야 했다.

06 정전대책

1 P와 K 영역의 차이점, SET(셋) / RST(리셋) 동작

(1) P는 입·출력 릴레이, K는 킵 릴레이로 이 둘은 정전대책 릴레이로써 초기화시킬
때는 반드시 RST(리셋)해야 한다.

(2) 다음의 시퀀스는 모두 자기보존 회로를 갖고 있으며 그 동작은 동일하다. 그러나
출력이 On 중에 정전되면 복전 시의 출력 상태는 다르게 된다.

2 프로그램 예제 1

(1) 타임차트

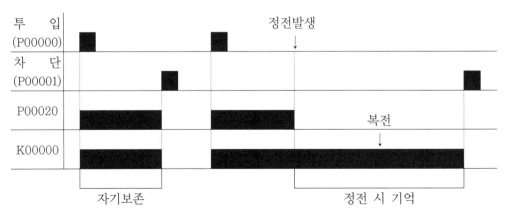

(2) 프로그램 예제 1

3 프로그램 예제 2

(1) SET(셋)/RST(리셋) 명령에서 입·출력 릴레이(P)와 킵 릴레이(K) 영역 동작의 차이점

SET(셋)/RST(리셋) 명령은 자기보존 기능을 갖고 있기 때문에 출력이 1회 SET (셋)되면 "차단" 입력이 들어올 때까지 그 상태가 계속 유지된다. 그러나 입·출력 릴레이(P) 영역과 킵 릴레이(K) 영역의 차이점에 의해 복전 시의 동작이 다르게 된다.

(2) 타임차트

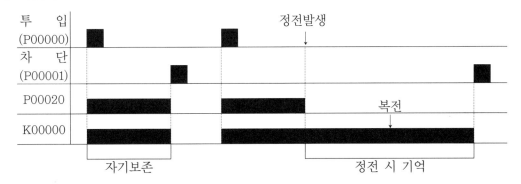

(3) 프로그램 예제 2

07 BRST(데이터 처리 명령)

1 비트(Bit) 리셋(Reset=Rst) : BRST

D로 지정한 비트로부터 N개의 비트를 0으로 지울 때 사용된다.

2 명령 및 심벌

3 영역설정

오퍼랜드	설명	데이터 타입
D	리셋 시작 위치를 나타내는 디바이스의 번호	BIT
n	리셋시킬 비트 개수	WORD

4 BRST(BIT RESET)의 기능

(1) D로 지정된 비트로부터 n개의 비트를 Off로 한다.

(2) n의 값이 지정된 비트접점 영역을 초과할 경우, 에러 플래그가 On된다.

5 프로그램 예제

(1) 입력접점 P00000이 On되면 M00000 비트로부터 10개 비트를 0으로 리셋(Reset)시키는 프로그램[M00000부터 M00009까지 10개의 비트를 0으로 리셋(Reset)]이다.

(2) 프로그램 예제

08 SET(순차후입 우선 명령)

1 SET Syyy.xx

이전의 스텝번호가 On되어 있는 상태에서 현재 스텝번호의 입력조건 접점 상태가 되면 현재 스텝번호가 On되고, 이전의 스텝번호는 Off된다.

2 명령 및 심벌

| SET Syyy.xx | COMMAND
┤├ | Syyy.xx
(S) |

3 영역설정

오퍼랜드	설명	데이터 타입
SET Syyy.xx	• S 디바이스 접점으로, yyy는 조 번호를, xx는 스텝번호를 나타낸다. • 조 번호는 0~127까지, 스텝번호는 0~99까지 사용 가능하다.	BIT

4 SET Syyy.xx(순차제어)의 기능

(1) 동일 조 내에서 바로 이전의 스텝번호가 On되어 있는 상태에서 현재 스텝번호의 접점 상태가 On되면 현재 스텝번호가 On되고, 이전 스텝번호는 Off된다.

(2) 현재 스텝번호가 On되면 자기유지되어 입력접점이 Off되어도 On 상태를 유지한다.

(3) 입력조건 접점이 동시에 On되어도 한 조 내에서는 한 스텝번호만이 On되어진다.

(4) 초기 Run 시 Syyy.00은 On되어 있다.

(5) 셋(SET) Syyy.xx 명령은 Syyy.00의 입력접점을 On시킴으로써 클리어된다.

5 프로그램 예제 1

(1) S001.xx조를 이용한 순차제어 프로그램을 작성한다.

63

(2) 순차제어는 바로 이전의 스텝이 On이고 자신의 조건 접점이 On이면 출력된다.

(3) **타임차트**

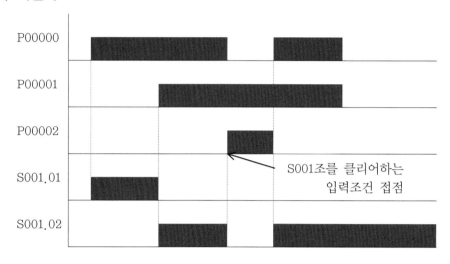

(4) **프로그램 예제 1**

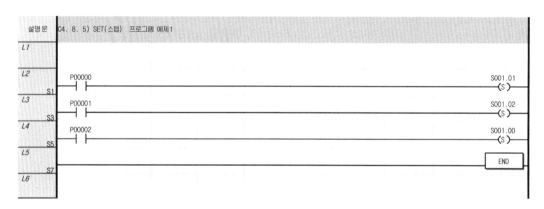

6 프로그램 예제 2

(1) **동작사항**

① S000.xx조를 이용한 반복 순차제어 프로그램을 작성한다.

② 반복 순차제어는 바로 이전의 스텝이 On이고 자신의 조건접점이 On이면 출력된다.

(2) PLC 입 · 출력 배치도

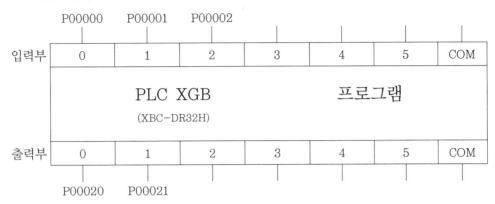

(3) 타임차트

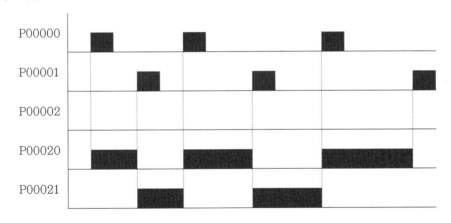

(4) 프로그램 예제 2

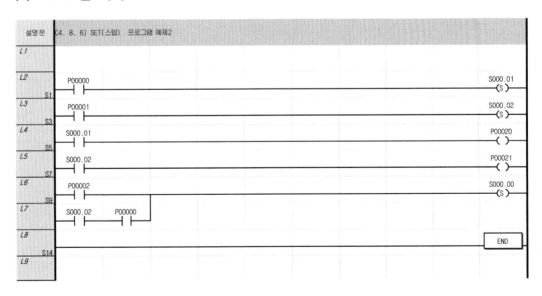

09 OUT(후입 우선 명령)

1 OUT Syyy.xx

스텝 순서에 관계없이 입력조건 접점이 On되면 스텝이 On이 되고, 이전의 스텝은 Off된다.

2 명령 및 심벌

3 영역설정

오퍼랜드	설명	데이터 타입
Syyy.xx	• S 디바이스 접점으로, yyy는 조 번호를, xx는 스텝 번호를 나타낸다. • 조 번호는 0~127까지, 스텝 번호는 0~99까지 사용 가능하다.	BIT

4 OUT Syyy.xx(후입 우선)의 기능

(1) 셋(SET) Syyy.xx와는 달리, 스텝 순서에 관계없이 입력조건 접점이 On되면 해당 스텝이 기동한다.

(2) 동일 조 내에서 입력조건 접점의 다수가 On하여도 한 개의 스텝번호만 On한다.

(3) 현재 스텝번호가 On되면 자기유지되어 입력조건이 Off되어도 On되어진 상태를 유지한다.

(4) OUT Syyy.xx 명령은 Syyy.00의 입력접점을 On시킴으로써 클리어된다.

5 프로그램 예제 1

(1) S002.xx조 내 번호를 이용한 후입 우선 프로그램을 작성한다.

(2) 타임차트(후입 우선)

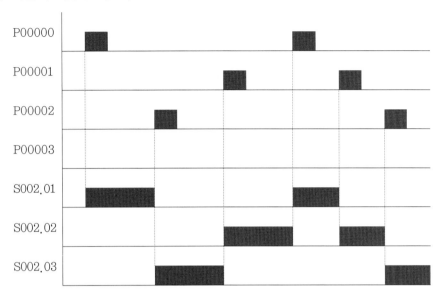

(3) 프로그램 예제 1

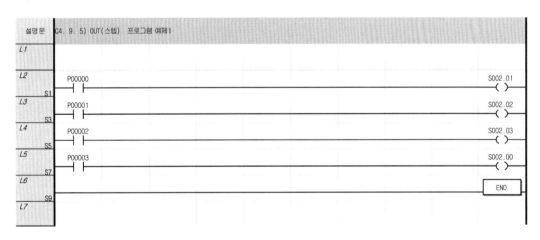

■6 프로그램 예제 2

(1) 동작사항

① S000.xx조 내 번호를 이용한 반복 순차제어 프로그램을 작성한다.

② 이전의 스텝번호가 On 또는 Off에 관계없이 자신의 조건접점이 On이면 출력
   이 된다.

(2) PLC 입 · 출력 배치도

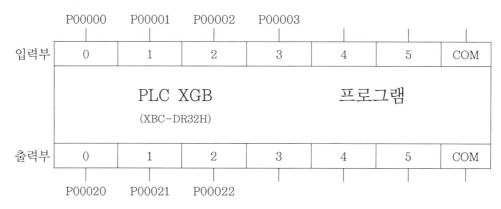

(3) 타임차트

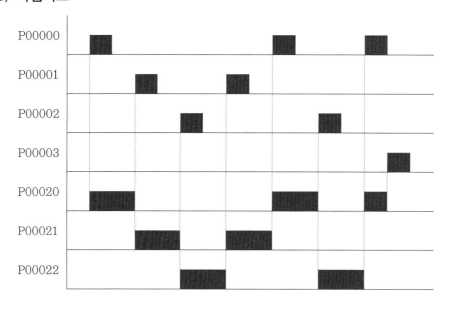

(4) 프로그램 예제 2

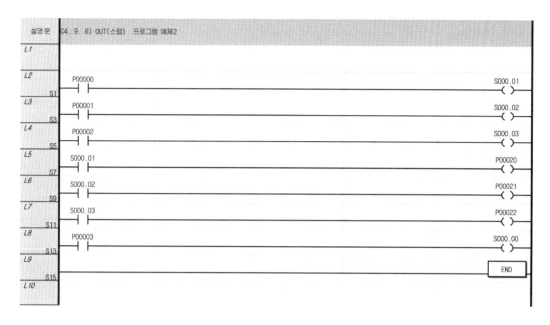

10 MOV, MOVP(데이터 전송 명령)

1 MOV, MOVP

S로 지정된 디바이스 워드 데이터를 D로 전송한다.

2 명령 및 심벌

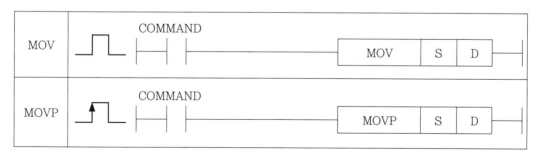

▌3 영역설정

오퍼랜드	설명	데이터 타입
S	전송하고자 하는 데이터 또는 데이터가 들어있는 디바이스 번호	WORD
D	전송된 데이터를 저장할 디바이스 번호	WORD

▌4 MOV(MOVP)의 기능

S로 지정된 디바이스의 워드 데이터를 D로 전송한다.

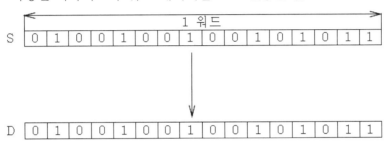

▌5 프로그램 예제

(1) 입력접점 P00000이 On될 때마다 MOVP 명령에 의해 T0001 데이터가 D00001로 옮겨지는 프로그램이다.

(2) 프로그램 예제

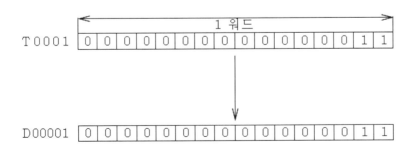

70

11 INC, INCP(데이터의 증가 명령)

1 INC, INCP

D에서 1을 더한 결과를 다시 D에 저장한다.

2 명령 및 심벌

> **Tip**
>
> INC의 a접점을 사용하면 반드시 데이터에는 INCP D값을 사용하고, INCP의 펄스접점을 사용하면 데이터에는 INC D 또는 INCP D값을 사용 가능하다.

3 영역설정

오퍼랜드	설명	데이터 타입
D	연산을 수행하게 될 데이터의 주소	INT

4 INC(Increment)의 기능

(1) D에 1을 더한 결과를 다시 D에 저장한다.

(2) Signed 연산을 수행한다.

	b15	……		b0	INC		b15	……		b0
D	7	8	8	9	+ 1		7	8	9	0

█5 프로그램 예제 1

(1) 입력접점 P00000이 Off에서 On되면 D00000에 저장된 7889의 값에 1을 더한 값 7890이 D00000에 저장되고 입력접점 P00000이 Off에서 On동작을 반복할 때마다 D00000에 저장되는 값은 1씩 가산된 값이 저장되는 프로그램이다.(7886 → 7887 → 7888 → 7889 → 7890 …)

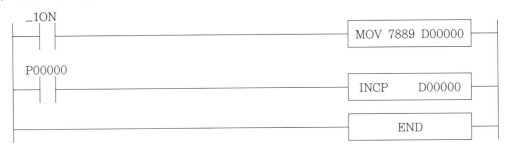

(2) 프로그램 예제 1

```
       _1ON
       ─┤ ├──────────────────────────[ MOV 7889 D00000 ]─
       P00000
       ─┤ ├──────────────────────────[ INCP    D00000 ]─
       ───────────────────────────────[ END ]─
```

> **Tip** **_1ON 및 _ON을 PLC 프로그램에 입력할 경우**
>
> ① _1ON(1펄스 On)을 입력하거나 또는 F9B(F0009B)를 입력할 수 있다.
> ② _ON을 입력하거나 또는 F99(F00099)를 입력할 수 있다.

█6 프로그램 예제 2

(1) 동작사항

① 타임차트를 보고 프로그램을 작성한다.

② 입력접점 PB-A에 입력할 때마다 1씩 가산하고 누를 때마다 출력 PL-A, PL-B, PL-C 순으로 점등과 소등을 하며 누를 때마다 반복된다.

③ 입력접점 PB-B에 입력할 때마다 1씩 가산하고 누를 때마다 출력 PL-B, PL-C, PL-A 순으로 점등과 소등을 하며 누를 때마다 반복된다.

④ 위의 동작 중 언제나 입력접점 PB-C를 On하면 소등 및 초기화된다.

(2) PLC 입 · 출력 배치도

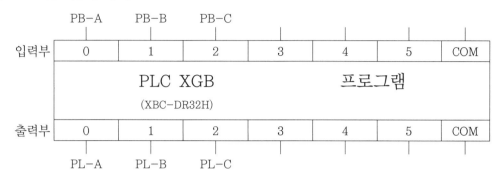

(3) 타임차트

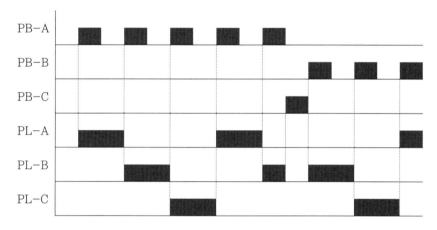

(4) 프로그램 예제 2

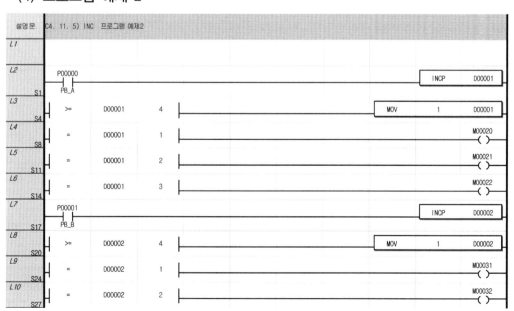

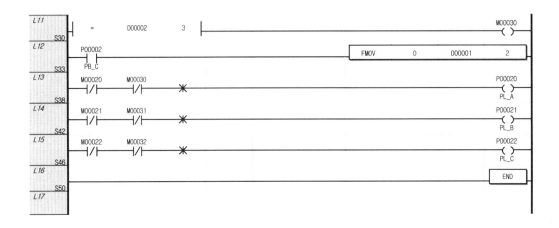

12 DEC, DECP(데이터의 감소 명령)

■ 1 DEC, DECP

D에서 1을 뺀 결과를 다시 D에 저장한다.

■ 2 명령 및 심벌

> **Tip**
>
> DEC의 a접점을 사용하면 반드시 데이터에는 DECP D값을 사용하고, DECP의 펄스 접점을
> 사용하면 데이터에는 DEC D 또는 INCP D값을 사용 가능하다.

■ 3 영역설정

오퍼랜드	설명	데이터 타입
D	연산을 수행하게 될 데이터의 주소	INT

74

◢ DEC(Decrement)의 기능

(1) D에 1을 뺀 결과를 다시 D에 저장한다.

(2) D는 Signed 연산의 값으로 처리된다.

	b15	......		b0	DEC		b15	......		b0
D	7	8	9	0	−1	D	7	8	8	9

(3) 플래그 처리

DEC 명령어는 연산결과로 인한 플래그 처리는 없다. 따라서 최소값에서 1 감소 시점에서의 캐리 플래그가 발생되지 않는다.

◢ 프로그램 예제 1

(1) 입력신호인 P00000이 Off에서 On되면 D00000에 7890값에서 1을 뺀 값인 7889가 저장되는 것으로 D00000에 저장하는 값은 1씩 뺀 값이 저장되는 프로그램이다. (7890 → 7889 → 7888 → 7887 → 7886 …)

	b15	......		b0	DEC	b15	......		b0
D00000	7	8	9	0	−1	7	8	8	9

(2) 프로그램 예제 1

```
  _1ON
  ─┤├─────────────────────────────────┤ MOV 7890 D00000 ├─

  P00000
  ─┤├─────────────────────────────────┤ DECP    D00000 ├─

                                       ┤      END       ├─
```

◢ 프로그램 예제 2

(1) 동작사항

① 타임차트를 보고 프로그램을 작성한다.

② 입력접점 PB-A의 설정값은 4이고 입력접점 PB-A에 입력할 때마다 1씩 감소하고 누를 때마다 출력 PL-A, PL-B, PL-C 순으로 점등과 소등을 반복한다.

③ 동작 중 언제나 입력접점 PB-B를 On하면 초기화된다.

(2) PLC 입·출력 배치도

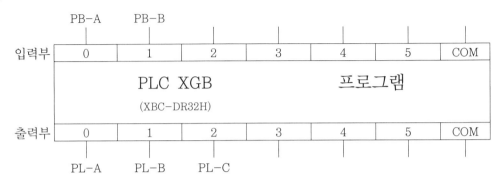

(3) 타임차트

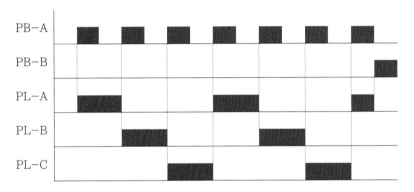

(4) 프로그램 예제 2

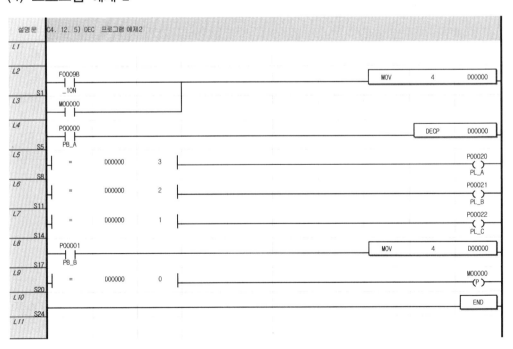

13 LIMIT, LIMITP(데이터 제어 명령)

1 LIMIT(상한값과 하한값 지정)

입력값의 상한값과 하한값으로 지정한 범위를 D에 저장한다.

2 명령 및 심벌

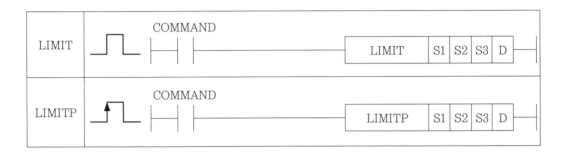

3 영역설정

오퍼랜드	설명	데이터 타입
S1	제어하고자 하는 입력값이 있는 디바이스 번호	INT/DINT
S2	출력값의 상한값	INT/DINT
S3	출력값의 하한값	INT/DINT
D	출력값의 디바이스 번호	INT/DINT

4 LIMIT의 기능

(1) S1으로 지정된 입력값이 상·하한으로 지정된 범위의 값 여부에 따라 제어된 출력값이 D에 저장된다.

(2) 출력조건

　　① S1 < S3　　　　이면 D = S3

　　② S3 < S1 < S2　　이면 D = S1

　　③ S2 < S1　　　　이면 D = S2

▨5 프로그램 예제 1

(1) D00000에 입력값을 상한값 5, 하한값 0으로 제한하여 D00005에 출력하는 프로그램이다.

(2) 프로그램

```
 P00000
───┤ ├──────────────────────────────────[ LIMIT  D00000  5  0  D00005 ]──
                                         ─────────────────────────────
──────────────────────────────────────────────[      END      ]───────
```

▨6 프로그램 예제 2

(1) 동작사항

① 타임차트를 보고 프로그램을 작성한다.

② 상한값(최대값 또는 설정값)은 3이고 하한값(최소값)은 0이다.

③ 입력접점 PB-A의 상한값은 3이고, 입력접점 PB-B의 하한값은 0으로 제한한다.

④ 입력접점 PB-A에 입력할 때마다 1씩 가산하고 누를 때마다 출력 PL-A, PL-B, PL-C 순으로 점등과 소등을 하고 출력 PL-C가 점등되었을 때 입력접점 PB-B에 입력할 때마다 1씩 감소하고 누를 때마다 출력 PL-C, PL-B, PL-A가 점등되고 다시 입력접점 PB-A를 누르면 위의 동작을 반복한다.

⑤ 언제나 입력접점 PB-C를 On하면 소등 및 초기화된다.

(2) PLC 입·출력 배치도

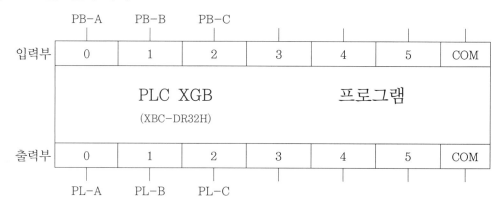

78

(3) 타임차트

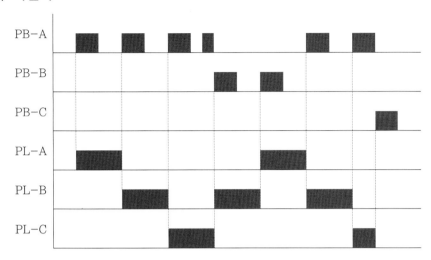

(4) 프로그램 예제 2

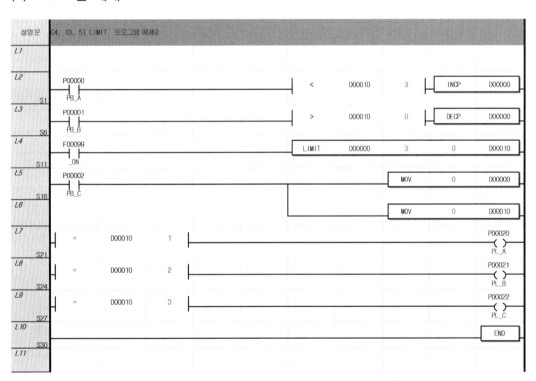

14 ROL, ROLP(좌측 방향 회전 명령)

1 ROL

지정된 비트수만큼 좌측으로 회전하며 최상위 비트와 최하위 비트로 회전한다.

2 명령 및 심벌

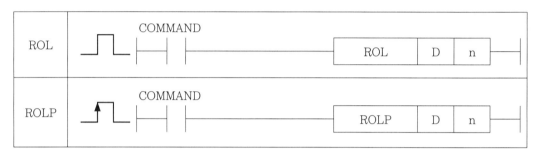

3 영역설정

오퍼랜드	설명	데이터 타입
D	연산을 수행하게 될 데이터의 주소	WORD
n	좌측으로 회전시킬 비트수	WORD

4 ROL(Rotate Left)의 기능

D의 16비트를 지정된 비트수만큼 좌측으로 비트 회전하며 최상위 비트는 캐리 플래그와 최하위 비트로 회전한다(1워드 내에서 회전).

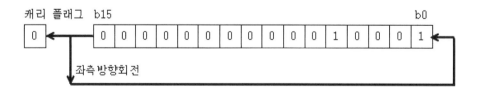

█5 프로그램 예제 1

(1) 동작사항

① 입력접점 P00000이 On하면 자기유지되어 1초 간격으로 출력은 P00020과
P00024 순으로 순차 점멸을 반복한다.

② 언제나 입력접점 P00001이 On하면 소등 및 초기화된다.

(2) PLC 입·출력 배치도

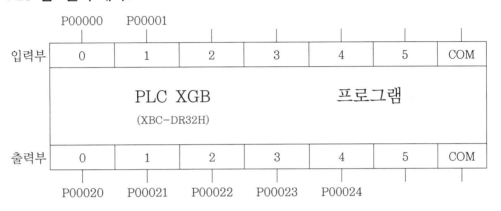

(3) 타임차트

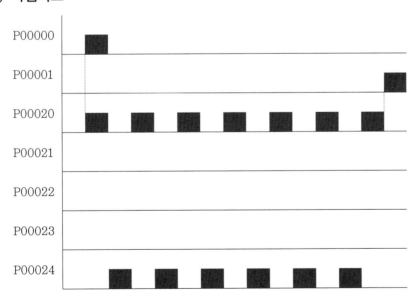

(4) 프로그램 예제 1

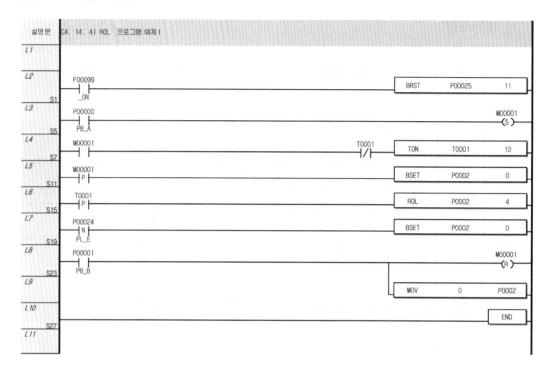

설명문 (C4. 14. 4) ROL 프로그램 예제 1

6 프로그램 예제 2

(1) 동작사항

① 타임차트를 보고 프로그램을 작성한다.

② 입력접점 PB-A를 On하면 자기유지되어 2초 간격으로 출력 PL-A, PL-B, PL-C, PL-D, PL-E 순으로 순차 점멸을 반복한다.

③ 언제나 입력접점 PB-B를 On하면 소등 및 초기화된다.

(2) PLC 입·출력 배치도

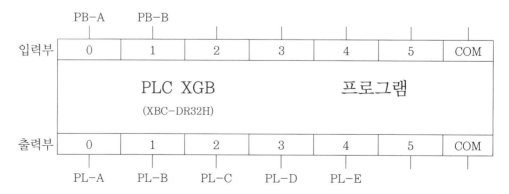

(3) 타임차트

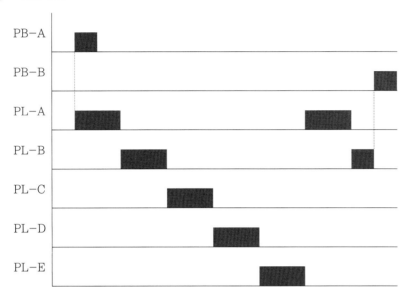

(4) 프로그램 예제 2

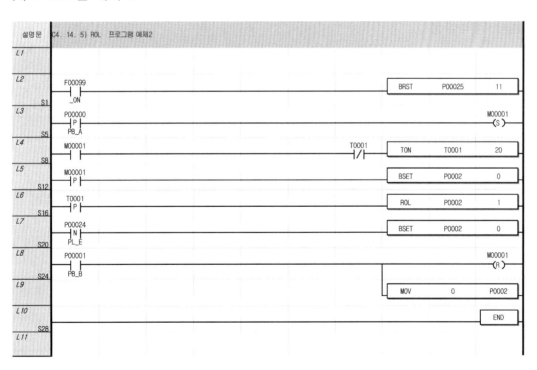

15 ROR, RORP(우측 방향 회전 명령)

■ 1 ROR

지정된 비트수만큼 우측으로 회전하며 최하위 비트와 최상위 비트로 회전한다.

■ 2 명령 및 심벌

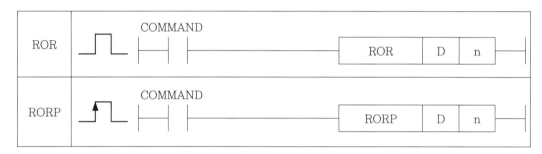

■ 3 영역설정

오퍼랜드	설명	데이터 타입
D	연산을 수행하게 될 데이터의 주소	WORD
n	우측으로 회전시킬 비트수	WORD

■ 4 ROR(Rotate Right)의 기능

D의 16비트를 지정된 비트수만큼 우측으로 비트 회전하며 최하위 비트는 캐리 플래그와 최상위 비트로 회전한다(1워드 내에서 회전).

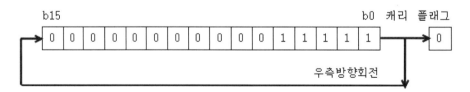

84

▓▓5 프로그램 예제 1

(1) 동작사항

① 입력접점 P00000을 On하면 자기유지되어 2초 간격으로 출력 P00023, P00022, P00021 순으로 역차 점멸을 반복한다.

② 언제나 입력접점 P00001을 On하면 소등 및 초기화된다.

(2) PLC 입·출력 배치도

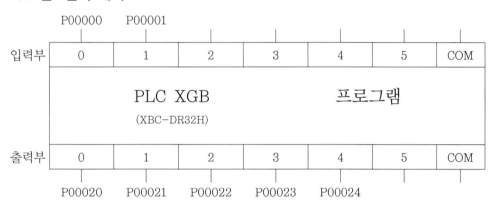

(3) 타임차트

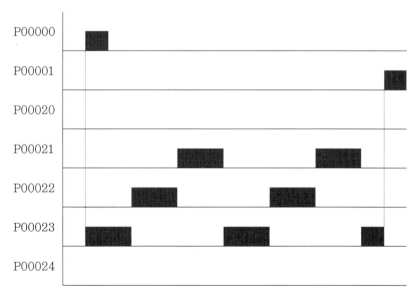

(4) 프로그램 예제 1

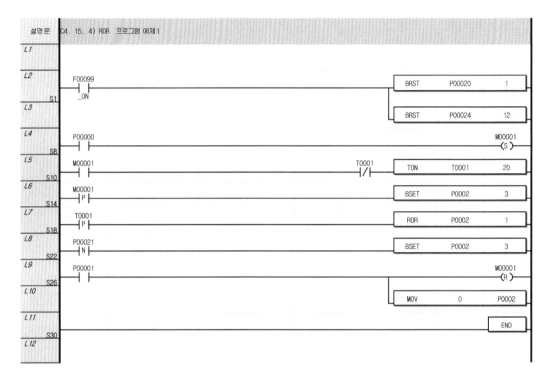

6 프로그램 예제 2

(1) 동작사항

① 타임차트를 보고 프로그램을 작성한다.

② 입력접점 PB-A를 On하면 자기유지되어 2초 간격으로 출력 PL-E, PL-D, PL-C, PL-B, PL-A 순으로 역차 점멸을 반복한다.

③ 언제나 입력접점 PB-B를 On하면 소등 및 초기화된다.

(2) PLC 입·출력 배치도

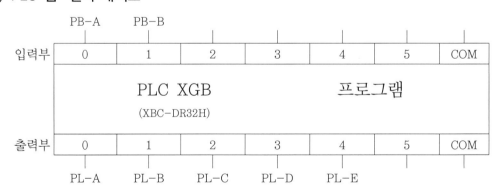

(3) 타임차트

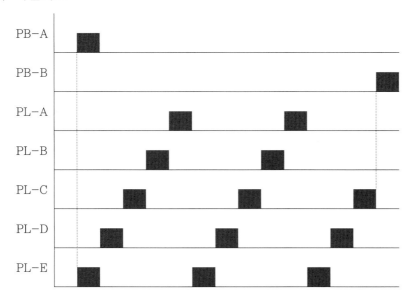

(4) 프로그램 예제 2

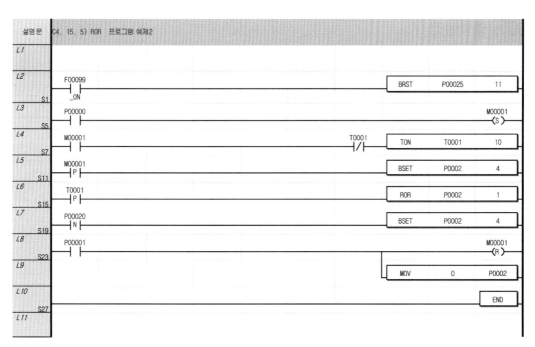

16 XCHG, XCHGP(서로 교환 명령)

1 XCHG

지정된 워드 데이터를 서로 교환한다.

2 명령 및 심벌

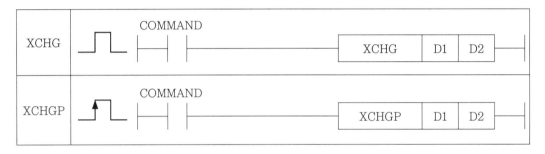

3 영역설정

오퍼랜드	설명	데이터 타입
D1	교환하고자 하는 데이터의 디바이스 번호	WORD
D2	교환하고자 하는 데이터의 디바이스 번호	WORD

4 XCHG(Exchange)의 기능

D1로 지정된 워드 데이터와 D2로 지정된 워드 데이터를 서로 교환한다.

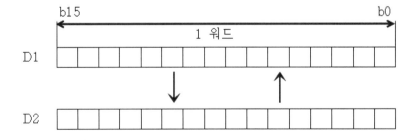

88

■5 프로그램 예제 1

(1) 동작사항

① 입력접점 P00000을 1번 On하면 J에 누적저장되어 출력 P00020이 On된다.

② 입력접점 P00001을 3번 On하면 G에 누적저장되어 출력 P00021이 On된다.

③ 입력접점 P00002를 1번 On하면 XCHG(서로 교환)되어 J에 3이, G에 1이 교환되어 출력 P00020, P00021은 Off되고, J의 3에 의해 출력 P00022는 On된다.(J와 G의 최대값은 없다.)

④ 언제나 입력접점 P00003이 1번 On하면 소등 및 초기화된다.

(2) PLC 입·출력 배치도

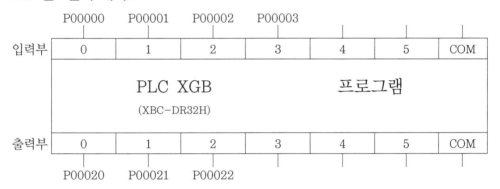

(3) 타임차트

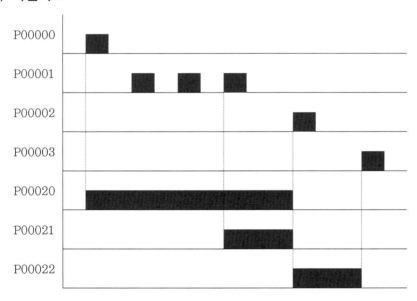

(4) 프로그램 예제 1

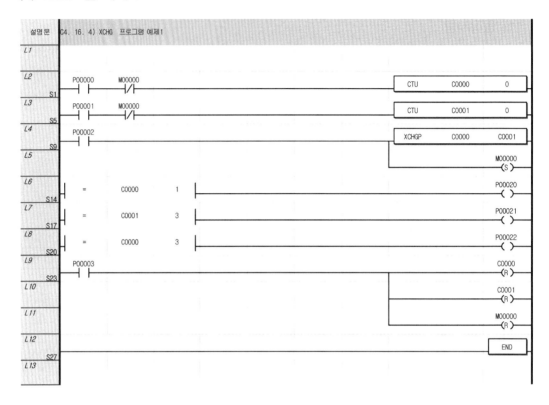

▌6 프로그램 예제 2[D메모리, 카운터(CTU) 사용]

(1) 동작사항

① 타임차트를 보고 프로그램을 작성한다.

② 입력접점 PB-A에 Rising Edge를 1번 하고, 입력접점 PB-B의 Rising Edge 횟수에 따라 입력접점 PB-C에 Rising Edge하면 출력 PL-A, PL-B, PL-C 가 점등된다.

　　참고 입력접점 PB-C에 Rising Edge하면 뺄셈연산을 한다.

③ 입력접점 PB-A의 최대값은 1이고, PB-B의 최대값은 4이다.

④ 언제나 입력접점 SS-A에 Rising Edge하면 초기화된다.

(2) PLC 입·출력 배치도

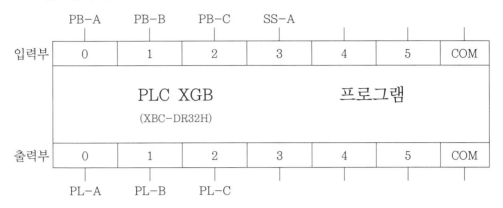

(3) 타임차트

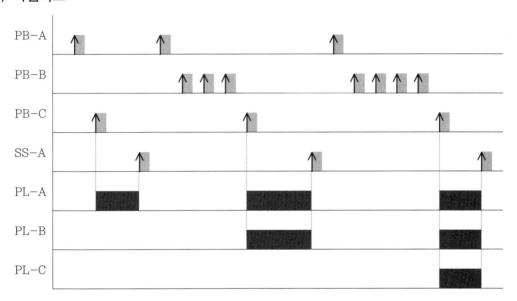

(4) 프로그램 예제 2[D메모리, 카운터(CTU) 사용]

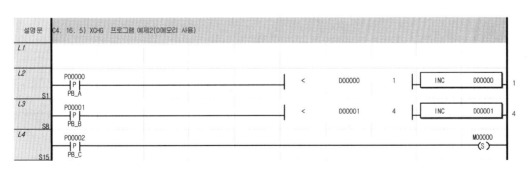

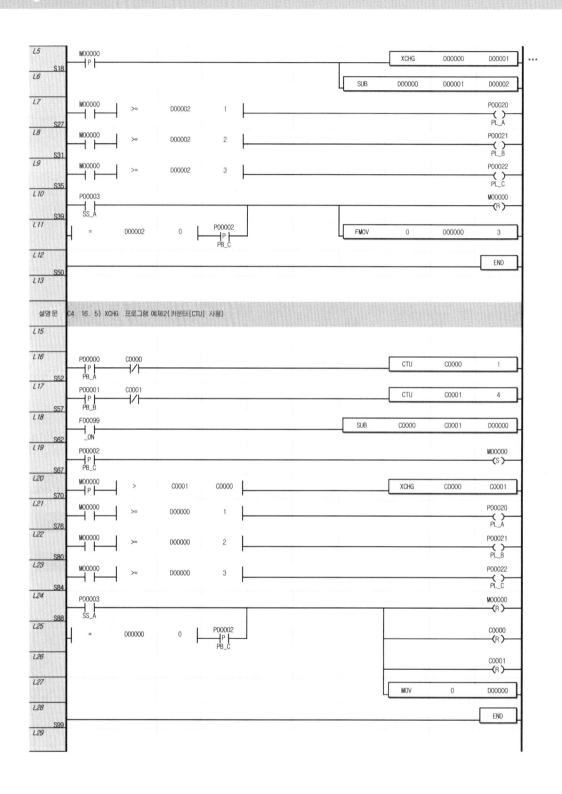

설명문 (C4. 16. 5) XCHG 프로그램 예제2(카운터[CTU] 사용)

17 ABS, ABSP(부호 반전 명령)

1 ABS

절대값 변환을 취해 다시 D영역에 저장한다.

2 명령 및 심벌

3 영역설정

오퍼랜드	설명	데이터 타입
D	절대값 변환을 하고자하는 영역	WORD

4 ABS(Absolute Value)의 기능

D로 지정된 영역의 값을 절대값 변환을 취해 다시 D영역에 저장한다.

```
    P00000
    ┤ ├─────────────────────────────┤ ABSP      D00000 ├─
    ─────────────────────────────────┤ END ├─
```

5 프로그램 예제 1

(1) 동작사항

① 입력접점 P00000이 On되면 −1이 D00000에 저장되고 D00000에 저장된 값에 의해 출력 PL−A가 점등(On)되고, 입력접점 P00001이 On하면 절대값으로 변화하여 D00000의 영역에 1이 저장되고, 출력 PL−B가 점등되는 프로그램이다.

참고 −1이면 PL−A가 점등되고, 1이면 PL−B가 점등된다.

② 언제나 입력접점 P00002가 On되면 소등 및 초기화된다.

(2) PLC 입·출력 배치도

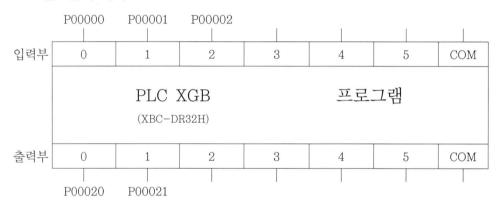

(3) 타임차트

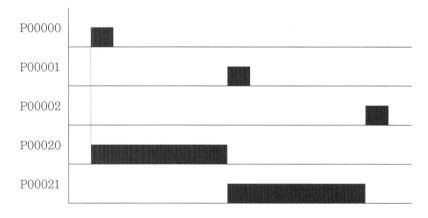

(4) 프로그램 예제 1

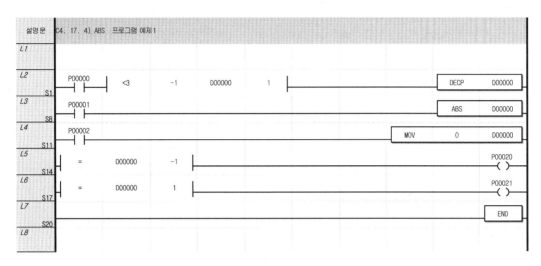

6 프로그램 예제 2

(1) 동작사항

① 타임차트를 보고 프로그램을 작성한다.

② 입력접점 PB-A에 Rising Edge를 1번 하고, 입력접점 PB-B의 Rising Edge 횟수에 따라 입력접점 PB-C에 Rising Edge하면 PL-A 또는 PL-B 또는 PL-C가 점등된다.

참고 PB-A와 PB-B는 PB-C에 Rising Edge를 해도 변경되지 않는다.

③ 입력접점 PB-A의 최대값은 1이고, PB-B의 최대값은 4이다.

④ 언제나 입력접점 SS-A에 Rising Edge하면 소등 및 초기화된다.

(2) PLC 입·출력 배치도

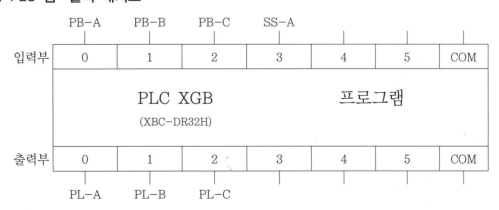

(3) 타임차트

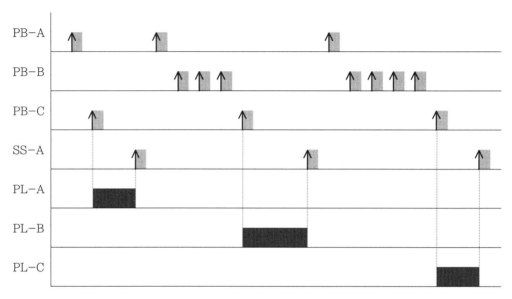

(4) 프로그램 예제 2(1번, 2번 풀이)

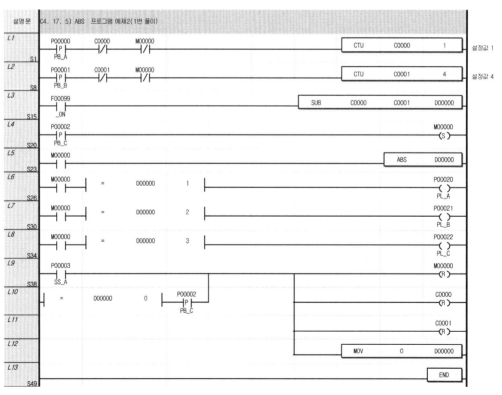

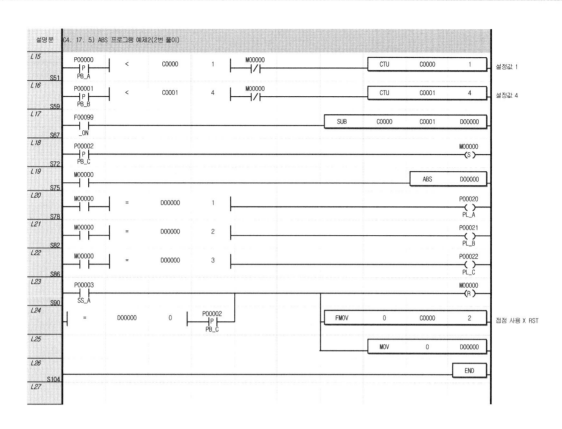

18 BSET, BRESET(비트 제어 명령)

1 BSET, BRESET

BSET는 조건 만족 시 비트를 셋(SET)하고, BRESET는 조건을 만족할 경우 비트를 리셋(RESET)한다.

2 명령 및 심벌

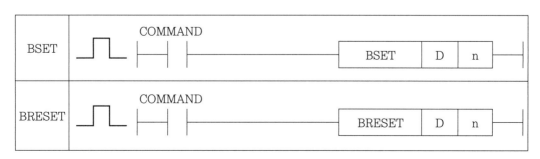

■■ 3 영역설정

오퍼랜드	설명	데이터 타입
D	해당 디바이스의 워드 영역	WORD
n	워드 영역의 n번째 비트	WORD

■■ 4 BSET, BRESET의 기능

(1) BSET

① 조건 만족 시 D 또는 P로 지정된 영역의 n번째의 비트를 셋(SET)한다.

② n값의 하위 4비트만을 취해서 비트 위치를 결정한다. 따라서 n값이 워드 크기를 벗어날 경우 에러가 발생하지 않는다.

(2) BRESET

① 조건 만족 시 D 또는 P로 지정된 영역의 n번째의 비트를 리셋(RESET)한다.

② n값의 하위 4비트만을 취해서 비트 위치를 결정한다. 따라서 n값이 워드 크기를 벗어날 경우 에러가 발생하지 않는다.

■■ 5 프로그램 예제 1

(1) 동작사항

입력접점 P00000을 On하면 출력 P00020의 1번째 비트가 SET되고, 입력접점 P00001을 On하면 출력 P00020의 1번째 비트가 RESET되는 프로그램이다.

(2) 프로그램 예제 1

```
 P00000
─┤ ├──────────────────────────────────[ BSET   P0002  0 ]─

 P00001
─┤ ├──────────────────────────────────[ BRESET P0002 0 ]─

                                       [ END ]─
```

■■ 6 프로그램 예제 2

(1) 동작사항

① 타임차트를 보고 프로그램을 작성한다.

② 입력접점 PB-A를 On하면 출력 PL-A가 점등되고, 입력접점 PB-B를 On하면 출력 PL-B가 점등되고, 입력접점 PB-C를 On하면 출력 PL-C가 점등되고, 전부 점등 상태에서 입력접점 SS-A를 On하면 PL-A, PL-B, PL-C가 전부 소등 및 초기화된다.

③ 언제나 입력접점 SS-A를 On하면 소등 및 초기화된다.

(2) PLC 입·출력 배치도

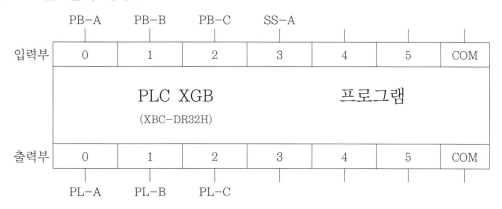

(3) 타임차트

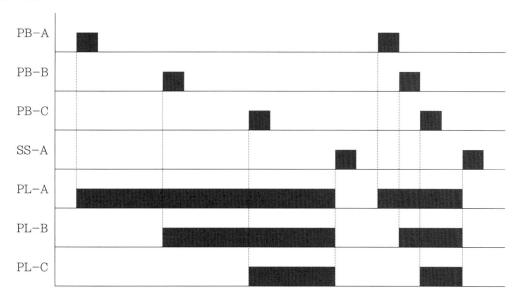

(4) 프로그램 예제 2

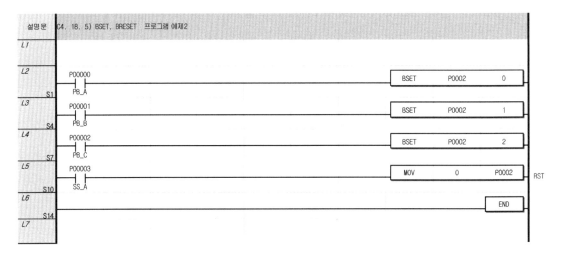

사칙연산 4종류 명령어 특징 이해하기

CHAPTER 05

사칙연산 4종류 명령어 특징 이해하기

01 ADD(덧셈 연산)

█ 1 ADD

S1과 S2를 더한 후 결과를 D영역에 저장한다.

█ 2 명령 및 심벌

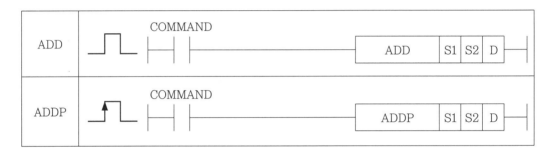

█ 3 영역설정

오퍼랜드	설명	데이터 타입
S1	S2와 덧셈 연산을 실행할 데이터	INT/DINT
S2	S1과 덧셈 연산을 실행할 데이터	INT/DINT
D	연산결과를 저장할 주소	INT/DINT

█ 4 ADD(Signed Binary Add)의 기능

(1) 워드 데이터 S1과 S2를 더한 후 결과를 D영역에 저장한다.

(2) 이 때 Signed 연산을 실행한다. 연산결과가 32767를 초과하거나 −32768 미만일 경우에는 캐리 플래그는 셋(Set)되지 않는다.

5 프로그램 예제 1

(1) D00001=4170, D00005=7890인 경우, 입력접점 P00000이 Off에서 On되면 D00010
에는 D00001과 D00005에서 더한 결과값 12060이 저장되는 프로그램이다.

(2) 프로그램 예제 1

```
     P00000
     ──┤ ├──                                    ┌─────────────────────────────┐
                                                 │ ADD D00001 D00005 D00010    │
                                                 └─────────────────────────────┘
                                                 ┌─────────────────────────────┐
                                                 │            END              │
                                                 └─────────────────────────────┘
```

6 프로그램 예제 2

(1) 동작사항

① 타임차트를 보고 프로그램을 작성한다.

② 입력접점 PB-A 및 PB-B의 각각의 최대값은 1이다.

③ 입력접점 PB-A에 Rising Edge 1번 하고, 입력접점 PB-B에 Rising Edge 0번
하고, 입력접점 PB-C에 Rising Edge하면 출력 PL-A가 점등된다.

　参고 PB-A와 PB-B는 PB-C에 Rising Edge해도 변경되지 않는다.

④ 입력접점 PB-A에 Rising Edge 1번 하고, 입력접점 PB-B에 Rising Edge 1번
하고, 입력접점 PB-C에 Rising Edge하면 출력 PL-A 및 PL-B가 점등된다.

⑤ 언제나 입력접점 SS-A를 On하면 소등 및 초기화된다.

(2) PLC 입·출력 배치도

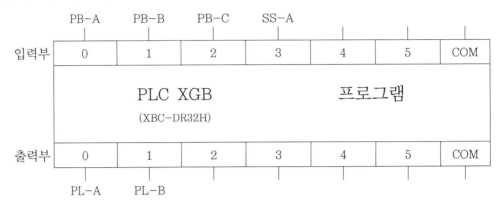

(3) 타임차트

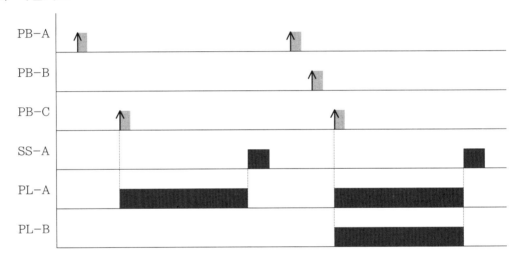

(4) 프로그램 예제 2

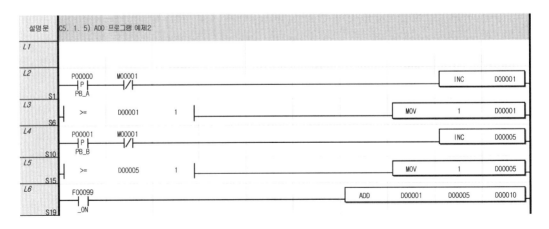

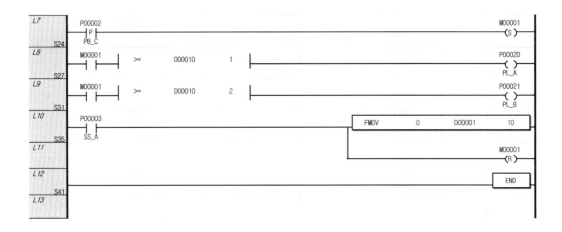

02 SUB(뺄셈 연산)

■1 SUB

S1에서 S2를 감산 후 결과를 D에 저장한다.

■2 명령 및 심벌

■3 영역설정

오퍼랜드	설명	데이터 타입
S1	S2와 뺄셈 연산을 실행할 데이터	INT/DINT
S2	S1과 뺄셈 연산을 실행할 데이터	INT/DINT
D	연산결과를 저장할 주소	INT/DINT

▣4 SUB(Signed Binary Subtract)의 기능

(1) 워드 데이터 S1과 S2를 감산 후 결과를 D에 저장한다.

(2) 이 때 Signed 연산을 실행하고, 연산결과가 32767를 초과하거나 −32768 미만일 때 캐리 플래그는 셋(Set)되지 않는다.

▣5 프로그램 예제 1

(1) D00001=7890, D00005=4170인 경우, 입력접점 P00000이 On되면 D00010에는 감산한 결과값인 3720이 저장되는 프로그램이다.

(2) 프로그램 예제 1

```
 P00000
 ─┤ ├────────────────────────────────┤ SUB  D00001  D00005  D00010 ├──

                                      ┤           END              ├──
```

▣6 프로그램 예제 2

(1) 동작사항

① 타임차트를 보고 프로그램을 작성한다.

② 입력접점 PB-A의 최대값은 3이고, 입력접점 PB-B의 최대값은 1이다.

③ 입력접점 PB-A를 눌러 양변환 접점하고, 입력접점 PB-B를 눌러 양변환 접점하고, 입력접점 PB-C를 눌러 양변환 접점하면 출력 PL-A 또는 PL-A 및 PL-B가 점등된다.

④ 입력접점 PB-A를 누르는 횟수는 입력접점 PB-B보다 크다.(PB-A와 PB-B는 PB-C를 양변환 접점하면 변경되지 않는다.)

⑤ 언제나 입력접점 SS-A를 On하면 소등 및 초기화된다.

(2) PLC 입·출력 배치도

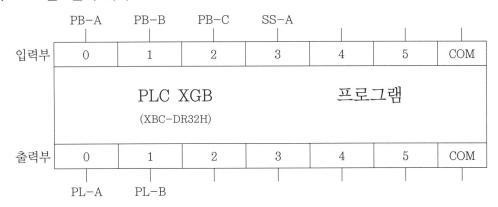

(3) 타임차트

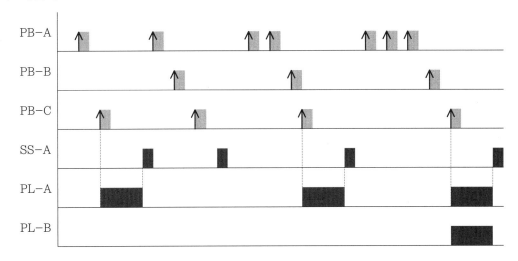

(4) 프로그램 예제 2

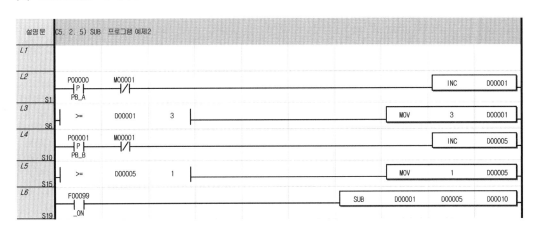

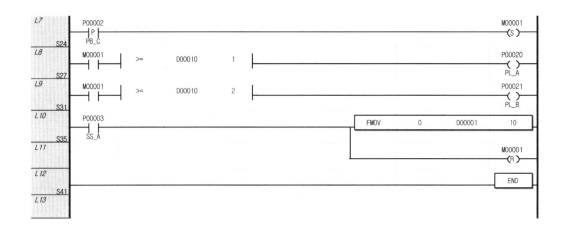

7 프로그램 예제 3

(1) 동작사항

① 타임차트를 보고 프로그램을 작성한다.

② 입력접점 PB-A 및 PB-B의 각각의 최대값은 3이다.

③ 입력접점 PB-A를 눌러 양변환 접점하고, 입력접점 PB-B를 눌러 양변환 접점하고, 입력접점 PB-C를 눌러 양변환 접점하면 출력 PL-A 또는 PL-A 및 PL-B가 점등된다.

④ 입력접점 PB-A와 입력접점 PB-B는 입력접점 PB-C를 양변환 접점하면 변경되지 않는다.

⑤ 언제나 입력접점 SS-A를 On하면 소등 및 초기화된다.

(2) PLC 입·출력 배치도

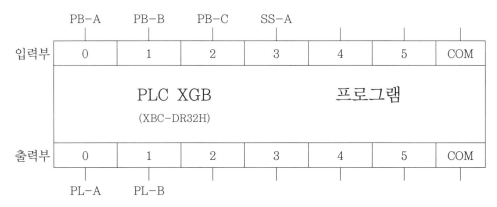

(3) 타임차트

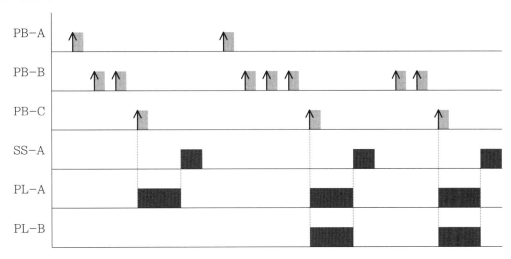

(4) 프로그램 예제 3(1번, 2번 풀이)

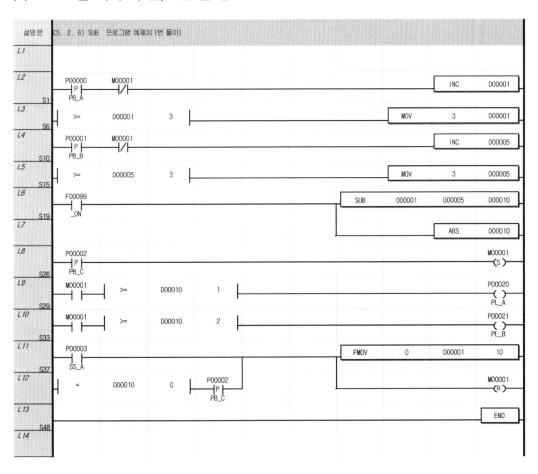

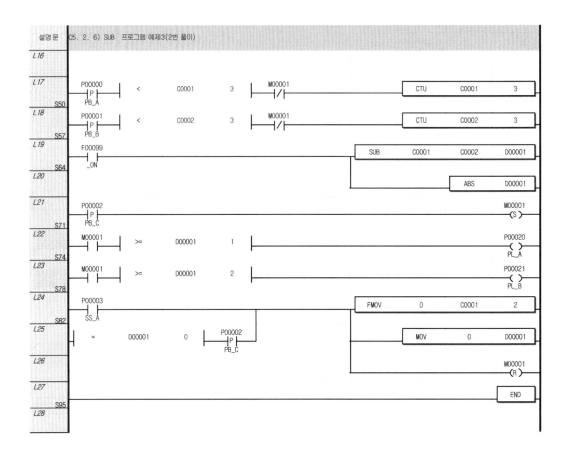

---

03 MUL(곱셈 연산)

1 MUL

S1에서 S2를 곱셈한 후 결과를 D에 저장한다.

2 명령 및 심벌

■■3 영역설정

오퍼랜드	설명	데이터 타입
S1	S2와 곱셈 연산을 실행할 데이터	INT/DINT
S2	S1과 곱셈 연산을 실행할 데이터	INT/DINT
D	연산결과를 저장할 주소	INT/DINT

■■4 MUL(Signed Binary Multiply)의 기능

(1) 워드 데이터 S1과 S2를 곱셈한 후 결과를 D+1, D에 저장한다.

(2) 이 때 Signed 연산을 실행한다.

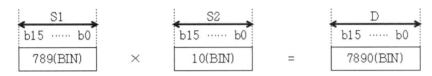

■■5 프로그램 예제 1

(1) D00001=789, D00005=10인 경우. 입력접점 P00000이 On하면 D00010에는 곱한 결과값인 7890이 저장되는 프로그램이다.

(2) 프로그램

■■6 프로그램 예제 2

(1) 동작사항

① 타임차트를 보고 프로그램을 작성한다.

② 입력접점 PB-A 및 PB-B의 각각의 최대값은 없다.

③ 입력접점 PB-A를 눌러 양변환 접점하고, 입력접점 PB-B를 눌러 양변환 접점하고, 입력접점 PB-C를 눌러 양변환 접점하면 출력 PL-A 또는 PL-A 및 PL-B가 점등된다.

111

④ 입력접점 PB-A와 입력접점 PB-B는 입력접점 PB-C를 양변환 접점하면 변경되지 않는다.

⑤ 언제나 입력접점 SS-A를 On하면 소등 및 초기화된다.

(2) PLC 입·출력 배치도

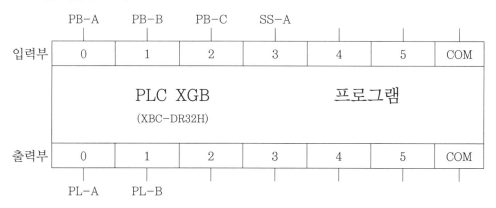

(3) 타임차트

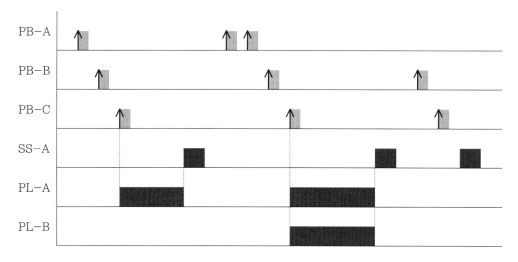

(4) 프로그램 예제 2

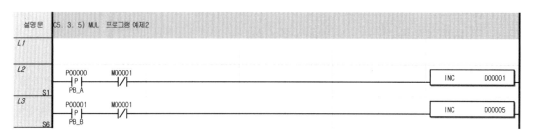

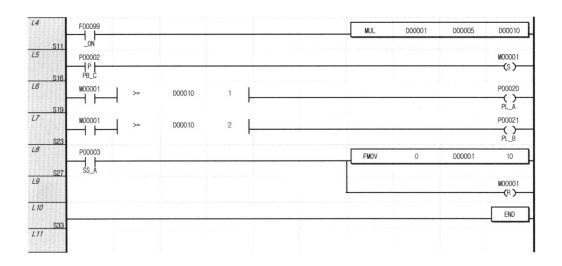

7 프로그램 예제 3

(1) 동작사항

① 타임차트를 보고 프로그램을 작성한다.

② 입력접점 PB-A 및 PB-B의 각각의 최대값은 3이다.

③ 입력접점 PB-A를 눌러 양변환 접점하고, 입력접점 PB-B를 눌러 양변환 접점하고, 입력접점 PB-C를 눌러 양변환 접점하면 출력 PL-A 및 PL-B 또는 PL-A가 점등된다.

④ 입력접점 PB-A와 입력접점 PB-B는 입력접점 PB-C를 양변환 접점하면 변경되지 않는다.

⑤ 언제나 입력접점 SS-A를 On하면 소등 및 초기화된다.

(2) PLC 입·출력 배치도

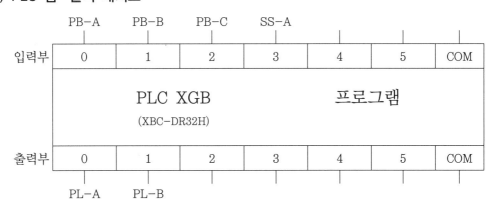

(3) 타임차트

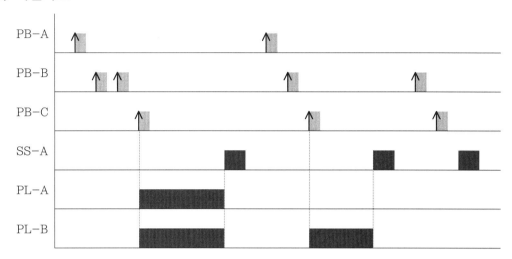

(4) 프로그램 예제 3

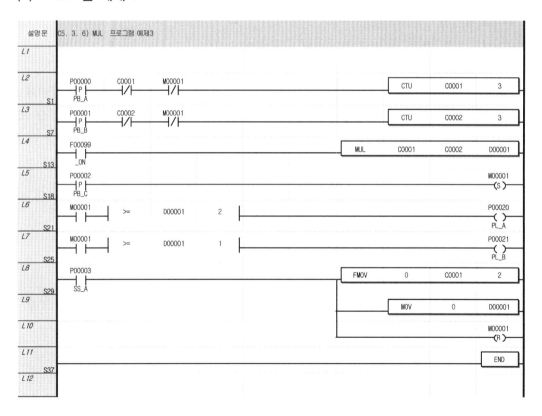

114

04 DIV(나눗셈 연산)

1 DIV

S1을 S2로 나눈 후 몫을 D에, 나머지는 D+1에 저장한다.

2 명령 및 심벌

DIV	COMMAND	DIV S1 S2 D
DIVP	COMMAND	DIVP S1 S2 D

3 영역설정

오퍼랜드	설명	데이터 타입
S1	S2와 나눗셈 연산을 실행할 데이터	INT/DINT
S2	S1과 나눗셈 연산을 실행할 데이터	INT/DINT
D	연산결과를 저장할 주소	INT/DINT

4 DIV, DDIV의 기능

(1) DIV(Signed Binary Divide)

① 워드 데이터 S1을 S2로 나눈 후 몫을 D에, 나머지는 D+1에 저장한다.

② 이 때 Signed 연산을 실행한다.

(2) DDIV(Signed Binary Double Divide)

① (S1+1, S1)을 (S2+1, S2)로 나눈 후 몫을 (D+1, D)에 나머지는 (D+3, D+2)에 저장한다.

② 이 때 Signed 연산을 실행한다.

█5 프로그램 예제 1

(1) D00001=7890, D00005=789인 경우, 입력접점 P00000이 On하면 D00010에는 나눈 몫에 해당하는 10이 저장되고, D00011에는 나눈 값의 나머지인 0이 저장되는 프로그램이다.

(2) 프로그램 예제 1

```
   P00000
 ├──┤ ├─────────────────────────┤ DIV D00001 D00005 D00010 ├─
 │
 │                                      ┤      END        ├─
```

█6 프로그램 예제 2

(1) 동작사항

① 타임차트를 보고 프로그램을 작성한다.

② 입력접점 PB-A 및 입력접점 PB-B의 누르는 횟수의 최대값은 각각 2이다.

③ 입력접점 PB-A를 눌러 음변환 접점하고, 입력접점 PB-B를 눌러 음변환 접점하고, 입력접점 PB-C를 눌러 음변환 접점하면 입력접점 PL-B가 점등되고, 입력접점 SS-A를 On하면 PL-B 또는 PL-A 및 PL-B가 소등과 초기화된다.

　참고 동작 중 PB-A, PB-B는 변경 안 된다.

④ 입력접점 PB-A와 PB-B의 음변환 접점 횟수는 1번 이상이고, 누르는 횟수는 PB-A ≥ PB-B의 조건이어야 한다.

⑤ 언제나 입력접점 SS-A를 On하면 초기화된다.

(2) PLC 입·출력 배치도

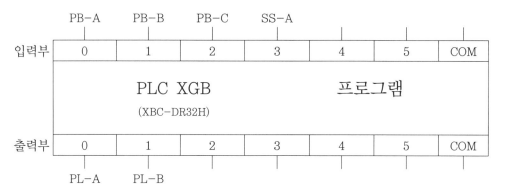

116

(3) 타임차트

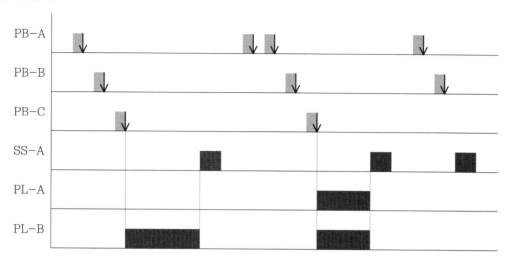

(4) 프로그램 예제 2

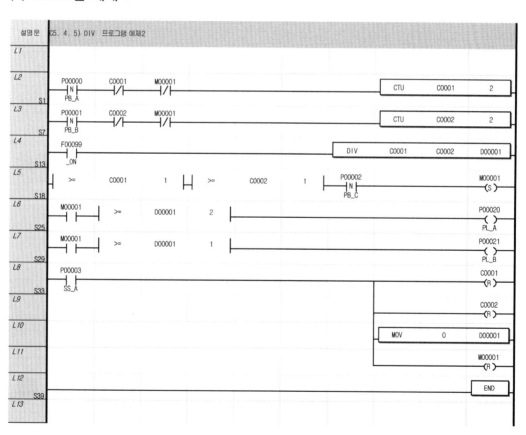

7 프로그램 예제 3

(1) 동작사항

① 타임차트를 보고 프로그램을 작성한다.

② 입력접점 PB-A 및 입력접점 PB-B의 누르는 횟수의 각각의 최대값은 2이다.

③ 입력접점 PB-A를 눌러 음변환 접점하고, 입력접점 PB-B를 눌러 음변환 접점하고, 입력접점 PB-C를 눌러 음변환 접점하면 입력접점 PL-A 또는 PL-A 및 PL-B가 점등되고, 입력접점 SS-A를 On하면 PL-A 또는 PL-A 및 PL-B가 소등과 초기화된다.

④ 입력접점 PB-A와 PB-B의 음변환 접점 횟수는 1번 이상이고, 누르는 횟수는 PB-A ≥ PB-B의 조건이어야 한다.

⑤ 언제나 입력접점 SS-A를 On하면 초기화된다.

(2) PLC 입·출력 배치도

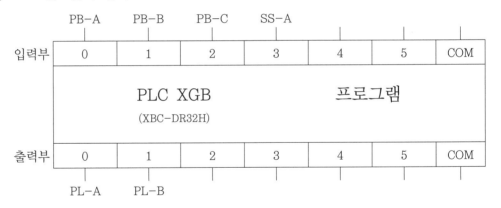

(3) 타임차트

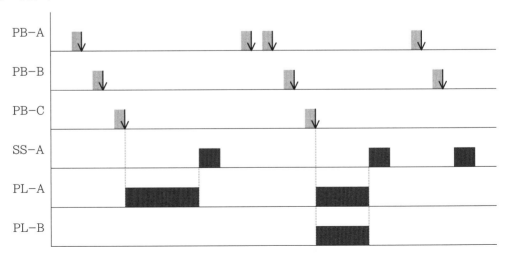

(4) 프로그램 예제 3

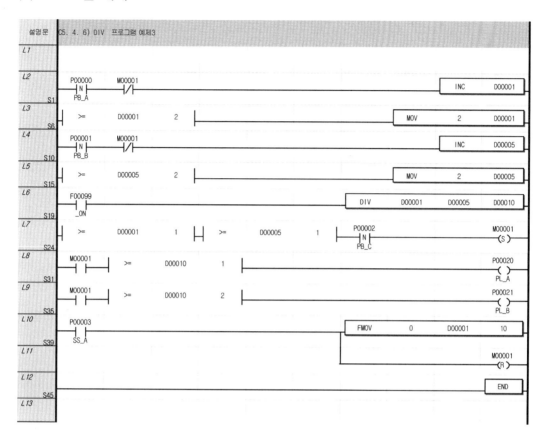

Memo

실수변환 및
특수함수 명령
특징 이해하기

CHAPTER 06

실수변환 및 특수함수 명령 특징 이해하기

01 I2R, I2L(정수형을 실수형으로 변환 명령)

■1 I2R[단장형(R) 실수], I2L[배장형(L) 실수]

I2R은 정수형 데이터를 단장형 실수로 변환하고, I2L은 정수형 데이터를 배장형 실수로 변환한다.

■2 명령 및 심벌

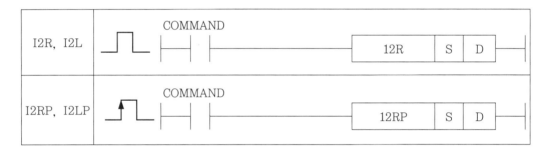

■3 영역설정

오퍼랜드	설명	데이터 타입
S	정수형 데이터가 저장되어진 영역번호 또는 정수형 데이터	INT
D	실수형 데이터 형태로 변환된 데이터를 저장할 디바이스 위치	REAL/LREAL

■4 I2R, I2L의 기능

(1) I2R(Integer to Real)

S로 지정된 16비트 정수형 데이터를 단장형 실수(32비트)로 변환하여 D+1, D에 저장한다.

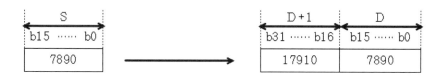

(2) I2L(Integer to Long Real)

S로 지정된 16비트 정수형 데이터를 배장형 실수(64비트)로 변환하여 D+3, D+2, D+1, D에 저장한다.

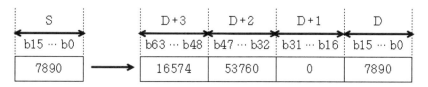

5 프로그램 예제 1

(1) 입력접점 P00000이 On이면 D00001~D00002의 2 워드 데이터 영역에 7890의 정수값을 실수형으로 변환한 값을 저장하는 프로그램이다.

(2) 프로그램

6 프로그램 예제 2

(1) 동작사항

① 타임차트를 보고 단장형으로 프로그램을 작성한다.

② 입력접점 PB-A의 최대값은 6이고, 입력접점 PB-B의 최대값은 2이다.

③ 입력접점 PB-A를 눌러 On하고, 입력접점 PB-B를 눌러 On하면 제산(나눗셈)하고, 입력접점 PB-C를 On하면 출력 PL-A 또는 PL-A 및 PL-B가 점등되고, 입력접점 SS-A를 On하면 PL-A 또는 PL-A 및 PL-B가 소등 및 초기화된다(PB-A는 C1이고. PB-B가 C2이면 $C1 \geqq C2$이고 $C2 > 0$ 또는 $3C1 \geqq 1C2$).

④ 제산(나눗셈)값이 1.5이면 소수점 이하는 반올림하여 2로 하고, 입력접점 PB-C가 On하면 출력 PL-A 및 PL-B가 점등되고, 입력접점 SS-A가 On하면 PL-A 및 PL-B가 소등 및 초기화된다.

⑤ PB-C를 On하면 입력값은 변경되지 않는다.

⑥ 언제나 입력접점 SS-A는 On하면 소등 및 초기화된다.

(2) PLC 입 · 출력 배치도

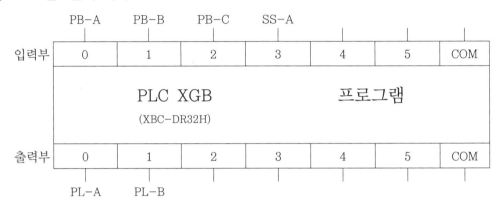

(3) 타임차트

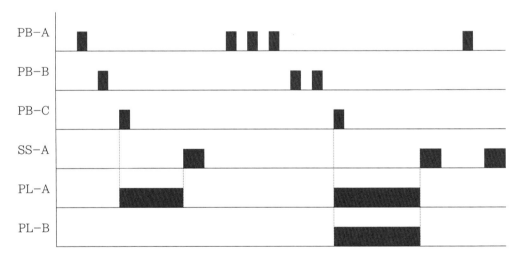

(4) 프로그램 예제 2(단장형 풀이)

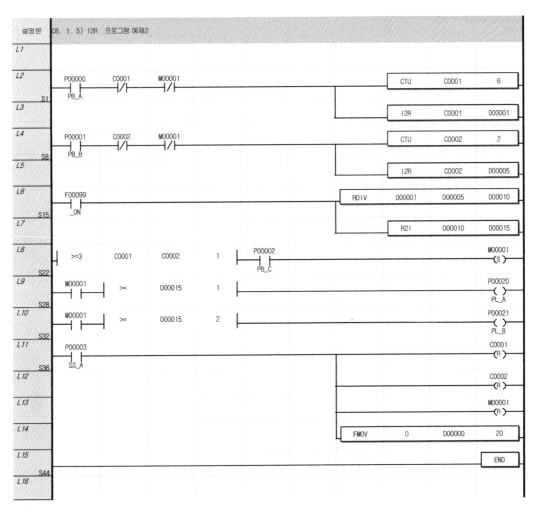

🔲 7 프로그램 예제 3

(1) 동작사항

① 타임차트를 보고 배장형으로 프로그램을 작성한다.

② 입력접점 PB-A의 최대값은 3이고, 입력접점 PB-B의 최대값은 3이다.

③ 입력접점 PB-A를 눌러 On하고, 입력접점 PB-B를 눌러 On하고 입력접점 PB-C를 On하면 출력 PL-B 또는 PL-A가 점등되고, 입력접점 SS-A를 On 하면 PL-B 또는 PL-A는 소등 및 초기화된다(PB-A는 C1이고, PB-B는 C2 이면 C2 > 0이고 또는 C1 ≧ 1).

125

④ 제산(나눗셈)값이 0.6이면 소수점 이하는 반올림하여 1로 하고, 입력접점 PB-C를 On하면 출력 PL-A 또는 PL-B가 점등되고, 입력접점 SS-A를 On 하면 PL-A 또는 PL-B가 소등 및 초기화된다.

⑤ PB-C를 On하면 입력값은 변경되지 않는다.

⑥ 언제나 입력접점 SS-A를 On하면 소등 및 초기화된다.

(2) PLC 입·출력 배치도

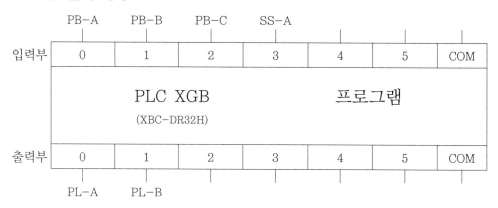

(3) 타임차트

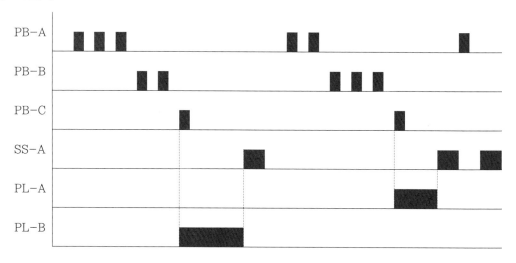

(4) 프로그램 예제 3(배장형 풀이)

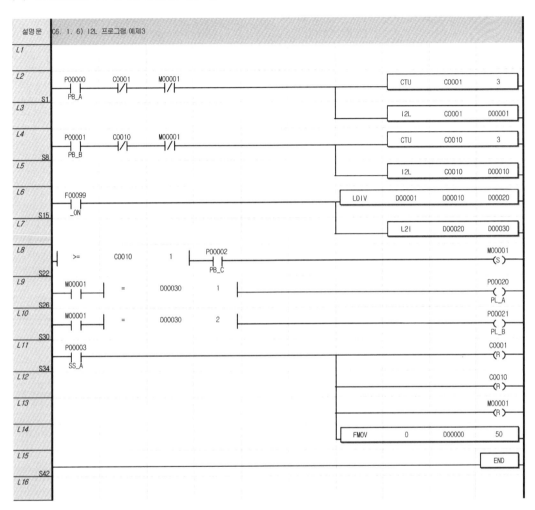

---

02 R2I, R2IP(단장형 실수를 정수형으로 변환 명령)

■1 R2I[정수형(I)으로 변환]

단장형 실수를 정수형으로 변환한다.

2 명령 및 심벌

R21, R2D	COMMAND ┤├ ┤├	R21	S	D
R21P, R2DP	COMMAND ┤├ ┤├	R21P	S	D

3 영역설정

오퍼랜드	설명	데이터 타입
S	실수형 데이터가 저장되어진 영역번호 또는 실수형 데이터	REAL
D	정수형 데이터 형태로 변환된 데이터를 저장할 디바이스 위치	INT/DINT

4 플래그 셋(SET)

플래그	설명	디바이스 번호
에러	• R2I 명령 사용 시, S로 지정된 단장형 실수값이 −32768~32767 범위를 벗어날 때 • R2D 명령 사용 시, S로 지정된 단장형 실수값이 −2147483648~2147483647 범위를 벗어날 때	F110

5 R2I, R2D의 구성

(1) R2I(Real to Integer)

① R2I는 S+1, S로 지정된 단장형 실수(32비트)를 16비트 정수형 데이터로 변환하여 D에 저장한다.

② S+1, S로 지정된 단장형 실수의 값이 −32768~32767 범위를 벗어날 경우 연산에러가 발생한다. 이때, 결과값은 입력값이 32767보다 클 경우는 32767이 저장되고, 입력값이 −32768보다 작을 경우 −32768이 저장된다.

③ 소수점 이하의 값은 반올림한 후에 버려진다.

(2) 프로그램 예제 1

① 동작사항

입력접점 P00000이 On이면 D00000의 1 워드 데이터 영역에 4170.7890의 실수값을 정수형으로 변환한 값을 저장하여 D00000에는 4171이 표기되는 프로그램이다.

② 프로그램 예제 1

(3) R2D(Real to Double Integer)

① R2D는 S+1, S로 지정된 단장형 실수(32비트) 데이터를 배장형 정수(32비트)로 변환하여 D+1, D에 저장한다.

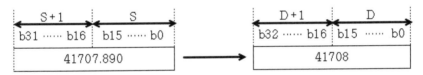

② S+1, S로 지정된 단장형 실수의 값이 −2147483648~2147483647 범위를 벗어날 경우 연산에러가 발생한다. 이때, 결과값은 단장형 실수의 값이 2147483647보다 클 경우는 2147483647이 저장되고, 단장형 실수의 값이 −2147483648보다 작을 경우는 −2147483648이 저장된다.

③ 소수점 이하의 값은 반올림한 후에 버려진다.

(4) 프로그램 예제 2

① 동작사항

입력접점 P00000이 On이면 D00001~D00002의 2 워드 데이터 영역에 41707.890의 실수값을 정수형으로 변환한 값을 저장하여 D00001에는 41708이 표기되는 프로그램이다.

② 프로그램 예제 2

```
  P00000
  ─┤ ├─────────────────────────────────[ R2D  41707.890  D00001 ]─
   │                                    │
   │                                    [ END ]─
```

L2I, L2IP(배장형 실수를 정수형으로 변환 명령) 또는 L2D, L2DP(배장형 실수를 배장 정수형으로 변환 명령)

1 L2I(정수형) 또는 L2D(배장 정수형)

배장형 실수를 정수형 또는 배장 정수형으로 변환한다.

2 명령 및 심벌

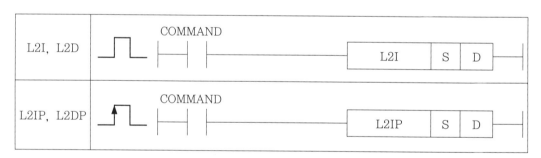

3 영역설정

오퍼랜드	설명	데이터 타입
S	배장 실수형 데이터가 저장되어진 영역번호 또는 배장 실수형 데이터	LREAL
D	정수형 데이터 형태로 변환된 데이터를 저장할 디바이스 위치	INT/DINT

■■ 4 플래그 셋(SET)

플래그	설명	디바이스 번호
에러	• L2I 명령 사용 시, S로 지정된 배장형 실수값이 −32768~32767 범위를 벗어날 때 • L2D 명령 사용 시, S로 지정된 배장형 실수값이 −2147483648~2147483647 범위를 벗어날 때	F110

■■ 5 L2I, L2D의 구성

(1) L2I(Long Real to Integer)

① L2I(P)은 S+3, S+2, S+1, S로 지정된 배장형 실수를 정수형(16비트)으로 변환하여 D에 저장한다.

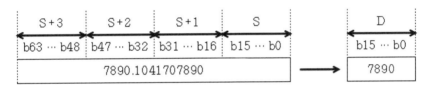

② S+3, S+2, S+1, S로 지정된 배장형 실수의 값이 −32768 범위를 벗어날 경우 연산에러가 발생한다. 이때 결과값이 32767보다 클 경우에는 32767이 저장되고, 입력값이 −32768보다 작을 경우에는 −32768이 저장된다.

③ 소수점 이하의 값은 반올림한 후에 버려진다.

(2) 프로그램 예제 1

① D00000~D00003=23456.7의 배장형 실수 데이터가 저장된 경우 입력접점 P00000이 On되어 D00000에는 23457의 정수형으로 변환된 데이터가 저장되는 프로그램이다.

② 프로그램 예제 1

(3) L2D(Long Real to Double Integer)

① L2D(P)은 S+3, S+2, S+1, S로 지정된 배장형 실수를 배장 정수형(32비트)으로 변환하여 D+1, D에 저장한다.

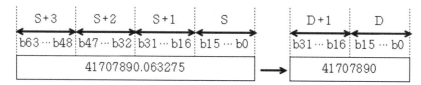

② S+3, S+2, S+1, S로 지정된 배장형 실수의 값이 −2147483648~2147483647 범위를 벗어날 경우 연산에러가 발생한다. 이때, 결과값은 배장형 실수의 값이 2147483647보다 클 경우는 2147483647이 저장되고, 배장형 실수의 값이 −2147483648보다 작을 경우는 −2147483648이 저장된다.

③ 소수점 이하의 값은 반올림한 후에 버려진다.

(4) 프로그램 예제 2

① D00000~D00003=23456.7의 배장형 실수 데이터가 저장된 경우 입력접점 P00000이 On되어 D00000~D00001에 사용되는데 D00000에는 23457의 정수형으로 변환된 데이터가 저장되는 프로그램이다.

② 프로그램 예제 2

```
P00000
 ─┤ ├──────────────────────────────────[ L2I  23456.7  D00000 ]─
                                        [ END ]─
```

04 SQRT, SQRTP(특수함수 명령)

1 SQRT(제곱근 연산 명령)

제곱근($\sqrt{\ }$) 연산을 해서 D에 저장한다.

2 명령 및 심벌

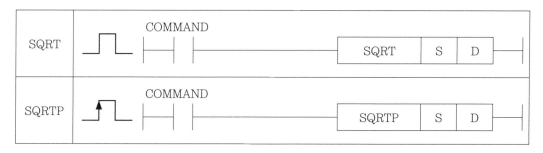

3 영역설정

오퍼랜드	설명	데이터 타입
S	SQRT 연산을 할 입력값	LREAL
D	연산결과를 저장할 디바이스 번호	LREAL

4 SQRT(Square Root)의 구성

(1) S로 지정된 영역의 데이터를 제곱근 연산을 해서 D에 저장하고, 이때 S와 D의 데이터 타입은 배장형 실수이다.

(2) S가 음수인 경우 연산에러가 발생한다.

5 프로그램 예제 1

(1) D00000, D00001에 입력값을 제곱근($\sqrt{}$) 연산하여 D00004, D00005에 저장하는 프로그램이다.

(2) 프로그램 예제 1

```
    P00000
    ┤ ├                                    SQRT D00000 D00004

                                                    END
```

6 프로그램 예제 2

(1) 동작사항

① 타임차트를 보고 배장형 실수로 프로그램을 작성한다.

133

② 입력접점 PB-A의 최대값은 2이고, 입력접점 PB-B의 최대값은 2이다.

③ 입력접점 PB-A와 입력접점 PB-B의 누르는 횟수의 합에 제곱근한 결과 소수점이 발생하면 소수점 이하는 반올림한다.

④ 입력접점 PB-A를 눌러 On하고, 입력접점 PB-B의 On 횟수를 가산(덧셈)한 값에 따라 제곱근한 값이 1 이상이고, 입력접점 PB-C를 On하여 제곱근한 값이 1이면 출력 PL-A 또는 제곱근한 값이 2이면 출력 PL-B가 점등된다.

⑤ 입력접점 PB-C는 제곱근한 값이 1 이상일 때 동작 중에는 입력접점 PB-A 및 PB-B 값은 변경되지 않는다.

⑥ 언제나 입력접점 SS-A를 On하면 소등 및 초기화된다.

(2) PLC 입·출력 배치도

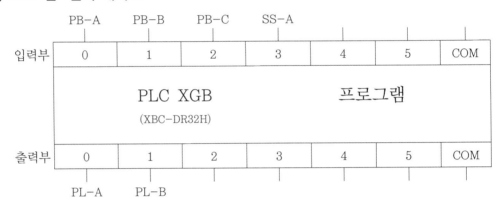

(3) 타임차트

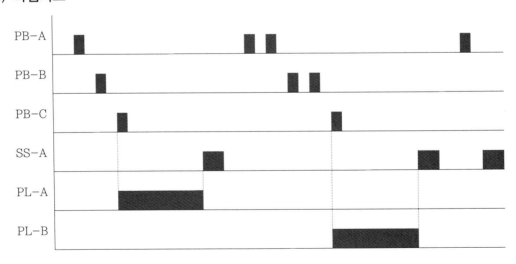

(4) 프로그램 예제 2

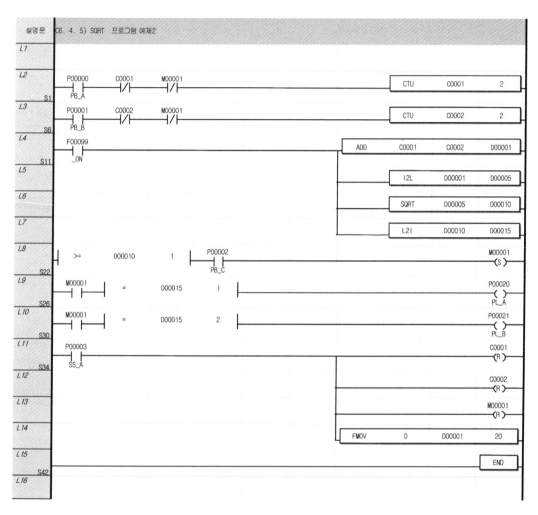

---

05 EXPT, EXPTP(특수함수 명령)

1 EXPT(지수 연산 명령)

지수(A^B) 연산을 해서 D에 저장한다.

■2 명령 및 심벌

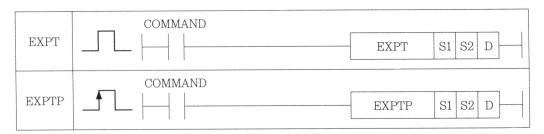

■3 영역설정

오퍼랜드	설명	데이터 타입
S1	지수 연산을 할 지수 입력값	LREAL
S2	지수 연산을 할 지수 입력값	LREAL
D	연산결과를 저장할 디바이스 번호	LREAL

■4 EXPT(지수 연산)의 구성

(1) S1로 지정된 영역의 데이터를 S2로 지정된 영역의 데이터로 지수(A^B) 연산하여 D 에 저장한다. 이때 S1, S2와 D의 데이터 타입은 배장형 실수이다.

(2) S1의 값이 1.5, S2의 값이 3일 때 연산결과는 $3.375(1.5^3)$이다.

■5 프로그램 예제 1

(1) D00000, D00001의 입력값과 D00004, D00005의 입력값을 지수(A^B) 연산을 하여 D00008, D00009에 저장하는 프로그램이다.

(2) 프로그램 예제 1

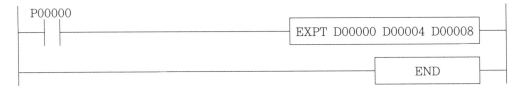

136

6 프로그램 예제 2

(1) 동작사항

① 타임차트를 보고 배장형 실수로 프로그램을 작성한다.

② 입력접점 PB-A의 최대값은 2이고, 입력접점 PB-B의 최대값은 2이다.

③ 입력접점 PB-A를 눌러 On하고, 입력접점 PB-B를 눌러 On한 횟수를 지수 연산하여 값이 1 이상이 되고, 입력접점 PB-C를 On한 지수 연산값이 1~2이면 출력 PL-A가, 지수 연산값이 4이면 출력 PL-B가 점등된다.

④ 입력접점 PB-C는 지수 연산값이 1 이상 또는 PB-A를 On한 지수 연산값이 1 이상일 경우 동작 중에는 입력접점 PB-A 및 PB-B의 값은 변경되지 않는다.

⑤ 언제나 입력접점 SS-A를 On하면 소등 및 초기화된다.

(2) PLC 입 · 출력 배치도

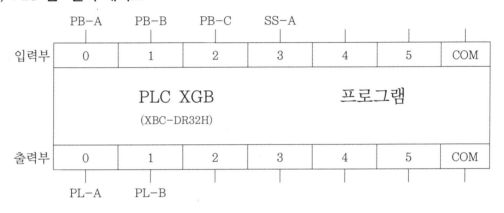

(3) 타임차트

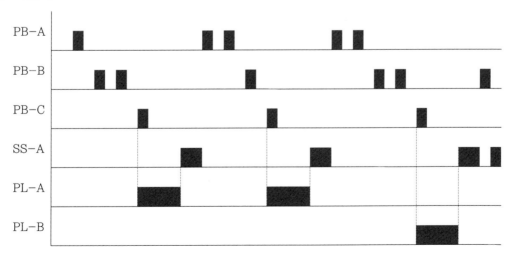

(4) 프로그램 예제 2

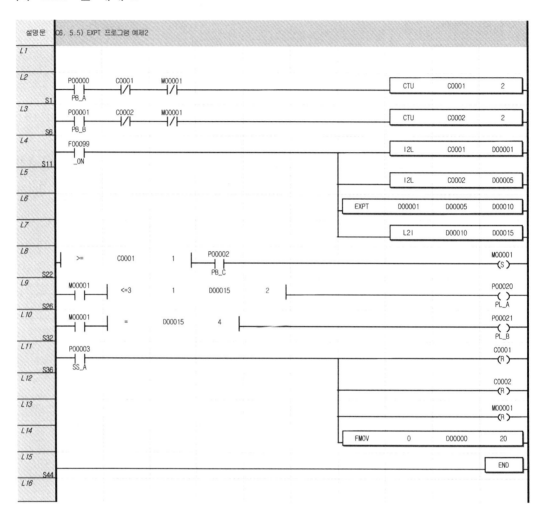

순서도(Flow Chart)의 작성 이해하기

07 순서도(Flow Chart)의 작성 이해하기

01 순서도의 작성(Case 1)

1 순서도(Flow Chart)

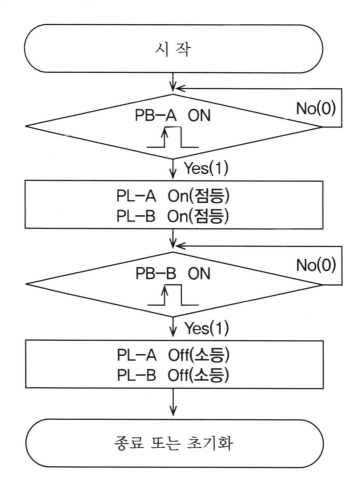

2 PLC 입·출력 배치도

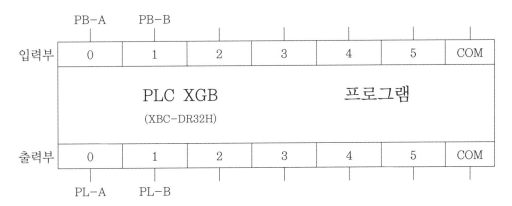

3 타임차트(순서도에서 타임차트는 표기되지 않음)

기초부분 이해를 돕기 위해서 타임차트를 표기하면 다음과 같다.

4 프로그램(Case 1)

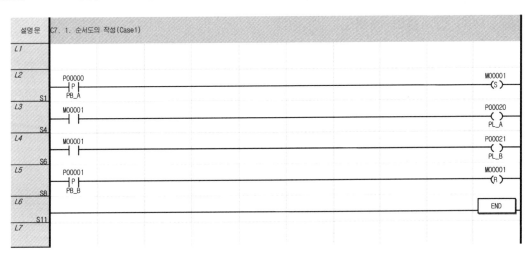

02 순서도의 작성(Case 2)

1 순서도(Flow Chart)

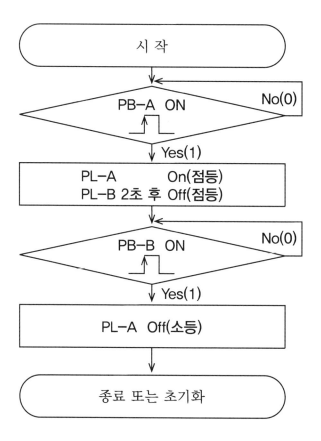

시 작

PB-A ON → No(0)

Yes(1)

PL-A   On(점등)
PL-B 2초 후 Off(점등)

PB-B ON → No(0)

Yes(1)

PL-A Off(소등)

종료 또는 초기화

2 PLC 입·출력 배치도

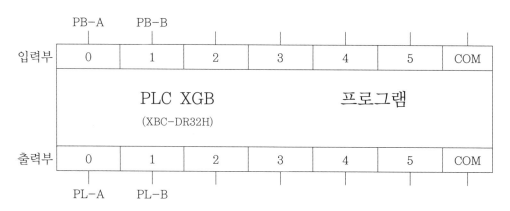

	PB-A	PB-B					
입력부	0	1	2	3	4	5	COM

PLC XGB   프로그램
(XBC-DR32H)

	PL-A	PL-B					
출력부	0	1	2	3	4	5	COM

▊3 타임차트(순서도에서 타임차트는 표기되지 않음)

기초부분 이해를 돕기 위해서 타임차트를 표기하면 다음과 같다.

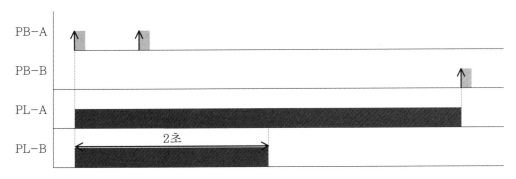

▊4 프로그램(Case 2)

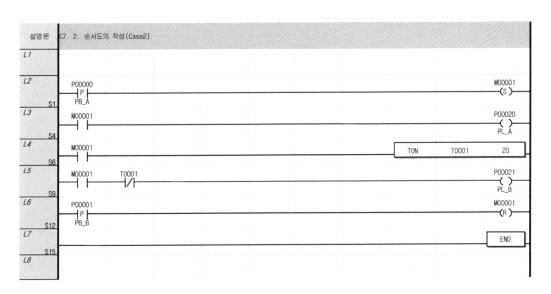

143

03 순서도의 작성(Case 3)

1 순서도(Flow Chart)

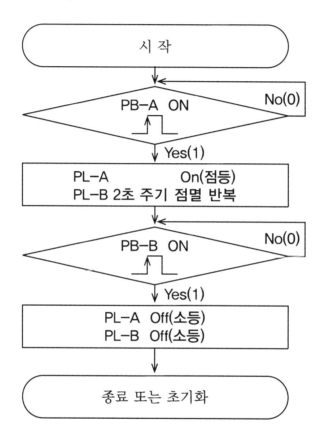

2 PLC 입·출력 배치도

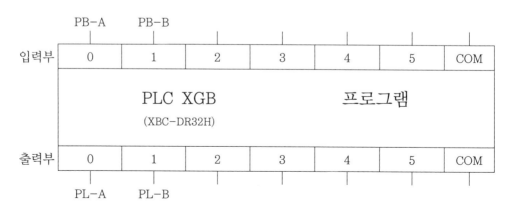

■3 타임차트(순서도에서 타임차트는 표기되지 않음)

기초부분 이해를 돕기 위해서 타임차트를 표기하면 다음과 같다.

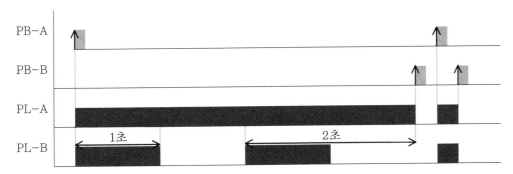

■4 프로그램(Case 3) 비교, 접점 방식

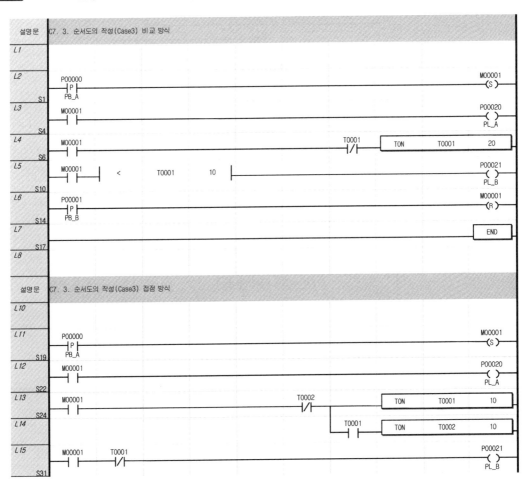

145

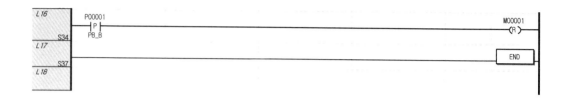

04 순서도의 작성(Case 4)

1 순서도(Flow Chart)

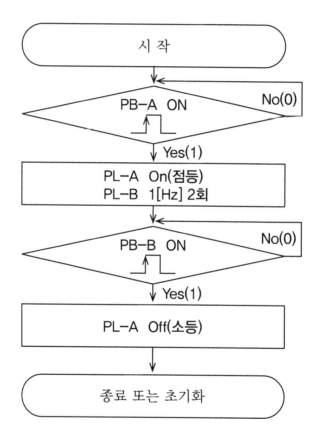

참고 여기서, 1[Hz] 주기는 0.5초 On(점등) / 0.5초 Off(소등)를 말한다.

2 PLC 입·출력 배치도

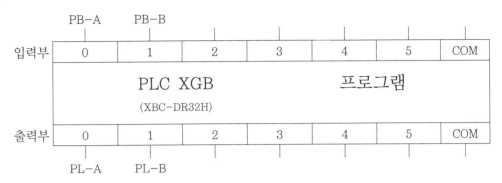

3 타임차트(순서도에서 타임차트는 표기되지 않음)

기초부분 이해를 돕기 위해서 타임차트를 표기하면 다음과 같다.

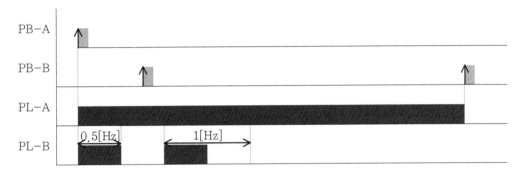

4 프로그램(Case 4)

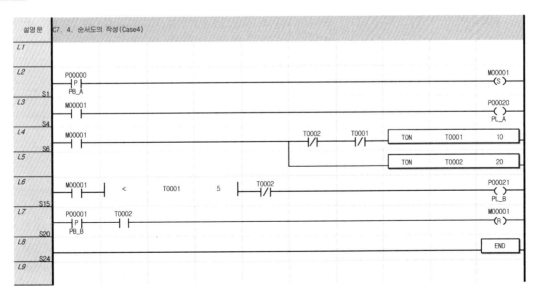

05 순서도의 작성(Case 5)

1 순서도(Flow Chart)

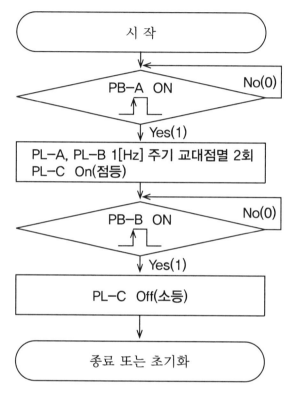

> 참고 여기서, PL-A의 1[Hz] 주기는 0.5초 On(점등) / 0.5초 Off(소등)를 말하고, PL-B
> 의 1[Hz] 주기는 0.5초 Off(소등) / 0.5초 On(점등)을 말한다.

2 PLC 입·출력 배치도

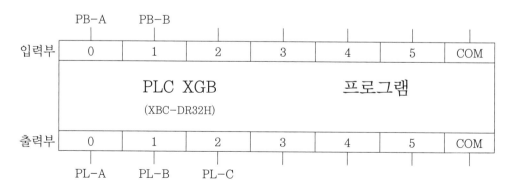

3 타임차트(순서도에서 타임차트는 표기되지 않음)

기초부분 이해를 돕기 위해서 타임차트를 표기하면 다음과 같다.

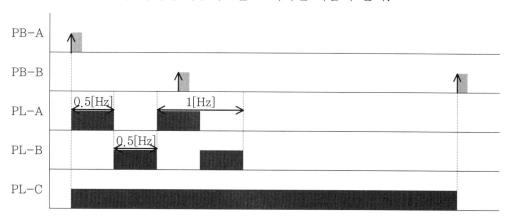

4 프로그램(Case 5)

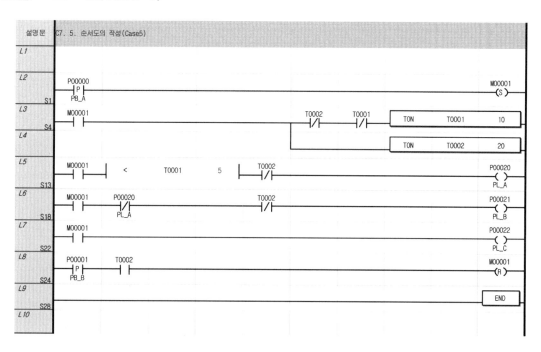

06 순서도의 작성(Case 6)

1 순서도(Flow Chart)

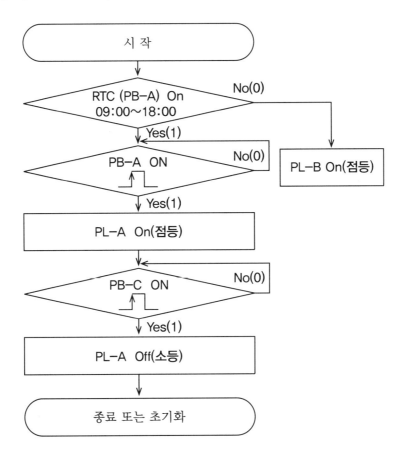

2 PLC 입·출력 배치도

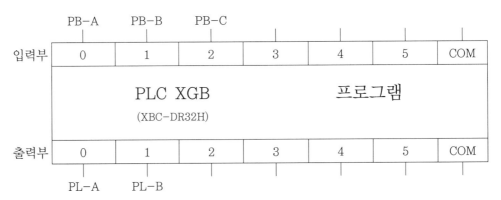

3 타임차트(순서도에서 타임차트는 표기되지 않음)

기초부분 이해를 돕기 위해서 타임차트를 표기하면 다음과 같다.

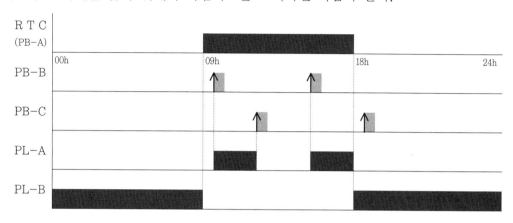

4 프로그램(Case 6)

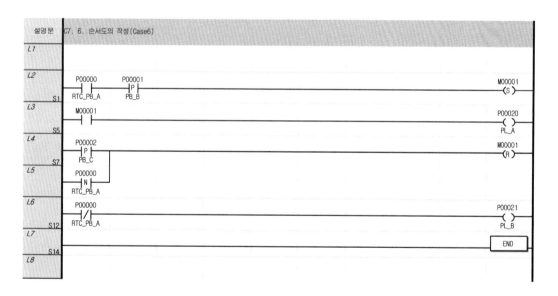

Memo

진리표, 카르노 도표(맵) 이해하기

CHAPTER 08

진리표, 카르노 도표(맵) 이해하기

01 진리표 이해(입력 : 2, 출력 : 2)

1 진리표

입력		출력	
PB1	PB2	RL	GL
0	0	1	0
0	1	1	1
1	0	0	1
1	1	0	1

2 논리식

(1) ① $RL = (\overline{PB1} \cdot \overline{PB2}) + (\overline{PB1} \cdot PB2)$

② 간소화 논리식 : $RL = \overline{PB1}$

(2) ① $GL = (\overline{PB1} \cdot PB2) + (PB1 \cdot \overline{PB2}) + (PB1 \cdot PB2)$

② 간소화 논리식 : $GL = PB1 + PB2$

3 PLC 입·출력 배치도

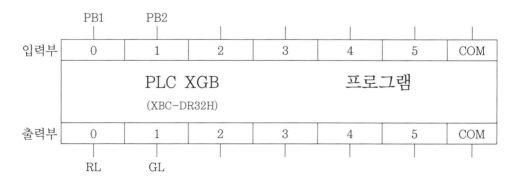

154

❹ 프로그램[(입력 : 2, 출력 : 2) 일반, 간소화 논리식 풀이]

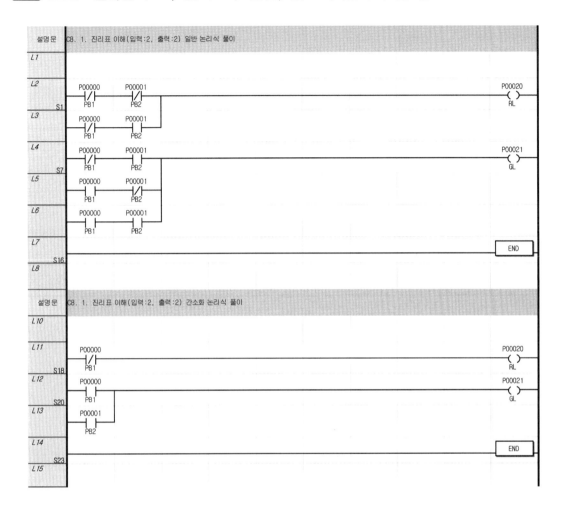

02 진리표 이해(입력 : 3, 출력 : 2)

1 진리표

입력			출력	
PB1	PB2	PB3	RL	GL
0	0	0	1	0
0	0	1	0	0
0	1	0	1	0
0	1	1	0	0
1	0	0	1	1
1	0	1	0	1
1	1	0	1	1
1	1	1	0	1

2 논리식

(1) ① $RL = (\overline{PB1} \cdot \overline{PB2} \cdot \overline{PB3}) + (\overline{PB1} \cdot PB2 \cdot \overline{PB3}) + (PB1 \cdot \overline{PB2} \cdot \overline{PB3}) + (PB1 \cdot PB2 \cdot \overline{PB3})$

② 간소화 논리식 : $RL = \overline{PB3}$

(2) ① $GL = (PB1 \cdot \overline{PB2} \cdot \overline{PB3}) + (PB1 \cdot \overline{PB2} \cdot PB3) + (PB1 \cdot PB2 \cdot \overline{PB3}) + (PB1 \cdot PB2 \cdot PB3)$

② 간소화 논리식 : $GL = PB1$

3 PLC 입·출력 배치도

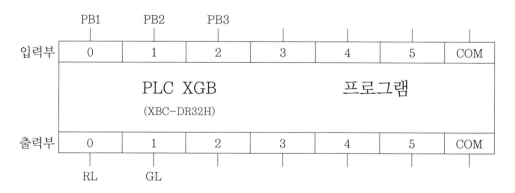

4 프로그램[(입력 : 3, 출력 : 2) 일반, 간소화 논리식 풀이]

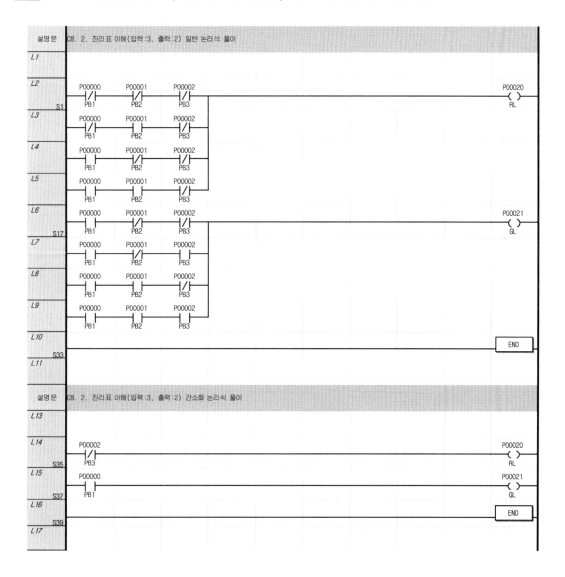

03 카르노 도표 이해(입력 : 4, 출력 : 1)

1 카르노 도표

PB1, PB2 〉 PB3, PB4	00	01	11	10
00	0	1	1	0
01	1	1	0	0
11	0	1	1	0
10	0	1	1	0

2 논리식

(1) $RL = (\overline{PB1} \cdot \overline{PB2} \cdot \overline{PB3} \cdot PB4) + (\overline{PB1} \cdot PB2 \cdot \overline{PB3} \cdot \overline{PB4}) + (\overline{PB1} \cdot PB2 \cdot PB3 \cdot \overline{PB4}) + (\overline{PB1} \cdot PB2 \cdot PB3 \cdot PB4) + (\overline{PB1} \cdot PB2 \cdot PB3 \cdot \overline{PB4}) + (PB1 \cdot PB2 \cdot \overline{PB3} \cdot \overline{PB4}) + (PB1 \cdot PB2 \cdot PB3 \cdot PB4) + (PB1 \cdot PB2 \cdot PB3 \cdot \overline{PB4})$

(2) 간소화 논리식

$RL = (\overline{PB1} \cdot PB2) + (PB2 \cdot PB3) + (\overline{PB1} \cdot \overline{PB3} \cdot PB4) + (PB2 \cdot \overline{PB3} \cdot \overline{PB4})$

3 PLC 입 · 출력 배치도

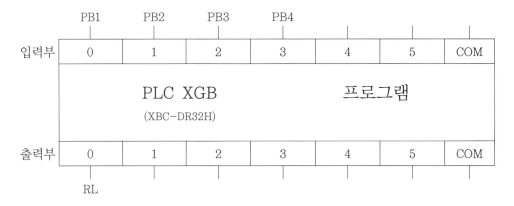

4 프로그램[(입력 : 4, 출력 : 1) 일반, 간소화 논리식 풀이]

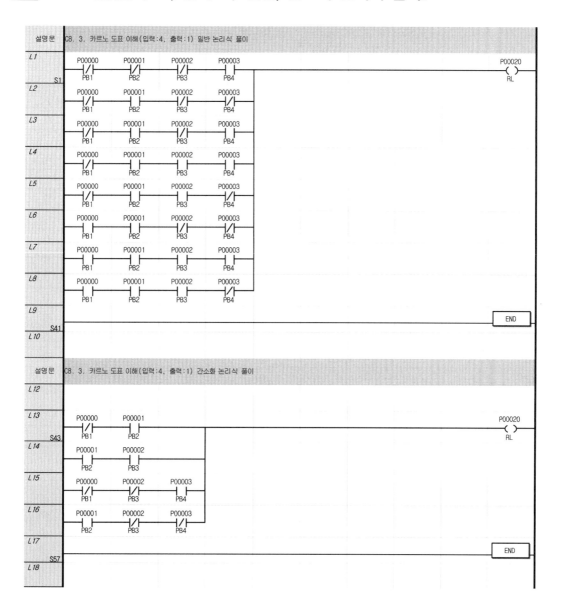

04 진리표 이해(입력 : 4, 출력 : 3)

1 진리표

입력				출력		
PB1	PB2	PB3	PB4	RL	GL	YL
0	0	0	0	0	0	1
0	0	0	1	0	0	1
0	0	1	0	0	0	0
0	0	1	1	0	0	0
0	1	0	0	0	1	0
0	1	0	1	0	1	0
0	1	1	0	0	1	0
0	1	1	1	0	1	0
1	0	0	0	1	0	0
1	0	0	1	1	0	0
1	0	1	0	1	0	0
1	0	1	1	1	0	0
1	1	0	0	0	0	0
1	1	0	1	0	0	0
1	1	1	0	0	0	1
1	1	1	1	0	0	1

2 논리식

(1) ① $RL = (PB1 \cdot \overline{PB2} \cdot \overline{PB3} \cdot \overline{PB4}) + PB1 \cdot \overline{PB2} \cdot \overline{PB3} \cdot PB4) + (PB1 \cdot \overline{PB2} \cdot PB3 \cdot \overline{PB4}) + (PB1 \cdot \overline{PB2} \cdot PB3 \cdot PB4)$

② 간소화 논리식 : $RL = (PB1 \cdot \overline{PB2})$

(2) ① $GL = (\overline{PB1} \cdot PB2 \cdot \overline{PB3} \cdot \overline{PB4}) + (\overline{PB1} \cdot PB2 \cdot \overline{PB3} \cdot PB4) + (\overline{PB1} \cdot PB2 \cdot PB3 \cdot \overline{PB4}) + (\overline{PB1} \cdot PB2 \cdot PB3 \cdot PB4)$

② 간소화 논리식 : $GL = (\overline{PB1} \cdot PB2)$

(3) ① $YL = (\overline{PB1} \cdot \overline{PB2} \cdot \overline{PB3} \cdot \overline{PB4}) + (\overline{PB1} \cdot \overline{PB2} \cdot \overline{PB3} \cdot PB4) + (PB1 \cdot PB2 \cdot PB3 \cdot \overline{PB4}) + (PB1 \cdot PB2 \cdot PB3 \cdot PB4)$

② 간소화 논리식 : $YL = (\overline{PB1} \cdot \overline{PB2} \cdot \overline{PB3}) + (PB1 \cdot PB2 \cdot PB3)$

■3 PLC 입·출력 배치도

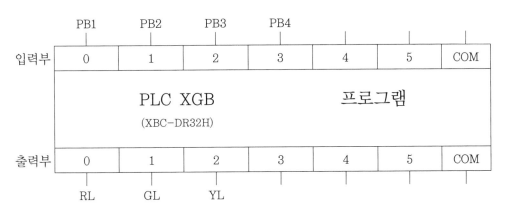

■4 프로그램[(입력 : 4, 출력 : 3) 일반, 간소화 논리식 풀이]

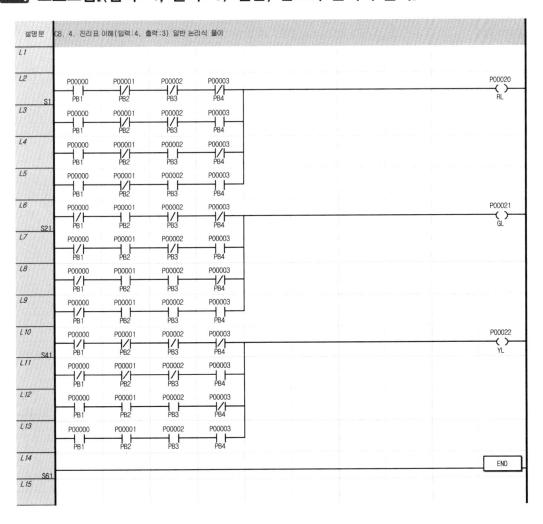

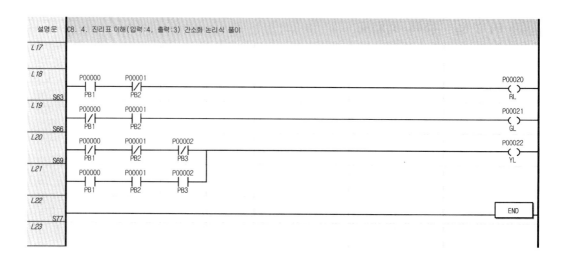

162

09

논리(무접점) 회로,
시퀀스(유접점) 회로
이해하기

논리(무접점) 회로, 시퀀스(유접점) 회로 이해하기

01 논리곱 회로(AND Gate) 이해

1 논리 회로

2 PLC 입·출력 배치도

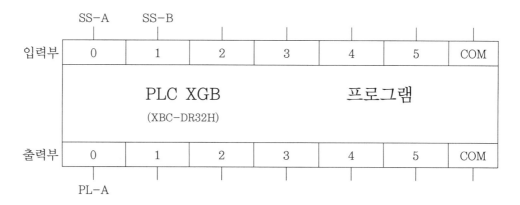

3 프로그램(AND Gate)

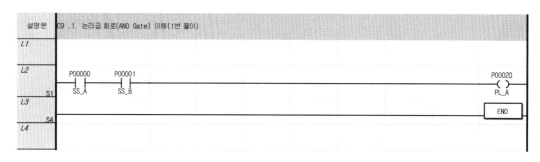

164

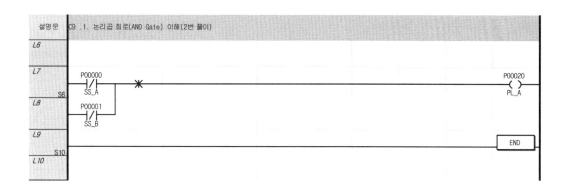

설명문   C9 .1. 논리곱 회로(AND Gate) 이해(2번 풀이)

02 논리합 회로(OR Gate) 이해

1 논리 회로

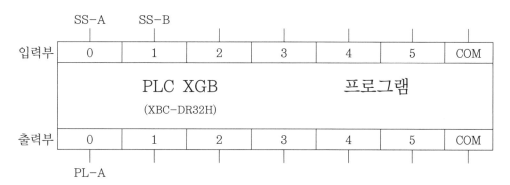

```
SS-A ─────────┐
              ├──▷──── PL-A
SS-B ─────────┘
```

2 PLC 입 · 출력 배치도

3 프로그램(OR Gate)

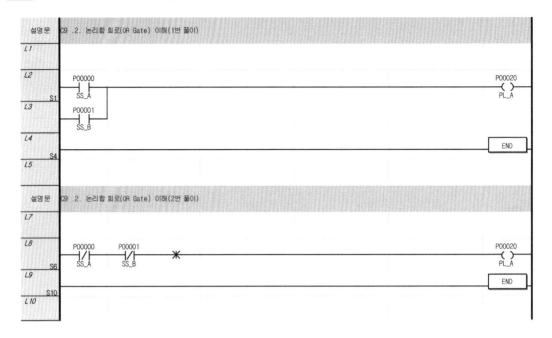

03 부정 회로(NOT Gate) 이해

1 논리 회로

SS-A ————▷○———— PL-A

2 PLC 입·출력 배치도

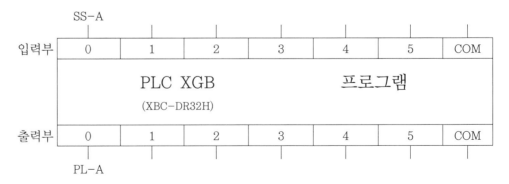

3 프로그램(NOT Gate)

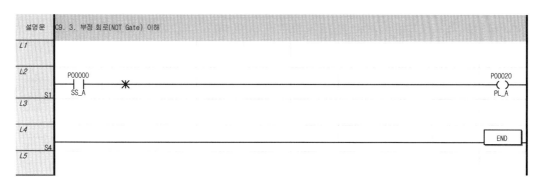

04 부정 논리합 회로(NOR Gate) 이해

1 논리 회로

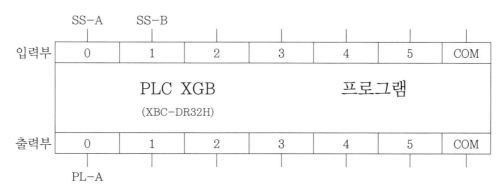

2 PLC 입·출력 배치도

	SS-A	SS-B					
입력부	0	1	2	3	4	5	COM
PLC XGB (XBC-DR32H)			프로그램				
출력부	0	1	2	3	4	5	COM
PL-A							

3 프로그램(NOR Gate)

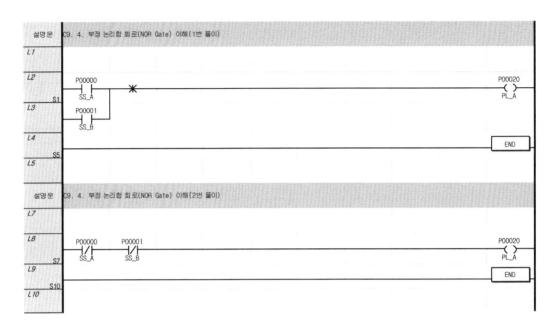

05 부정 논리곱 회로(NAND Gate) 이해

1 논리 회로

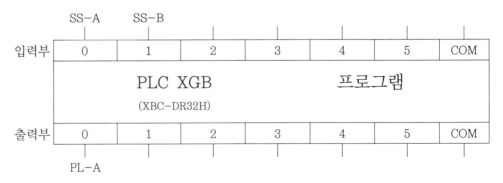

2 PLC 입·출력 배치도

	SS-A	SS-B					
입력부	0	1	2	3	4	5	COM

PLC XGB

(XBC-DR32H)

프로그램

출력부	0	1	2	3	4	5	COM
	PL-A						

3 프로그램(NAND Gate)

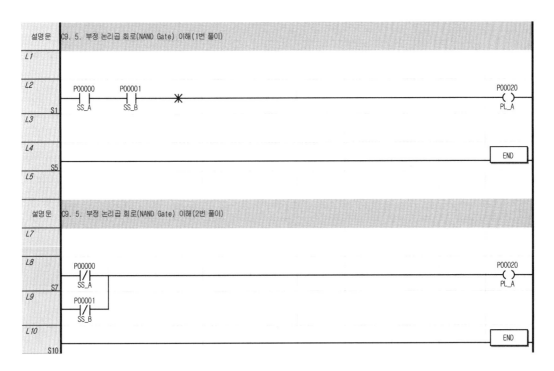

06 배타적 논리합 회로(Exclusive OR 또는 XOR) 이해

1 논리 회로

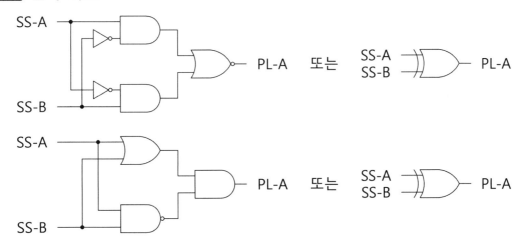

■■2 PLC 입 · 출력 배치도

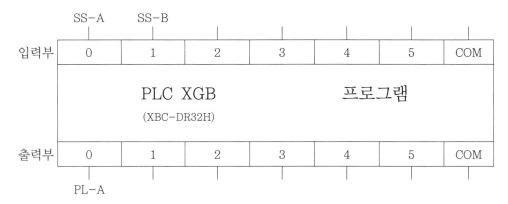

■■3 프로그램(Exclusive OR 또는 XOR)

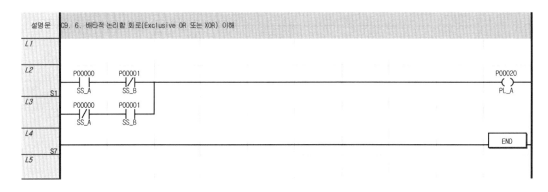

07 배타적 논리곱 회로(Exclusive NOR 또는 XNOR) 이해

■■1 논리 회로

2 PLC 입·출력 배치도

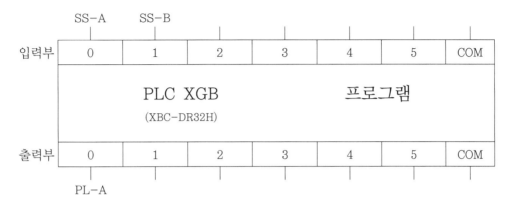

3 프로그램(Exclusive NOR 또는 XNOR)

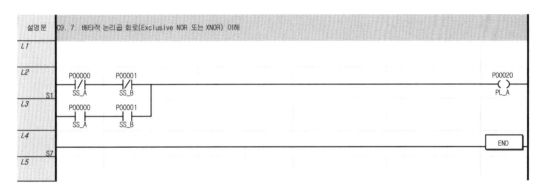

08 논리(무접점) 회로(내부플래그 1초 주기 펄스[F93]) 이해

1 논리 회로

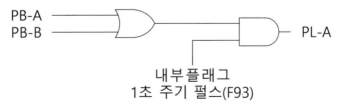

PB-A
PB-B

내부플래그
1초 주기 펄스(F93)

PL-A

내부플래그 종류

• 1초 주기 펄스 : F93　　　　　　　　　　　• 2초 주기 펄스 : F94

■2 PLC 입·출력 배치도

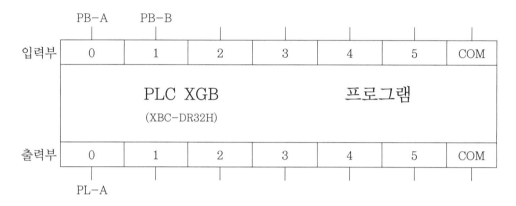

■3 프로그램[내부플래그 1초 주기 펄스(F93)]

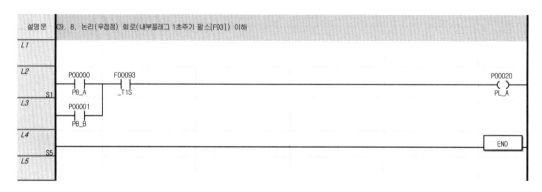

09 논리(무접점) 회로(정지 우선 회로)

■1 논리 회로

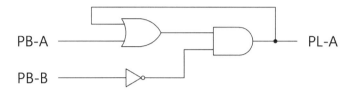

■2 PLC 입·출력 배치도

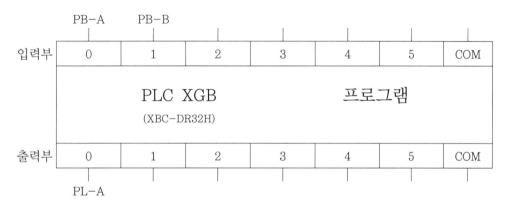

■3 프로그램(정지 우선 회로)

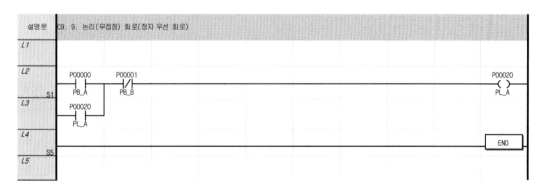

10 논리(무접점) 회로(기동 우선 회로)

1 논리 회로

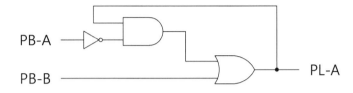

2 PLC 입·출력 배치도

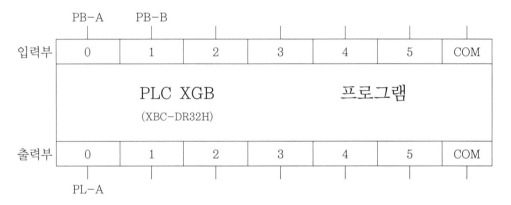

3 프로그램(기동 우선 회로)

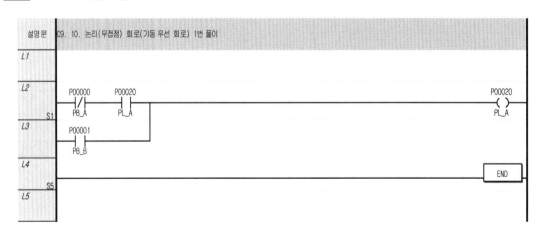

174

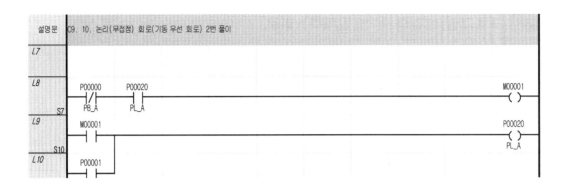

설명문 | C9. 10. 논리(무접점) 회로(기동 우선 회로) 2번 풀이

11 논리(무접점) 회로[선입력 우선(인터록) 회로]

1 논리 회로

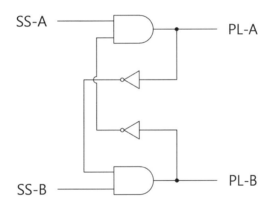

2 PLC 입·출력 배치도

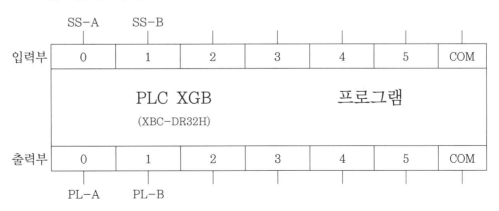

175

3 프로그램[선입력 우선(인터록) 회로]

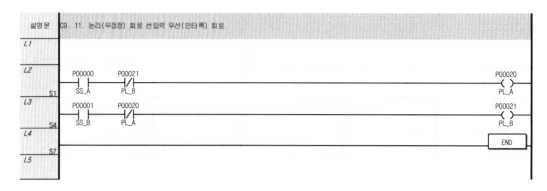

12 논리(무접점) 회로(내부릴레이 풀이)

1 논리 회로

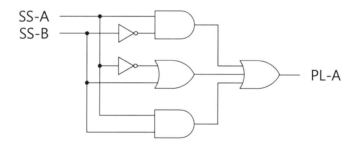

2 PLC 입·출력 배치도

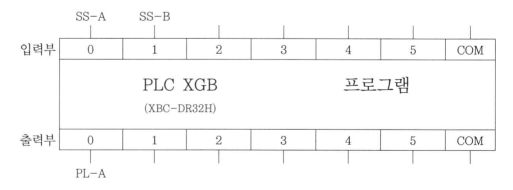

3 프로그램(내부릴레이 풀이)

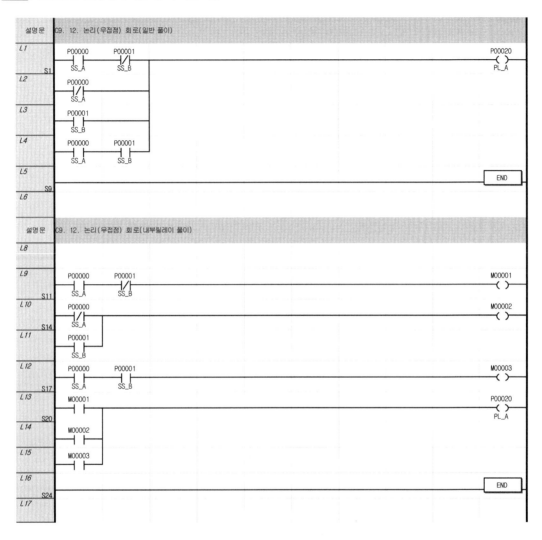

13 논리(무접점) 회로(AND 및 XOR 풀이)

1 논리 회로

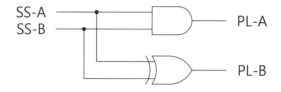

2 PLC 입·출력 배치도

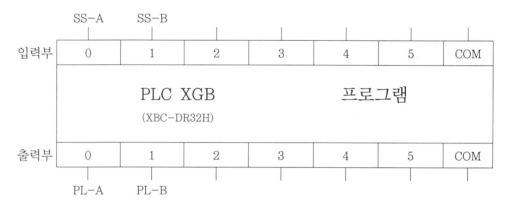

3 프로그램(AND 및 XOR 풀이)

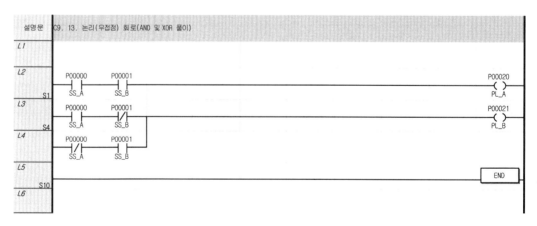

14 논리(무접점) 회로(On Delay Timer)

1 논리 회로

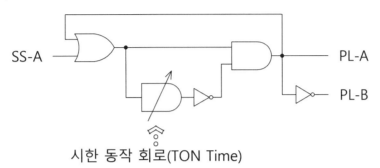

시한 동작 회로(TON Time)

참고 SS-A 입력접점을 누르면 반복된다.

2 PLC 입·출력 배치도

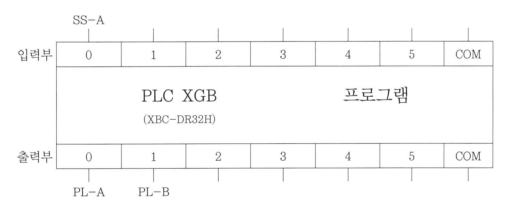

3 프로그램(On Delay Timer)(1번, 2번 풀이)

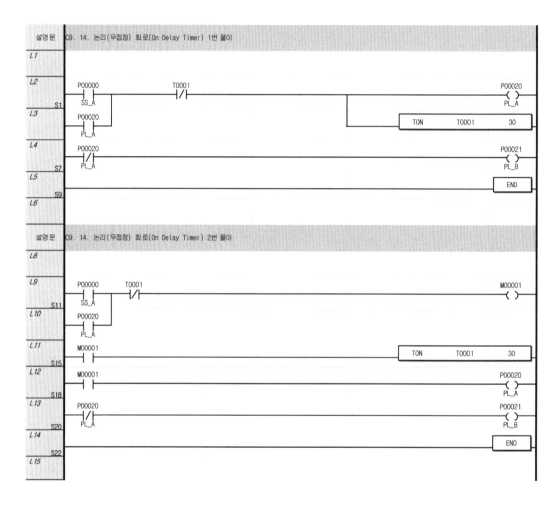

180

15 논리(무접점) 회로(Off Delay Timer)

■1 논리 회로

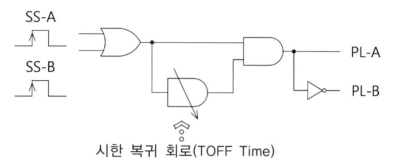

시한 복귀 회로(TOFF Time)

■2 PLC 입·출력 배치도

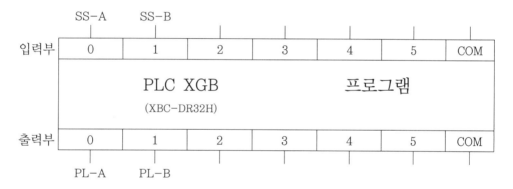

■3 프로그램(Off Delay Timer)

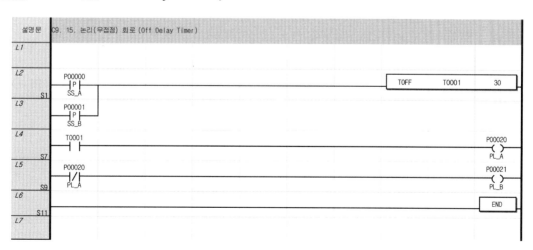

181

16 논리(무접점) 회로(과년도 유사 기출문제)

1 논리 회로

다음 아래와 같이 동작이 되도록 프로그램을 한다.

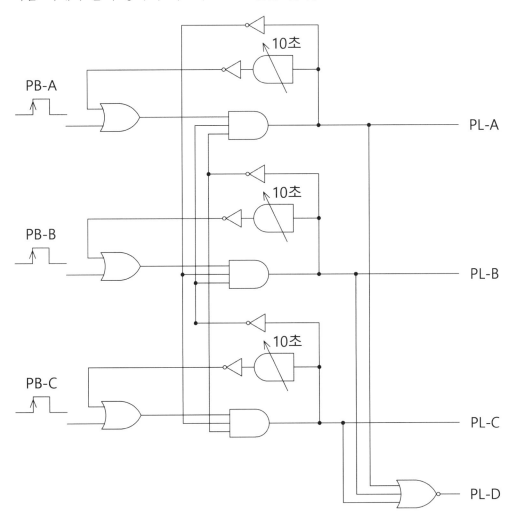

2 PLC 입·출력 배치도

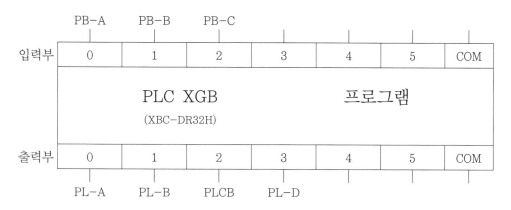

3 프로그램(과년도 유사 기출문제)[접점, 셋(Set), 내부릴레이 풀이]

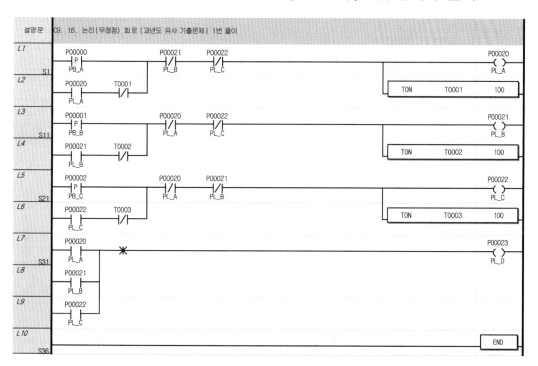

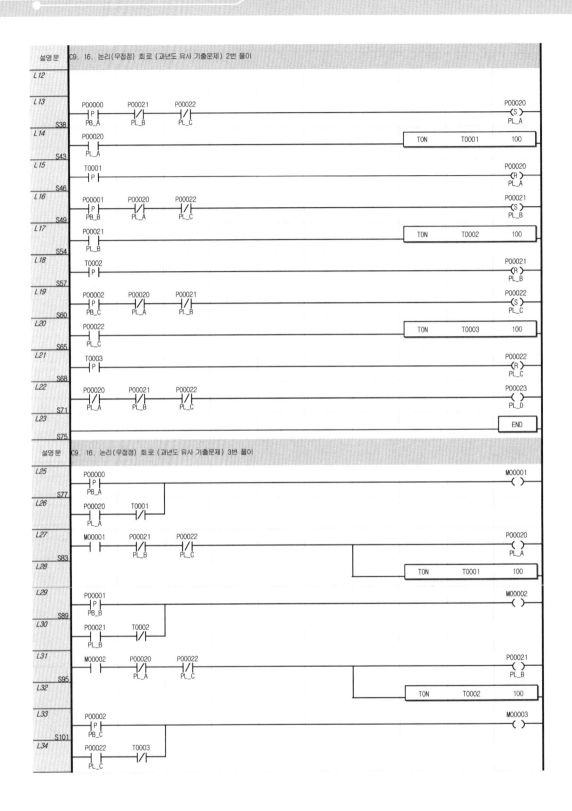

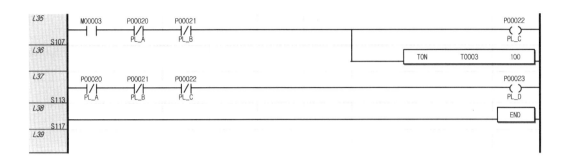

17 시퀀스(유접점) 기동 우선 회로

1 시퀀스 회로

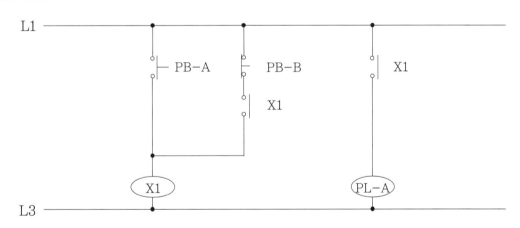

2 PLC 입·출력 배치도

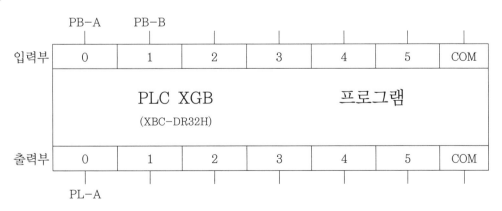

3 프로그램(기동 우선 회로)[접점, 셋(Set) 풀이]

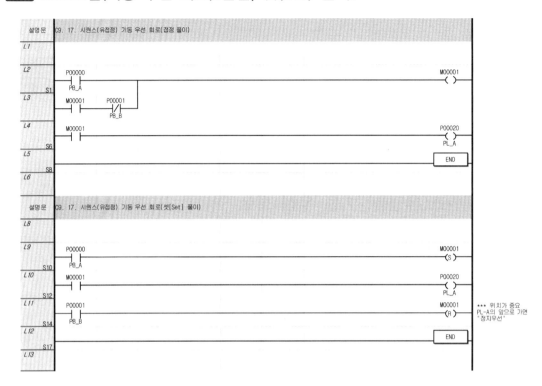

18 시퀀스(유접점) 정지 우선 회로

1 시퀀스 회로

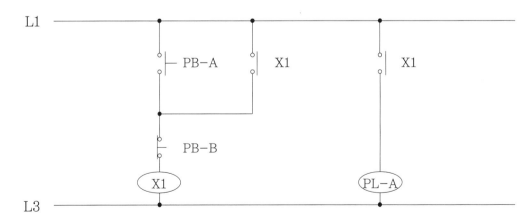

2 PLC 입 · 출력 배치도

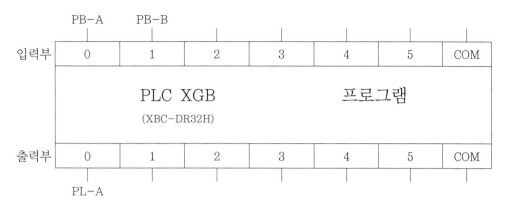

3 프로그램(정지 우선 회로)[보조릴레이, 접점 및 셋(Set) 풀이]

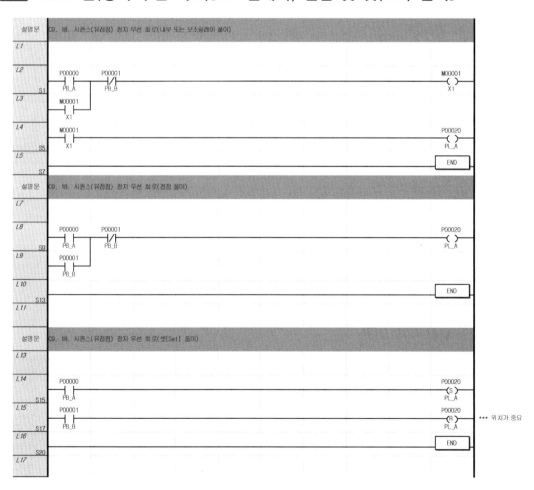

19 시퀀스(유접점) 기본 회로 1

■1 시퀀스 회로

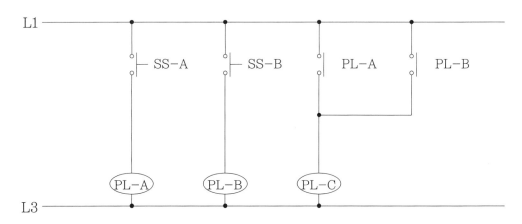

■2 PLC 입·출력 배치도

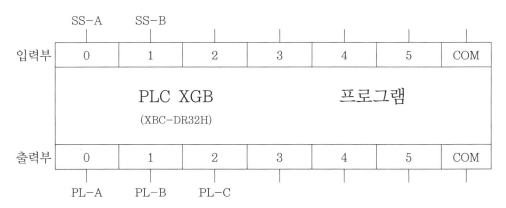

■3 프로그램(기본 회로 1)

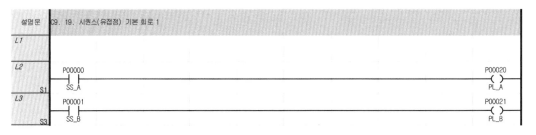

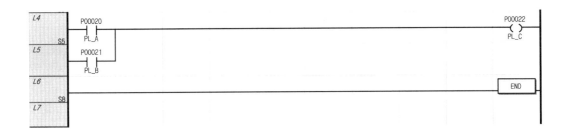

⑳ 시퀀스(유접점) 기본 회로 2

▣1 시퀀스 회로

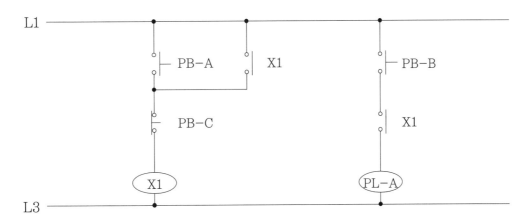

▣2 PLC 입·출력 배치도

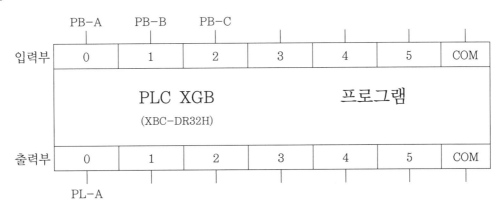

3 프로그램(기본 회로 2)[접점, 셋(Set) 풀이]

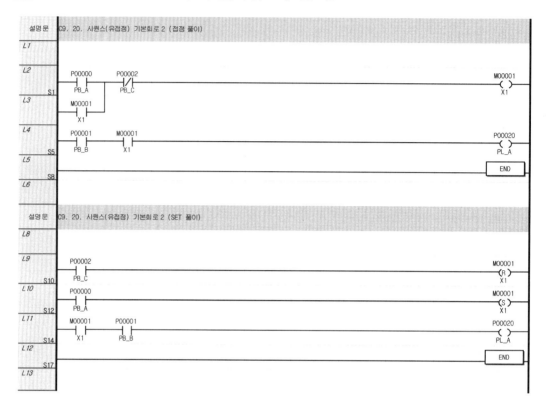

21 시퀀스(유접점) 기본 회로 3

1 시퀀스 회로

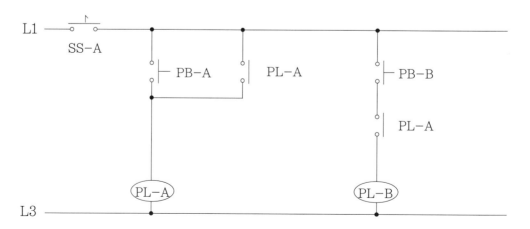

■2 PLC 입·출력 배치도

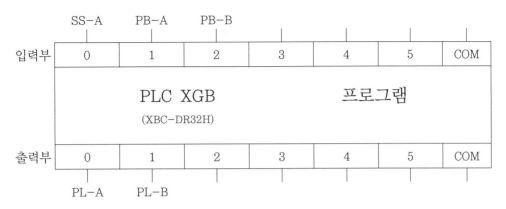

■3 프로그램(기본 회로 3)[접점, MCS 및 MCSCLR 풀이]

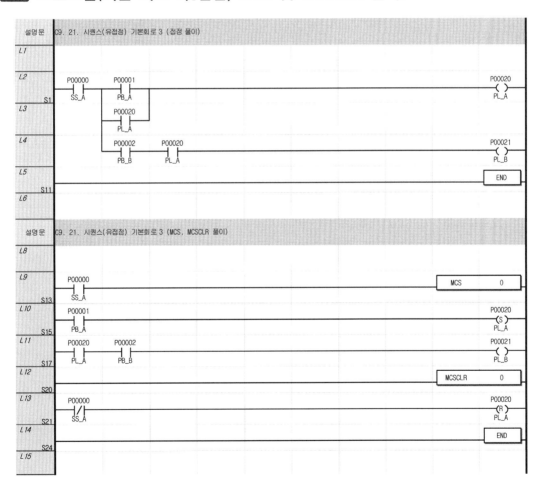

22 시퀀스(유접점) 기본 회로 4(선입력 우선 회로)

1 시퀀스 회로

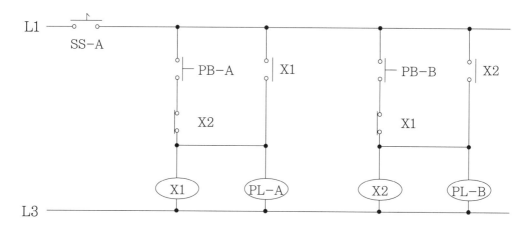

2 PLC 입·출력 배치도

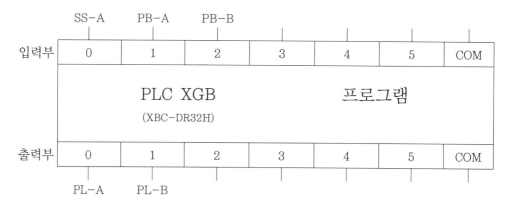

■3 프로그램[기본 회로 4(선입력 우선 회로)][접점, MCS 및 MCSCLR 풀이]

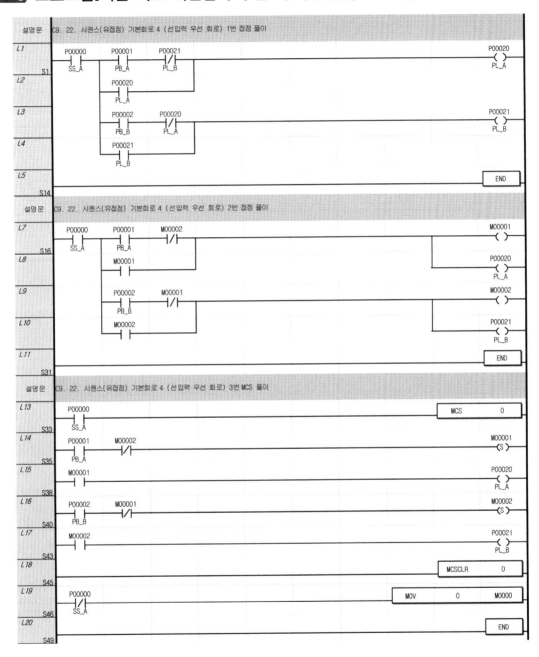

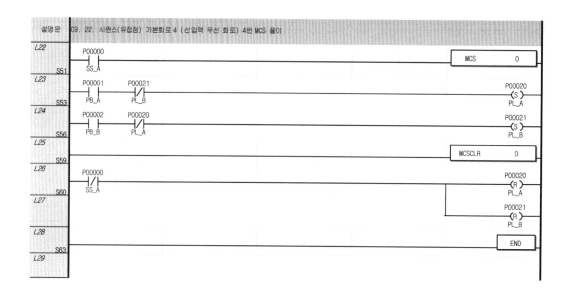

23 시퀀스(유접점) 기본 회로 5(후입력 우선 회로)

1 시퀀스 회로

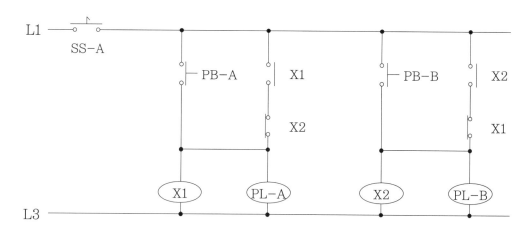

194

■2 PLC 입·출력 배치도

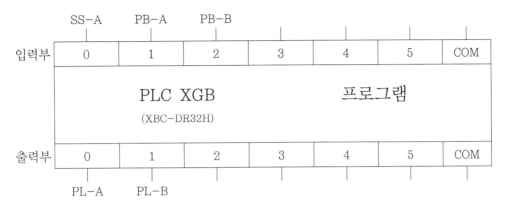

■3 프로그램[기본 회로 5(후입력 우선 회로)]
[접점, 셋(Set), MCS 및 MCSCLR 풀이]

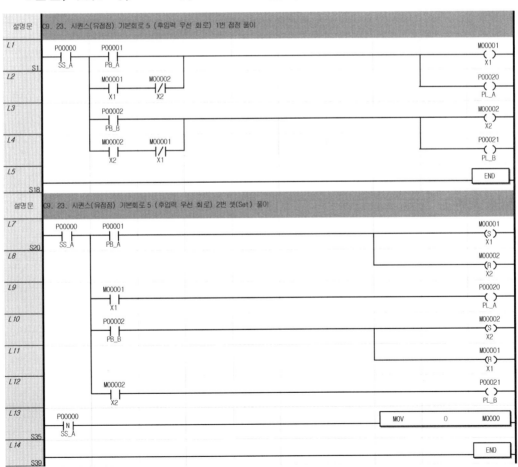

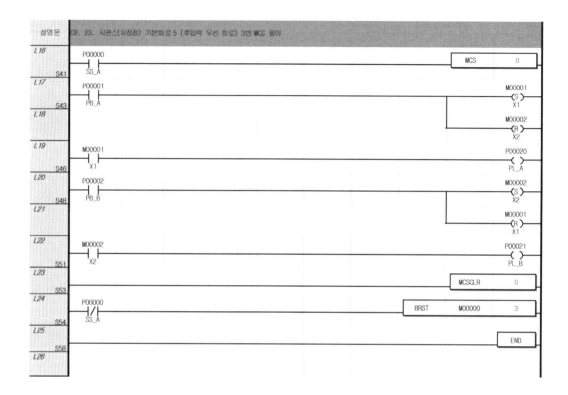

24 시퀀스(유접점) 기본 회로 6(순차 점등 회로)

■1 시퀀스 회로

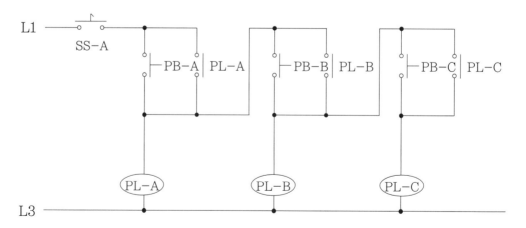

■2 PLC 입·출력 배치도

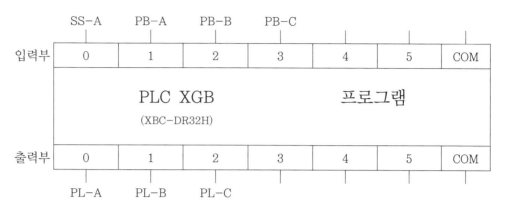

■3 프로그램[기본 회로 6(순차 점등 회로)]
[셋(SET), 접점, MCS 및 MCSCLR 풀이]

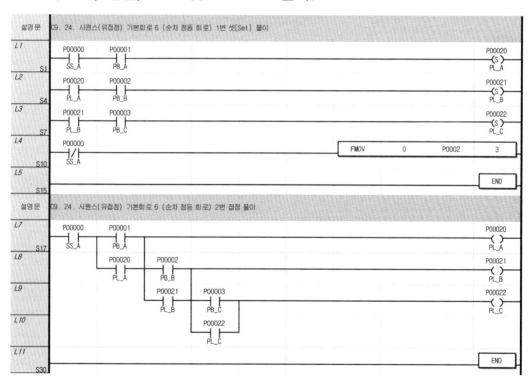

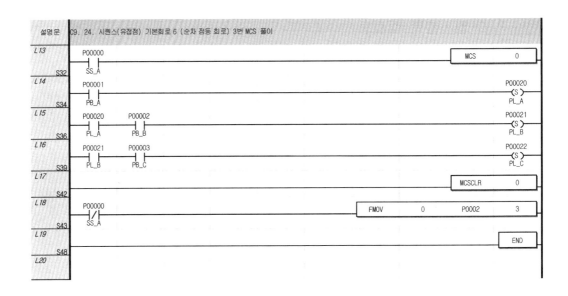

25 시퀀스(유접점) 과년도 유사 기출문제

1 시퀀스 회로

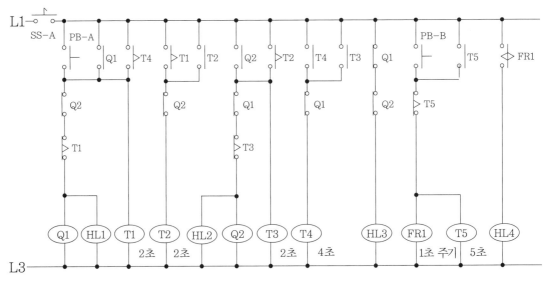

참고 FR1은 1초 주기 0.5초 Off / 0.5초 On으로 설정

■ 2 PLC 입 · 출력 배치도

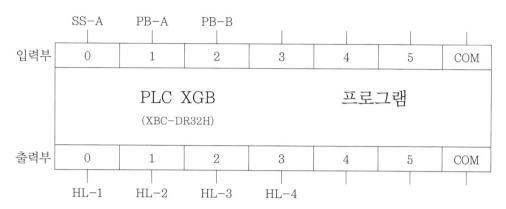

■ 3 프로그램(과년도 유사 기출문제)[보조 릴레이[M], MCS 및 MCSCLR 풀이]

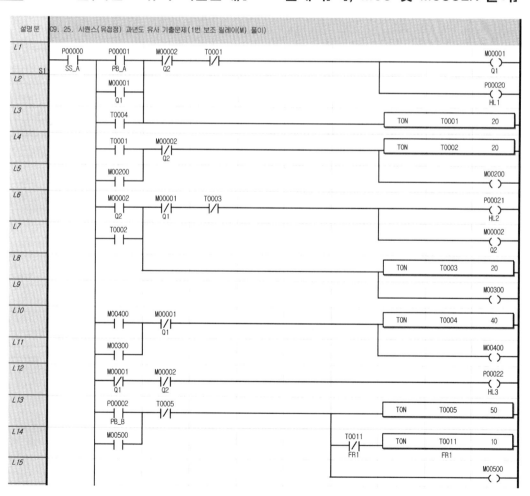

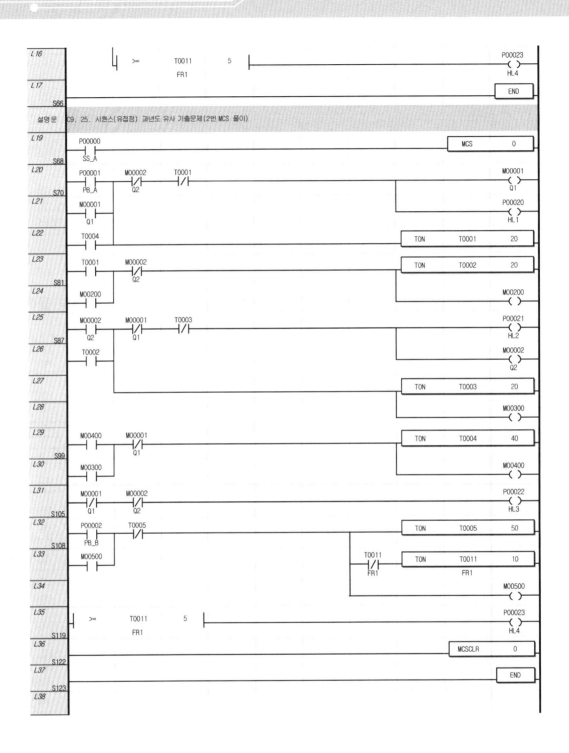

설명문 C9. 25. 시퀀스(유접점) 과년도 유사 기출문제(2번 MCS 풀이)

타이머(Timer) 타임차트 이해하기

10 타이머(Timer) 타임차트 이해하기

01 TON 타이머의 이해 1

1 PLC 입·출력 배치도

(1) PLC 입력 8점 출력 6점 이상 수검자가 알맞은 PLC에 프로그램을 작성하며, 전원은 노이즈 대책을 세워서 결선한다.

(2) PLC는 단독 접지하고, RUN 모드상태로 부착한다.

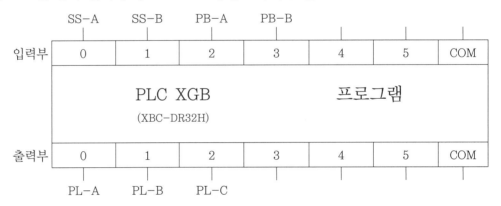

2 동작사항

(1) 타임차트의 1칸은 1초로 한다.

(2) 입력접점 SS-A가 On 및 입력접점 SS-B가 Off일 때 동작하고, 입력접점 SS-A가 Off 또는 입력접점 SS-B가 On일 경우 소등 및 초기화된다.

(3) 입력접점 PB-A를 On하면 출력 PL-B는 1초 On / 1초 Off를 5초 미만 동안 점멸하고, 출력 PL-A는 5초 후 점등된다.

(4) 출력 PL-C는 출력 PL-A와 출력 PL-B의 입력에 의한 논리합 회로(OR gate)에 의해 동작된다.

(5) 언제나 입력접점 PB-B를 On하면 소등 및 초기화된다.

3 타임차트

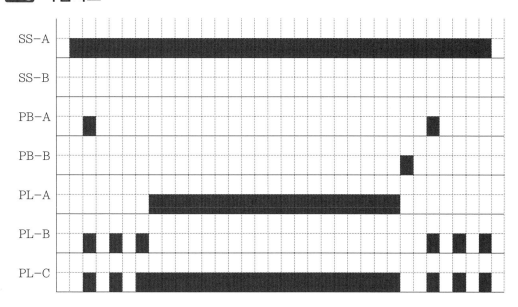

4 프로그램(TON 타이머의 이해 1)

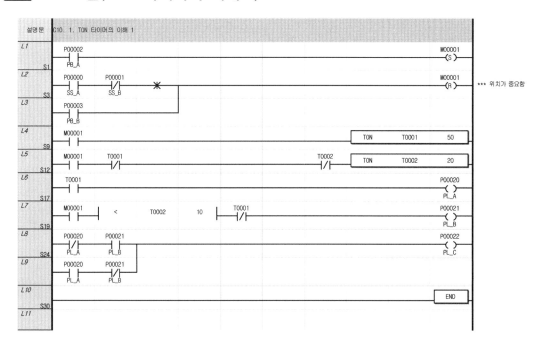

02 TON 타이머의 이해 2

1 PLC 입·출력 배치도

(1) PLC 입력 8점 출력 6점 이상 수검자가 알맞은 PLC에 프로그램을 작성하며, 전원은 노이즈 대책을 세워서 결선한다.

(2) PLC는 단독 접지하고, RUN 모드상태로 부착한다.

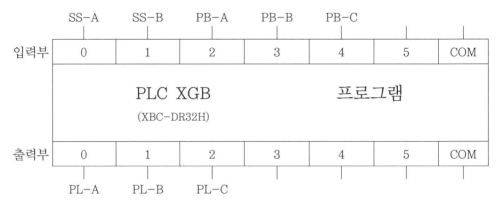

2 동작사항

(1) 타임차트를 보고 프로그램을 작성한다.

(2) 입력접점 SS-A가 On 및 입력접점 SS-B가 Off일 때 동작하고, 입력접점 SS-A가 Off 또는 입력접점 SS-B가 On일 경우 소등 및 초기화된다.

(3) 입력접점 PB-A를 On하면 출력 PL-A가 점등된다.

(4) 입력접점 PB-B를 On하면 출력 PL-B가 점등된다.

(5) 입력접점 PB-C를 On하면 출력 PL-C가 점등된다.

(6) 먼저 입력접점 SS-A가 On 또는 SS-B가 Off일 때 동작하고, 입력접점 PB-A~PB-C 중 먼저 On에 해당하는 것이 점등된다.

■3 타임차트

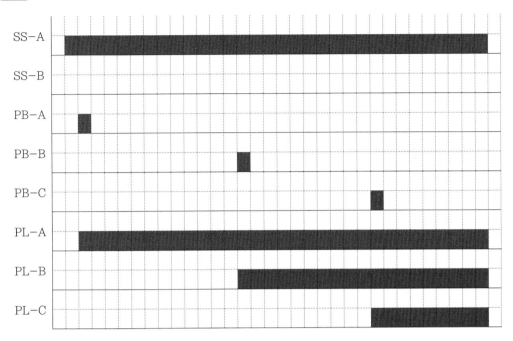

■4 프로그램(TON 타이머의 이해 2)

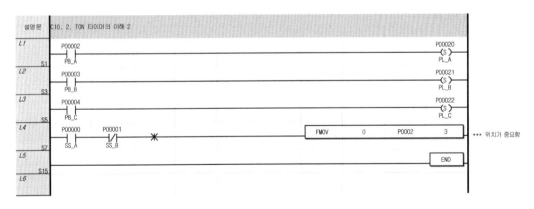

03 TOFF 타이머의 이해 1

1 PLC 입·출력 배치도

(1) PLC 입력 8점 출력 6점 이상 수검자가 알맞은 PLC에 프로그램을 작성하며, 전원은 노이즈 대책을 세워서 결선한다.

(2) PLC는 단독 접지하고, RUN 모드상태로 부착한다.

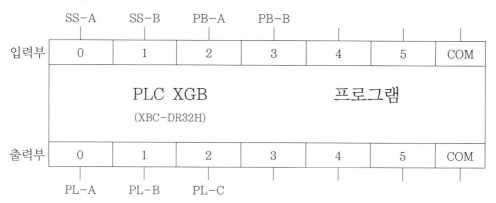

2 동작사항

(1) 타임차트의 1칸은 1초로 한다.

(2) 입력접점 SS-A가 On 및 입력접점 SS-B가 Off일 때 동작하고, 입력접점 SS-A가 Off 또는 입력접점 SS-B가 On일 경우 소등 및 초기화된다.

(3) 입력접점 PB-A를 On하면 출력 PL-A가 점등되고, 입력접점 PB-A를 Off하면 출력 PL-A가 계속 점등되고, 출력 PL-C도 점등되며, 1초 후 출력 PL-B가 4초 점등되고 초기화된다.

(4) 언제나 입력접점 PB-B를 On하면 소등 및 초기화된다.

3 타임차트

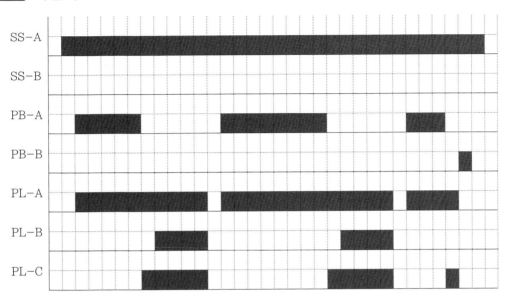

4 프로그램(TOFF 타이머의 이해 1)

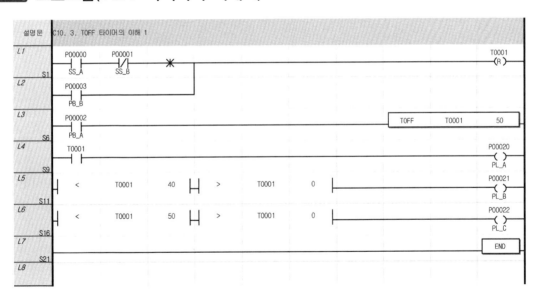

04 TOFF 타이머의 이해 2

1 PLC 입·출력 배치도

(1) PLC 입력 8점 출력 6점 이상 수검자가 알맞은 PLC에 프로그램을 작성하며, 전원은 노이즈 대책을 세워서 결선한다.

(2) PLC는 단독 접지하고, RUN 모드상태로 부착한다.

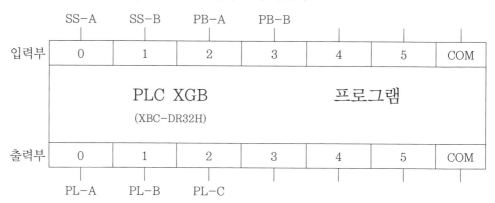

2 동작사항

(1) 타임차트의 1칸은 1초로 한다.

(2) 입력접점 SS-A가 On 및 입력접점 SS-B가 Off일 때 동작하고, 입력접점 SS-A가 Off 또는 입력접점 SS-B가 On일 경우 소등 및 초기화된다.

(3) 입력접점 PB-A를 On하면 출력 PL-C가 점등되고, 입력접점 PB-A를 Off하면 출력 PL-C는 계속 점등되고, 출력 PL-B도 점등되며, 1초 후 출력 PL-A가 4초 점등되고 초기화된다.

(4) 언제나 입력접점 PB-B를 On하면 소등 및 초기화된다.

■3 타임차트

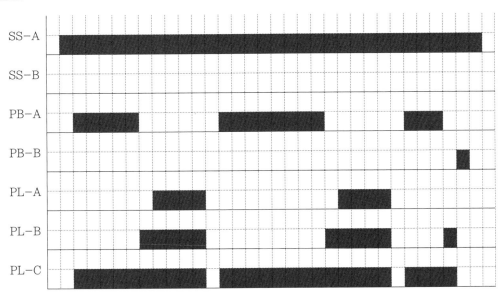

■4 프로그램(TOFF 타이머의 이해 2)

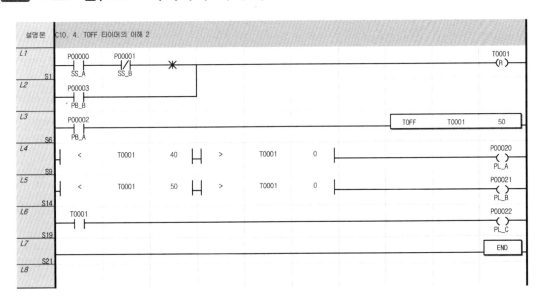

05 TMR 타이머의 이해 1

1 PLC 입·출력 배치도

(1) PLC 입력 8점 출력 6점 이상 수검자가 알맞은 PLC에 프로그램을 작성하며, 전원은 노이즈 대책을 세워서 결선한다.

(2) PLC는 단독 접지하고, RUN 모드상태로 부착한다.

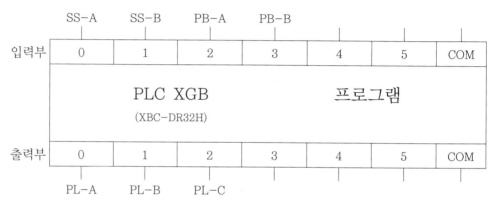

2 동작사항

(1) 타임차트의 1칸은 1초로 한다.

(2) 입력접점 SS-A가 On 및 입력접점 SS-B가 Off일 때 동작하고, 입력접점 SS-A가 Off 또는 입력접점 SS-B가 On일 경우 소등 및 초기화된다.

(3) 입력접점 PB-A를 On하면 출력 PL-B가 점등되고, 입력접점 PB-A를 On할 때마다 타이머값이 누적되어 6초 후 PL-B가 소등되고, 출력 PL-A는 점등되며, 입력접점 PB-B를 누르면 소등 및 초기화된다.

(4) 출력 PL-A와 PL-B의 입력에 의한 논리합 회로(OR gate)에 의해 출력 PL-C는 동작된다.

(5) 언제나 입력접점 PB-B를 On하면 소등 및 초기화된다.

3 타임차트

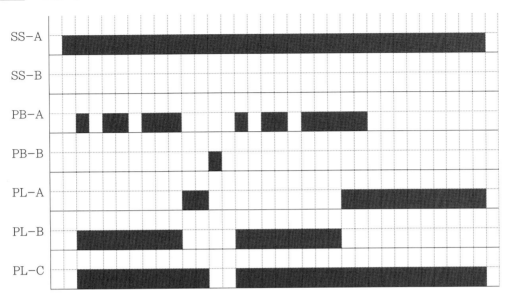

4 프로그램(TMR 타이머의 이해 1)

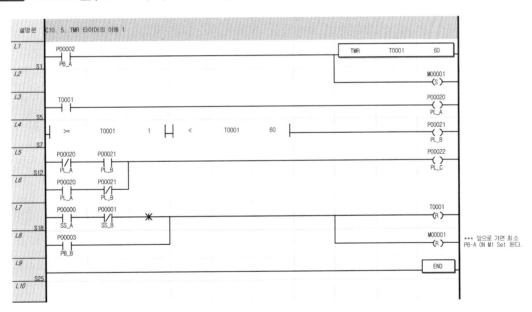

06 TMR 타이머의 이해 2

1 PLC 입·출력 배치도

(1) PLC 입력 8점 출력 6점 이상 수검자가 알맞은 PLC에 프로그램을 작성하며, 전원은 노이즈 대책을 세워서 결선한다.

(2) PLC는 단독 접지하고, RUN 모드상태로 부착한다.

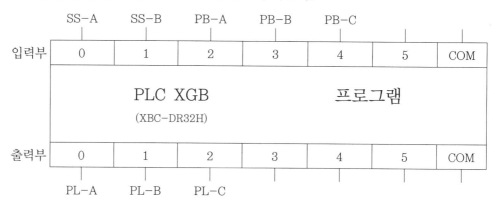

2 동작사항

(1) 타임차트의 1칸은 1초로 한다.

(2) 입력접점 SS-A가 On 및 입력접점 SS-B가 Off일 때 동작하고, 입력접점 SS-A가 Off 또는 입력접점 SS-B가 On일 경우 소등 및 초기화된다.

(3) 입력접점 PB-A와 입력접점 PB-B는 선입력 우선(인터록) 회로이다.

(4) 입력접점 PB-A를 On하면 출력 PL-C가 점등되고, 1초 후 출력 PL-B가 점등되고, 2초 후 출력 PL-A가 점등되며, 입력접점 PB-C를 On하면 초기화된다.

(5) 입력접점 PB-B를 On하면 출력 PL-A가 점등되고, 1초 후 출력 PL-B가 점등되고, 2초 후 PL-C가 점등되며, 입력접점 PB-C를 On하면 초기화된다.

(6) 언제나 입력접점 PB-C를 On하면 초기화된다.

■ 3 타임차트

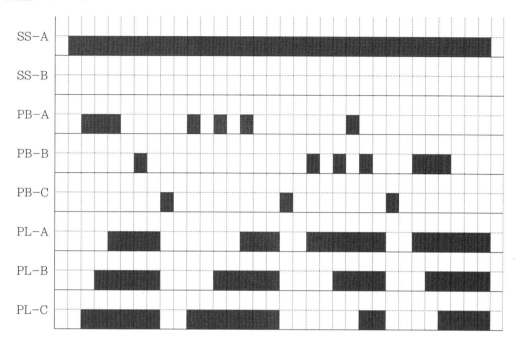

■ 4 프로그램(TMR 타이머의 이해 2)

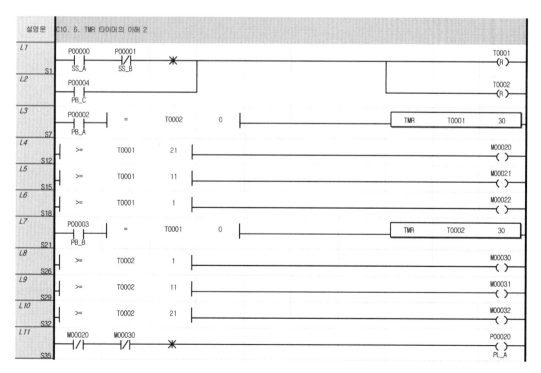

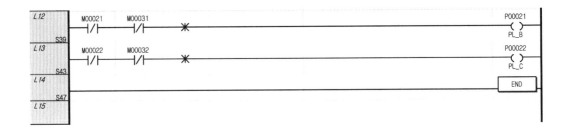

07 TMON 타이머의 이해 1

1 PLC 입·출력 배치도

(1) PLC 입력 8점 출력 6점 이상 수검자가 알맞은 PLC에 프로그램을 작성하며, 전원
은 노이즈 대책을 세워서 결선한다.

(2) PLC는 단독 접지하고, RUN 모드상태로 부착한다.

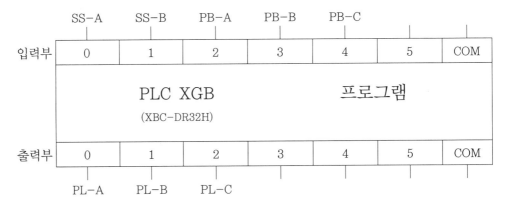

2 동작사항

(1) 타임차트의 1칸은 1초로 한다.

(2) 입력접점 SS-A가 On 및 입력접점 SS-B가 Off일 때 동작하고, 입력접점 SS-A가
Off 또는 입력접점 SS-B가 On일 경우 소등 및 초기화된다.

(3) 입력접점 PB-A와 입력접점 PB-B는 선입력 우선(인터록) 회로이다.

(4) 입력접점 PB-A를 On하면 출력 PL-A, PL-B, PL-C는 점등되고, PL-A는 2초
후 소등, PL-B는 4초 후 소등, PL-C는 6초 후 소등 및 초기화된다.

(5) 입력접점 PB-B를 On하면 출력 PL-A, PL-B, PL-C는 점등되고, PL-C는 2초 후 소등, PL-B는 4초 후 소등, PL-A는 6초 후 소등 및 초기화된다.

(6) 언제나 입력접점 PB-C를 On하면 소등 및 초기화된다.

■3 타임차트

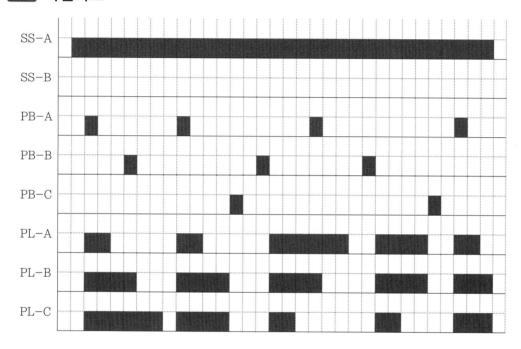

■4 프로그램(TMON 타이머의 이해 1)

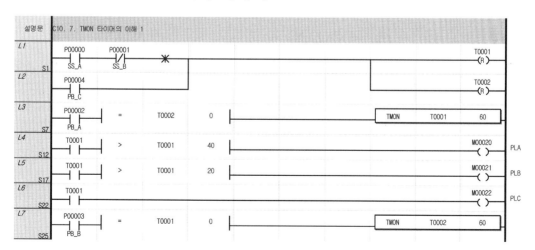

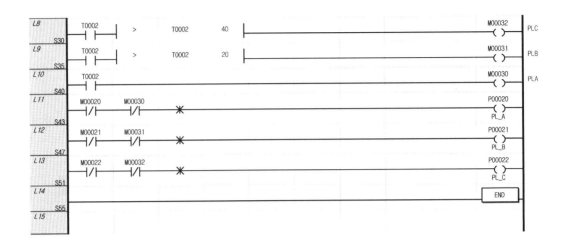

08 TMON 타이머의 이해 2

■1 PLC 입·출력 배치도

(1) PLC 입력 8점 출력 6점 이상 수검자가 알맞은 PLC에 프로그램을 작성하며, 전원은 노이즈 대책을 세워서 결선한다.

(2) PLC는 단독 접지하고, RUN 모드상태로 부착한다.

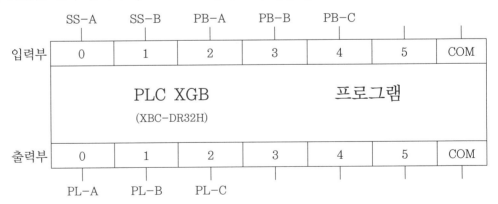

■2 동작사항

(1) 타임차트의 1칸은 1초로 한다.

(2) 입력접점 SS-A가 On 및 입력접점 SS-B가 Off일 때 동작하고, 입력접점 SS-A가 Off 또는 입력접점 SS-B가 On일 경우 소등 및 초기화된다.

(3) 입력접점 PB-A에 Falling Edge하면 출력 PL-A는 5초 점등 후 소등 및 초기화된다.

(4) 출력 PL-B는 입력접점 SS-A가 On 및 입력접점 SS-B가 Off일 때 점등되고, 입력접점 SS-A가 Off 또는 입력접점 SS-B가 On일 경우 소등 및 초기화된다.

(5) 출력 PL-C는 출력 PL-A의 버퍼(Buffer) 회로로 동작한다.

(6) 입력접점 SS-A가 Off 및 입력접점 SS-B가 On일 때 동작하고, 입력접점 SS-A가 On 또는 SS-B가 Off일 경우 소등 및 초기화된다.

(7) 출력 PL-A는 입력접점 SS-A가 Off 및 입력접점 SS-B가 On일 때 점등되고, 입력접점 SS-A가 On 또는 입력접점 SS-B가 Off일 경우 소등 및 초기화된다.

(8) 입력접점 PB-B에 Falling Edge하면 출력 PL-B는 5초 점등 후 소등 및 초기화된다.

(9) 출력 PL-C는 출력 PL-B의 버퍼(Buffer) 회로로 동작한다.

(10) 언제나 입력접점 PB-C에 Falling Edge하면 소등 및 초기화된다.

3 타임차트

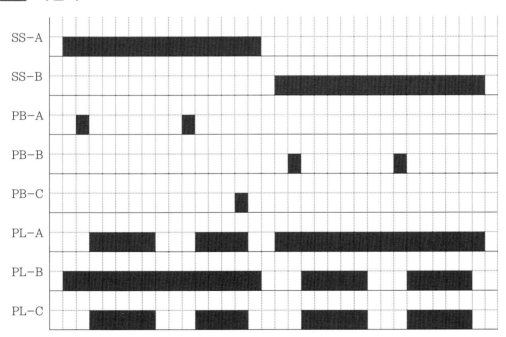

4 프로그램(TMON 타이머의 이해 2)

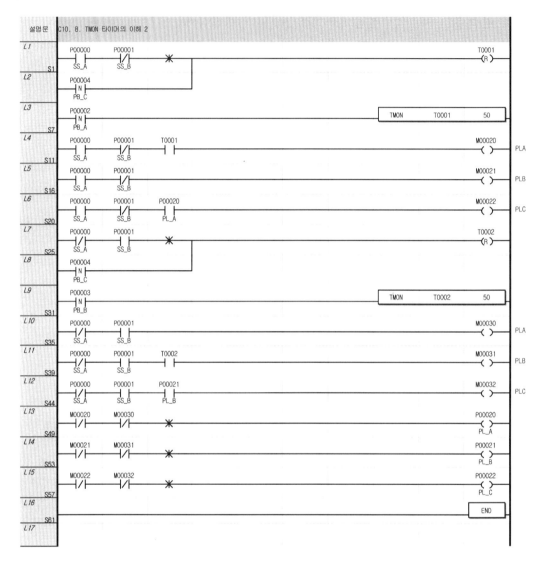

09 TRTG 타이머의 이해 1

1 PLC 입·출력 배치도

(1) PLC 입력 8점 출력 6점 이상 수검자가 알맞은 PLC에 프로그램을 작성하며, 전원은 노이즈 대책을 세워서 결선한다.

(2) PLC는 단독 접지하고, RUN 모드상태로 부착한다.

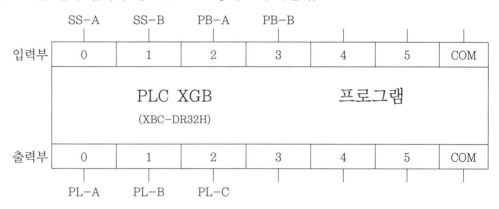

2 동작사항

(1) 타임차트의 1칸은 1초로 한다.

(2) 입력접점 SS-A가 On 및 입력접점 SS-B가 Off일 때 동작하고, 입력접점 SS-A가 Off 또는 입력접점 SS-B가 On일 경우 소등 및 초기화된다.

(3) 입력접점 PB-A를 On하면 출력 PL-A는 3초 점등 후 소등 및 초기화된다.

(4) 출력 PL-B는 입력접점 SS-A가 On 및 입력접점 SS-B가 Off일 때 점등하고, 출력 PL-A의 반전(NOT) 회로로 동작한다.

(5) 입력접점 SS-A가 Off 및 입력접점 SS-B가 Off일 때 출력 PL-C가 점등된다.

(6) 언제나 입력접점 PB-B를 On하면 소등 및 초기화된다.

3 타임차트

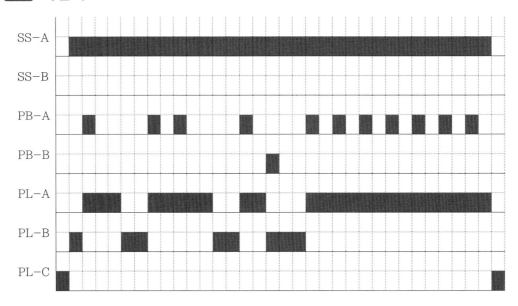

4 프로그램(TRTG 타이머의 이해 1)

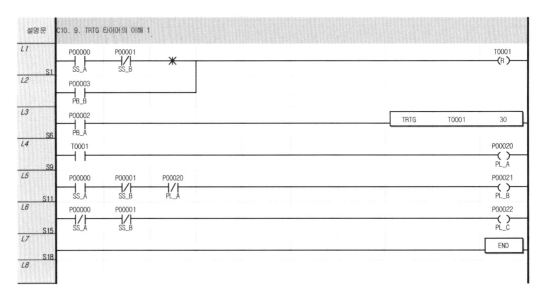

10 TRTG 타이머의 이해 2

1 PLC 입·출력 배치도

(1) PLC 입력 8점 출력 6점 이상 수검자가 알맞은 PLC에 프로그램을 작성하며, 전원은 노이즈 대책을 세워서 결선한다.

(2) PLC는 단독 접지하고, RUN 모드상태로 부착한다.

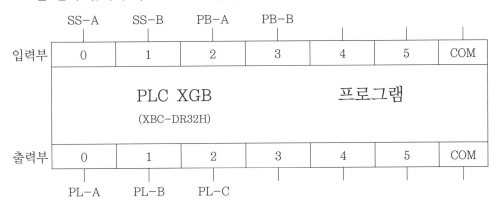

2 동작사항

(1) 타임차트의 1칸은 1초로 한다.

(2) 입력접점 SS-A가 On 및 입력접점 SS-B가 Off일 때 동작하고, 입력접점 SS-A가 Off 또는 입력접점 SS-B가 On일 경우 소등 및 초기화된다.

(3) 입력접점 PB-A에 Falling Edge하면 출력 PL-A는 5초 점등 후 소등 및 초기화된다.

(4) 출력 PL-B는 입력접점 SS-A가 On 및 입력접점 SS-B가 Off일 때 점등된다.

(5) 출력 PL-C는 출력 PL-A 및 PL-B의 Exclusive-NOR(배타적 논리곱=동치) 회로에 의해 동작된다.

(6) 언제나 입력접점 PB-B에 Falling Edge하면 소등 및 초기화된다.

■3 타임차트

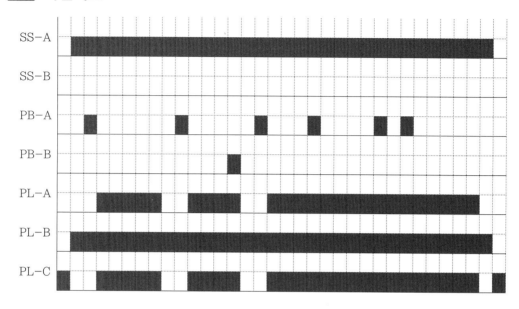

■4 프로그램(TRTG 타이머의 이해 2)

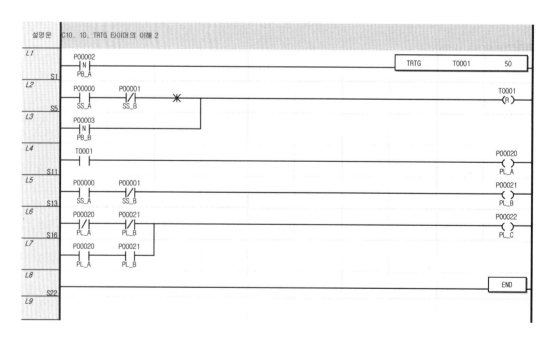

⑪ TON 및 TOFF 타이머 예제 1

■1 PLC 입·출력 배치도

(1) PLC 입력 8점 출력 6점 이상 수검자가 알맞은 PLC에 프로그램을 작성하며, 전원 은 노이즈 대책을 세워서 결선한다.

(2) PLC는 단독 접지하고, RUN 모드상태로 부착한다.

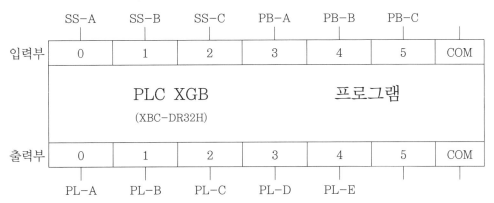

■2 동작사항

(1) 타임차트의 1칸은 1초로 한다.

(2) 입력접점 SS-A가 On 및 입력접점 SS-B가 Off일 때 동작하고, 입력접점 SS-A가 Off 또는 입력접점 SS-B가 On일 경우 소등 및 초기화된다.

(3) 입력접점 PB-A의 Rising Edge와 입력접점 PB-B의 Falling Edge는 선입력 우선 (인터록) 회로이다.

(4) 입력접점 PB-A에 Rising Edge하면 출력 PL-A, 출력 PL-B, 출력 PL-C, 출력 PL-D, 출력 PL-E가 2초 간격으로 점등되고, A동작(순방향 점등) 후 소등 및 초 기화된다.

(5) 입력접점 PB-B에 Falling Edge하면 출력 PL-E, 출력 PL-D, 출력 PL-C, 출력 PL-B, 출력 PL-A가 2초 간격으로 점등되고, B동작(역방향 점등) 후 소등 및 초기 화된다.(PL-A 동작, PL-B 동작은 14초 동안 점등 후 소등 및 초기화된다.)

(6) 언제나 입력접점 SS-C가 On 또는 PB-C에 Falling Edge하면 소등 및 초기화된다.

223

3 타임차트

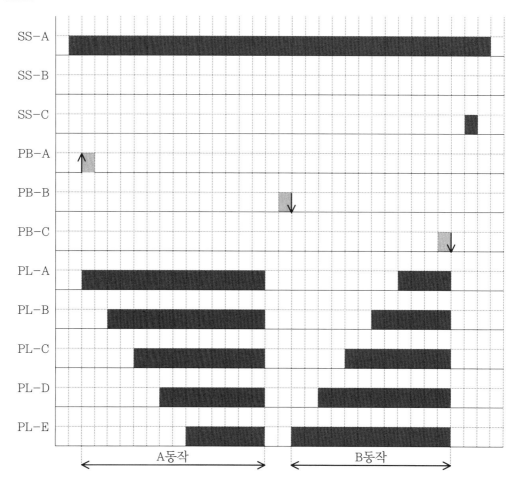

4 프로그램(TON 및 TOFF 타이머 예제 1)

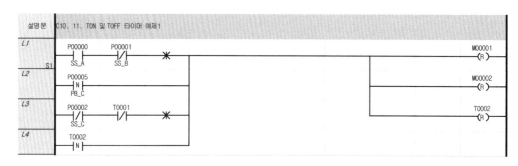

224

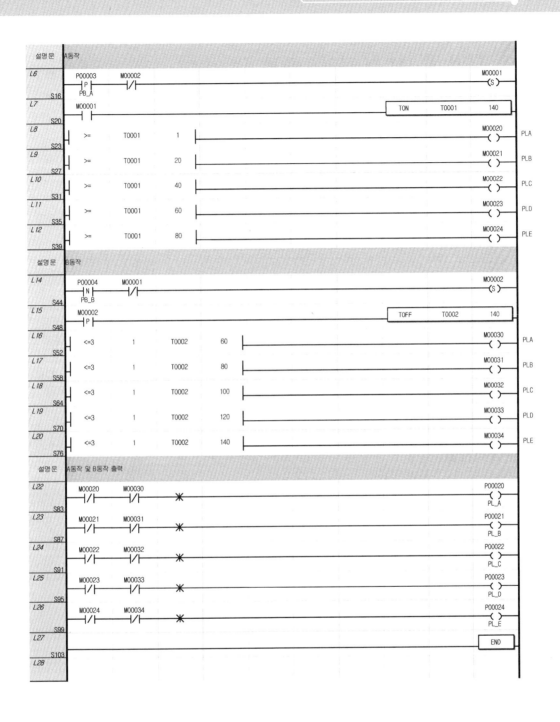

12 TON 및 TMON 타이머 예제 2

1 PLC 입·출력 배치도

(1) PLC 입력 8점 출력 6점 이상 수검자가 알맞은 PLC에 프로그램을 작성하며, 전원은 노이즈 대책을 세워서 결선한다.

(2) PLC는 단독 접지하고, RUN 모드상태로 부착한다.

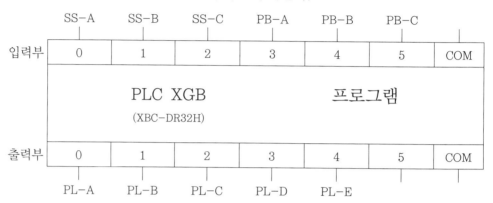

2 동작사항

(1) 타임차트의 1칸은 1초로 한다.

(2) 입력접점 SS-A가 On 및 입력접점 SS-B가 Off일 때 동작하고, 입력접점 SS-A가 Off 또는 입력접점 SS-B가 On일 경우 소등 및 초기화된다.

(3) 입력접점 PB-A의 Rising Edge와 입력접점 PB-B의 Falling Edge는 선입력 우선 (인터록) 회로이다.

(4) 입력접점 PB-A에 Rising Edge하면 A동작(순방향 점등) 후 소등 및 초기화된다.

(5) 입력접점 PB-B에 Rising Edge하면 B동작(역방향 점등) 후 소등 및 초기화된다.

(6) 언제나 입력접점 SS-C가 On 또는 입력접점 PB-C에 Falling Edge하면 소등 및 초기화된다.

3 타임차트

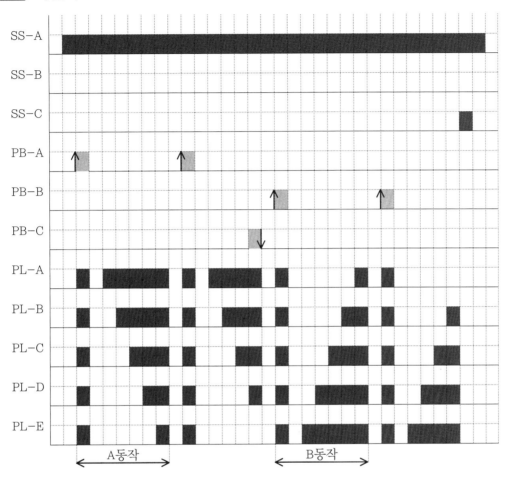

4 프로그램(TON 및 TMON 타이머 예제 2)

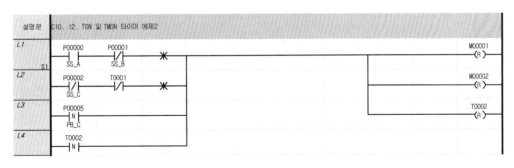

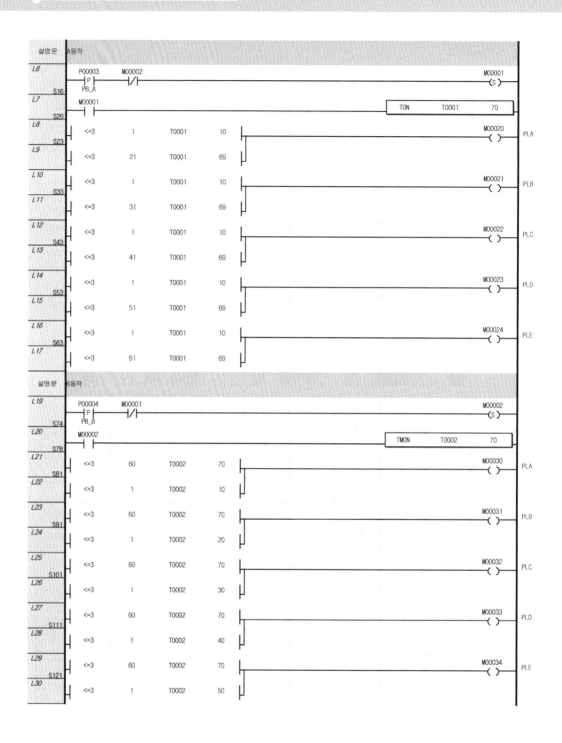

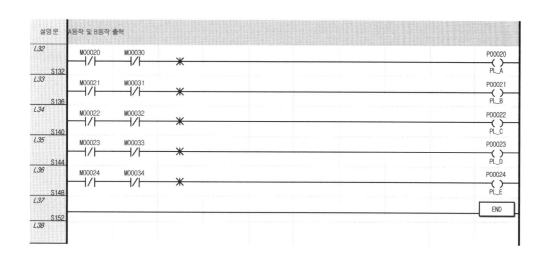

13 TON 및 TRTG 타이머 예제 3

▮1 PLC 입·출력 배치도

(1) PLC 입력 8점 출력 6점 이상 수검자가 알맞은 PLC에 프로그램을 작성하며, 전원 은 노이즈 대책을 세워서 결선한다.

(2) PLC는 단독 접지하고, RUN 모드상태로 부착한다.

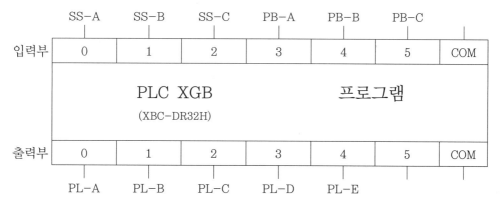

▮2 동작사항

(1) 타임차트의 1칸은 1초로 한다.

(2) 입력접점 SS-A가 On 및 입력접점 SS-B가 Off일 때 동작하고, 입력접점 SS-A가 Off 또는 입력접점 SS-B가 On일 경우 소등 및 초기화된다.

(3) 입력접점 PB-A의 Rising Edge와 입력접점 PB-B의 Falling Edge는 후입력(또는 신입력) 우선 회로이다.

(4) 입력접점 PB-A에 Rising Edge하면 A동작(순방향 점등)을 반복한다.

(5) 입력접점 PB-B에 Rising Edge하면 B동작(역방향 점등)을 반복한다.

(6) 언제나 입력접점 SS-C가 On 또는 입력접점 PB-C에 Falling Edge하면 소등 및 초기화된다.

■3 타임차트

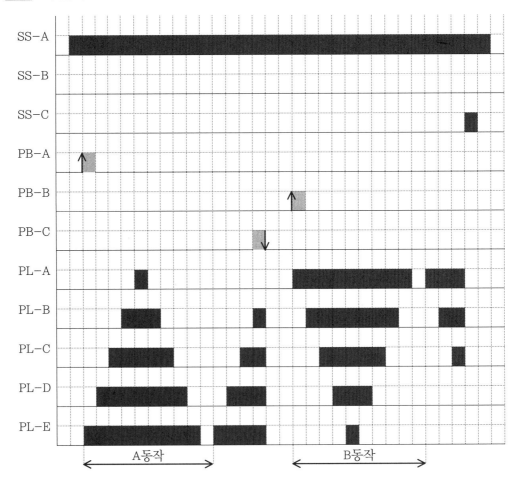

4 프로그램(TON 및 TRTG 타이머 예제 3)

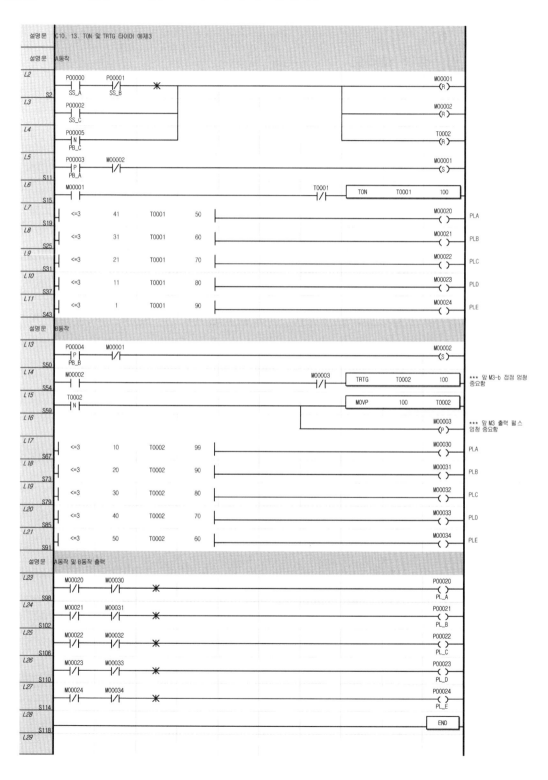

14 TON 타이머 예제 4

■1 PLC 입·출력 배치도

(1) PLC 입력 8점 출력 6점 이상 수검자가 알맞은 PLC에 프로그램을 작성하며, 전원은 노이즈 대책을 세워서 결선한다.

(2) PLC는 단독 접지하고, RUN 모드상태로 부착한다.

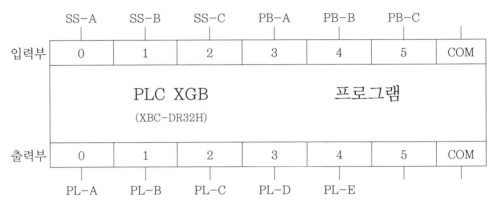

■2 동작사항

(1) 타임차트의 1칸은 1초로 한다.

(2) 입력접점 SS-A가 On 및 입력접점 SS-B가 Off일 때 동작하고, 입력접점 SS-A가 Off 또는 입력접점 SS-B가 On일 경우 소등 및 초기화된다.

(3) 입력접점 PB-A의 Rising Edge와 입력접점 PB-B의 Falling Edge는 선입력 우선 (인터록) 회로이다.

(4) 입력접점 PB-A에 Rising Edge하면 출력 PL-A, 출력 PL-B, 출력 PL-C, 출력 PL-D, 출력 PL-E가 2초 간격 순으로 순차 점멸 반복 동작을 하고 출력 PL-A~E가 점멸하고 있는 중 입력접점 PB-C에 Rising Edge하면 그 다음 해당 점등 전 소등 및 초기화된다.

(5) 입력접점 PB-B에 Rising Edge하면 출력 PL-E, 출력 PL-D, 출력 PL-C, 출력 PL-B, 출력 PL-A가 2초 간격 순으로 역차 점멸 반복 동작을 하고 출력 PL-E~A가 점멸하고 있는 중 입력접점 PB-C에 Rising Edge하면 그 다음 해당 점등 전 소등 및 초기화된다.

(6) 언제나 입력접점 SS-C에 Rising Edge하면 소등 및 초기화된다.

3 타임차트

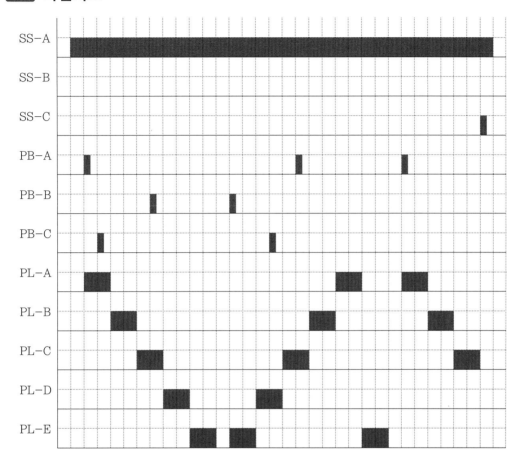

4 프로그램(TON 타이머 예제 4)

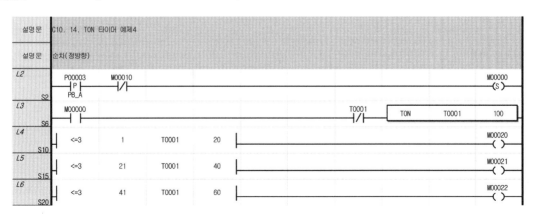

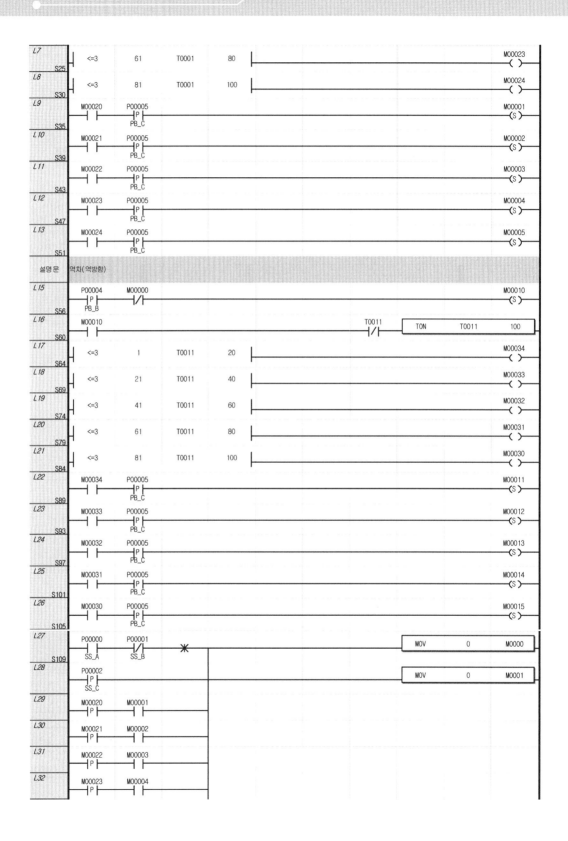

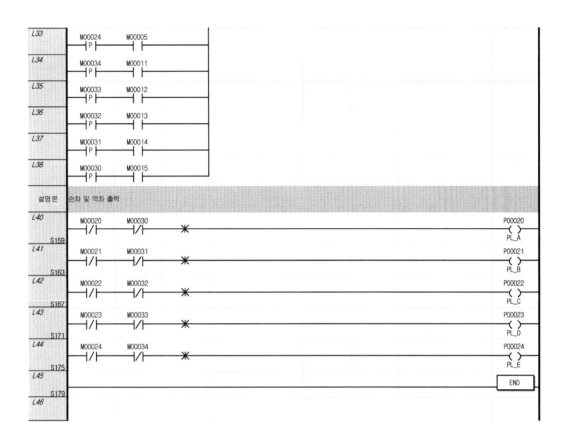

Memo

카운터(Counter)
타임차트
이해하기

CHAPTER 11

카운터(Counter) 타임차트 이해하기

01 CTU 카운터의 이해 1

1 PLC 입·출력 배치도

(1) PLC 입력 8점 출력 6점 이상 수검자가 알맞은 PLC에 프로그램을 작성하며, 전원은 노이즈 대책을 세워서 결선한다.

(2) PLC는 단독접지하고, RUN 모드상태로 부착한다.

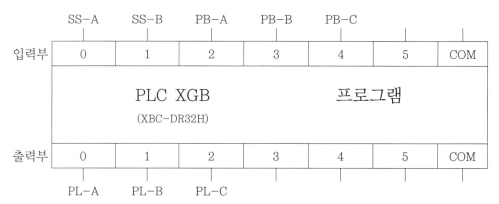

2 동작사항

(1) 타임차트를 참고하여 프로그램을 한다.

(2) 입력접점 SS-A가 On 및 SS-B가 Off일 때 동작하고, 입력접점 SS-A가 Off 또는 입력접점 SS-B가 On일 경우 소등 및 초기화된다.

(3) 입력접점 PB-A를 On하면 J에 누적되고, 입력접점 PB-B를 On하면 G에 누적되며 각각의 최대값은 4이다.

(4) J가 1 이상이면 출력 PL-A가 점등되고, J가 2 이상이면 출력 PL-B가 점등되며, J가 3 이상이면 출력 PL-C가 점등되고, J가 4 이상이면 소등 및 초기화된다.

(5) 입력접점 SS-A가 Off 및 입력접점 SS-B가 On일 때 동작하고, 입력접점 SS-A가 On 또는 입력접점 SS-B가 Off일 경우 소등 및 초기화된다.

(6) G가 1 이상이면 출력 PL-C가 점등되고, G가 2 이상이면 출력 PL-B가 점등되며, G가 3 이상이면 출력 PL-A가 점등되고, G가 4 이상이면 소등 및 초기화된다.

(7) 언제나 입력접점 PB-C를 On하면 소등 및 초기화된다.

3 타임차트

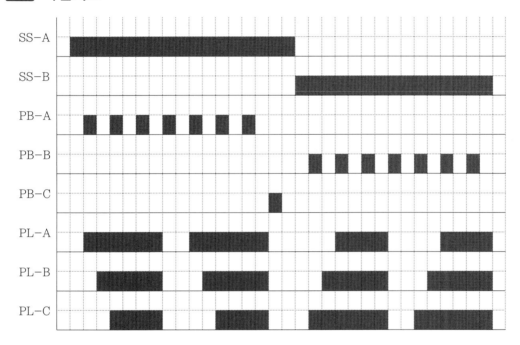

4 프로그램(CTU 카운터의 이해 1)

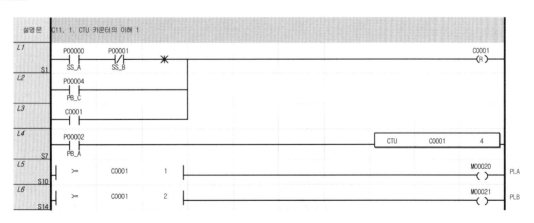

239

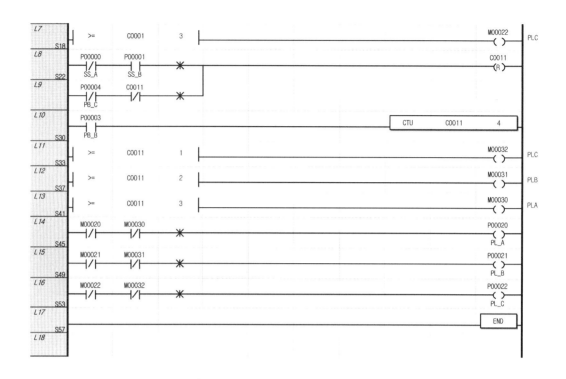

02 CTU 카운터의 이해 2

1 PLC 입·출력 배치도

(1) PLC 입력 8점 출력 6점 이상 수검자가 알맞은 PLC에 프로그램을 작성하며, 전원은 노이즈 대책을 세워서 결선한다.

(2) PLC는 단독 접지하고, RUN 모드상태로 부착한다.

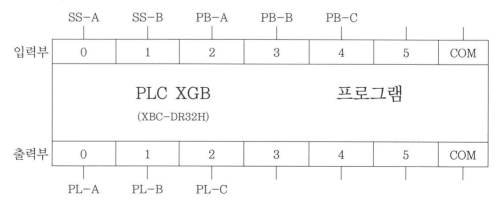

240

■2 동작사항

(1) 타임차트를 참고하여 프로그램을 한다.

(2) 입력접점 SS-A가 On 및 입력접점 SS-B가 Off일 때 동작하고, 입력접점 SS-A가 Off 또는 입력접점 SS-B가 On일 경우 소등 및 초기화된다.

(3) 입력접점 PB-A에 음변환 접점을 하면 J에 누적되어 점등하고, 입력접점 PB-B에 음변환 접점을 하면 G에 누적되어 소등된다.

(4) J가 1 이상이면 출력 PL-C가 점등되고, J가 2 이상이면 출력 PL-B가 점등되며, J가 3 이상이면 출력 PL-A가 점등된다.

(5) 출력 PL-C~PL-A가 점등 후 G가 1 이상이면 출력 PL-C가 소등되고, G가 2 이상이면 출력 PL-B가 소등되며, G가 3 이상이면 출력 PL-A가 소등 및 초기화된다.

(6) 언제나 입력접점 PB-C에 음변환 접점하면 소등 및 초기화된다.

■3 타임차트

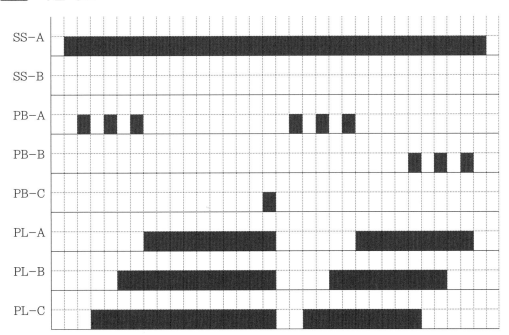

◢ 프로그램(CTU 카운터의 이해 2)

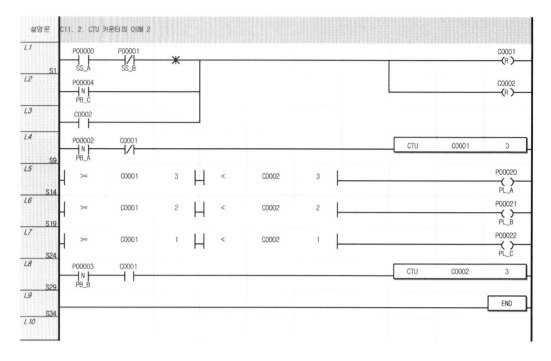

03 CTU 카운터의 이해 3

1 PLC 입·출력 배치도

(1) PLC 입력 8점 출력 6점 이상 수검자가 알맞은 PLC에 프로그램을 작성하며, 전원은 노이즈 대책을 세워서 결선한다.

(2) PLC는 단독 접지하고, RUN 모드상태로 부착한다.

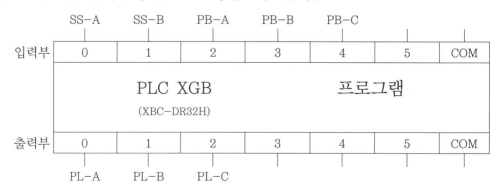

■2 동작사항

(1) 타임차트의 1칸은 1초로 한다.

(2) 입력접점 SS-A가 On 및 입력접점 SS-B가 Off일 때 동작하고, 입력접점 SS-A가 Off 또는 입력접점 SS-B가 On일 경우 소등 및 초기화된다.

(3) 입력접점 PB-A에 Falling Edge하면 J에 누적되고, 입력접점 PB-B에 Falling Edge하면 G에 누적되며 각각의 최대값은 3이다.

(4) J가 1 이상이면 출력 PL-A가 1초 On / 1초 OFF 점멸을 반복하고, J가 2 이상이면 출력 PL-B가 2초 On / 2초 OFF 점멸을 반복하며, J가 3 이상이면 출력 PL-C가 3초 On / 3초 OFF 점멸을 반복한다.

(5) 입력접점 SS-A가 Off 및 입력접점 SS-B가 On일 때 동작하고, 입력접점 SS-A가 On 또는 입력접점 SS-B가 Off일 경우 소등 및 초기화된다.

(6) G가 1 이상이면 출력 PL-C는 1초 On / 1초 OFF 점멸을 반복하고, G가 2 이상이면 출력 PL-B가 2초 On / 2초 OFF 점멸을 반복하며, G가 3 이상이면 출력 PL-A가 3초 On / 3초 OFF 점멸을 반복한다.

(7) 언제나 입력접점 PB-C에 Falling Edge하면 소등 및 초기화된다.

■3 타임차트

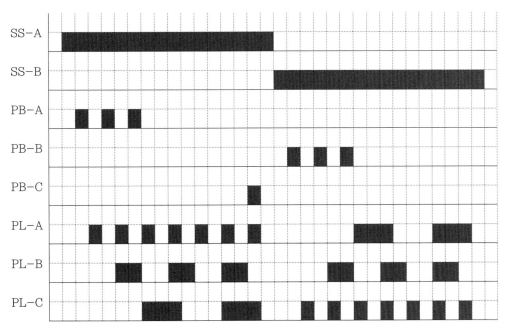

243

4 프로그램(CTU 카운터의 이해 3)

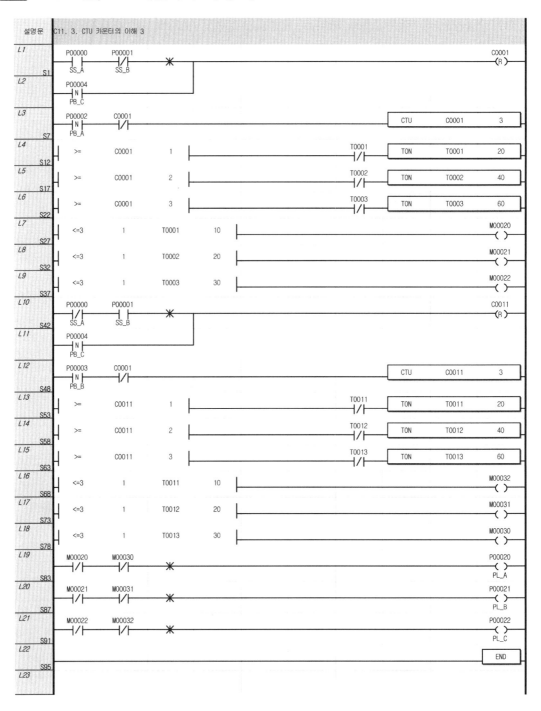

04 CTD 카운터의 이해 1

1 PLC 입·출력 배치도

(1) PLC 입력 8점 출력 6점 이상 수검자가 알맞은 PLC에 프로그램을 작성하며, 전원
은 노이즈 대책을 세워서 결선한다.

(2) PLC는 단독 접지하고, RUN 모드상태로 부착한다.

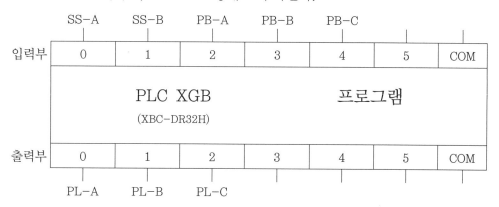

2 동작사항

(1) 타임차트를 참조하여 프로그램을 한다.

(2) 입력접점 SS-A가 On 및 입력접점 SS-B가 Off일 때 동작하고, 입력접점 SS-A가
Off 또는 입력접점 SS-B가 On일 경우 소등 및 초기화된다.

(3) 입력접점 PB-A와 입력접점 PB-B는 후입력(또는 신입력) 우선회로이다.

(4) 입력접점 PB-A에 Negative하면 J에 누적되고, 입력접점 PB-B에 Negative하면
G에 누적되며 각각의 최대값은 4이다.

(5) 입력접점 PB-A에 1번 Negative하면 출력 PL-A가 점등되고, 입력접점 PB-A에
2번 Negative하면 출력 PL-A가 소등 및 출력 PL-B가 점등되고, 입력접점 PB-A
에 3번 Negative하면 출력 PL-B가 소등 및 출력 PL-C가 점등되고, 입력접점
PB-A에 4번 Negative하면 PL-C가 소등 및 초기화된다.

(6) 입력접점 PB-B에 1번 Negative하면 출력 PL-C가 점등되고, 입력접점 PB-B에
2번 Negative하면 출력 PL-C가 소등 및 출력 PL-B가 점등되고, 입력접점 PB-B

에 3번 Negative하면 출력 PL-B가 소등 및 출력 PL-A가 점등되고, 입력접점 PB-B에 4번 Negative하면 출력 PL-A가 소등 및 초기화된다.

(7) 언제나 입력접점 PB-C에 Negative하면 소등 및 초기화된다.

■ 3 타임차트

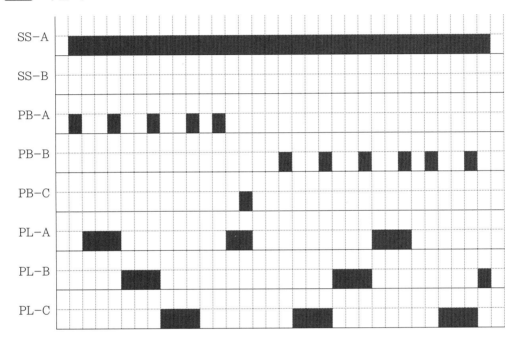

■ 4 프로그램(CTD 카운터의 이해 1)

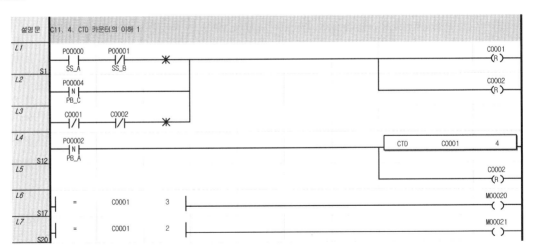

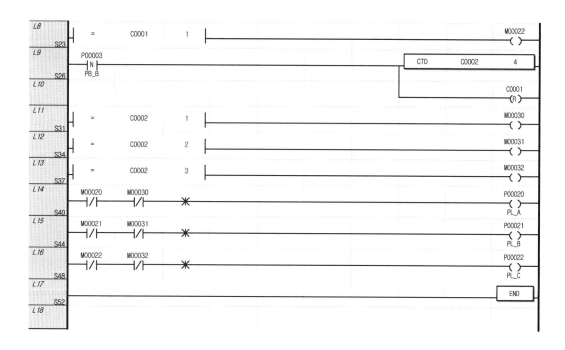

05 CTD 카운터의 이해 2

1 PLC 입·출력 배치도

(1) PLC 입력 8점 출력 6점 이상 수검자가 알맞은 PLC에 프로그램을 작성하며, 전원은 노이즈 대책을 세워서 결선한다.

(2) PLC는 단독 접지하고, RUN 모드상태로 부착한다.

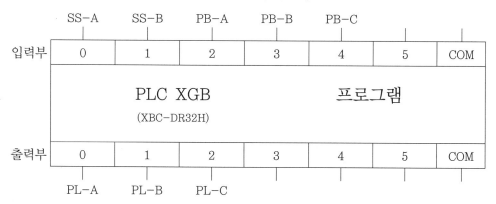

■2 동작사항

(1) 타임차트를 참조하여 프로그램을 한다.

(2) 입력접점 SS-A가 On 및 입력접점 SS-B가 Off일 때 동작하고, 입력접점 SS-A가 Off 또는 입력접점 SS-B가 On일 경우 소등 및 초기화된다.

(3) 입력접점 PB-A를 On하면 J에 누적되고 최대값은 4이며, 입력접점 PB-B를 On하면 G에 누적되고 최대값은 3이다.

(4) 입력접점 PB-A를 1번 On하면 출력 PL-A가 점등되고, 입력접점 PB-A를 2번 On하면 출력 PL-B도 점등되며, 입력접점 PB-A를 3번 On하면 출력 PL-C도 점등된다.
　　참고　입력접점 PB-A를 4번 On하면 입력접점 PB-B는 On이 안 되므로 입력접점 PB-B는 On하기 전 상태를 유지한다.

(5) 출력 PL-A, 출력 PL-B, 출력 PL-C가 점등되고 있을 때 입력접점 PB-B를 1번 On하면 출력 PL-C가 소등되고, 입력접점 PB-B를 2번 On하면 출력 PL-B도 소등되고, 입력접점 PB-B를 3번 On하면 PL-A도 소등 및 초기화된다.

(6) 언제나 입력접점 PB-C를 On하면 소등 및 초기화된다.

■3 타임차트

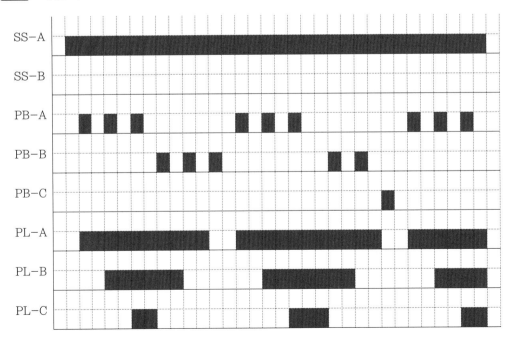

4 프로그램(CTD 카운터의 이해 2)

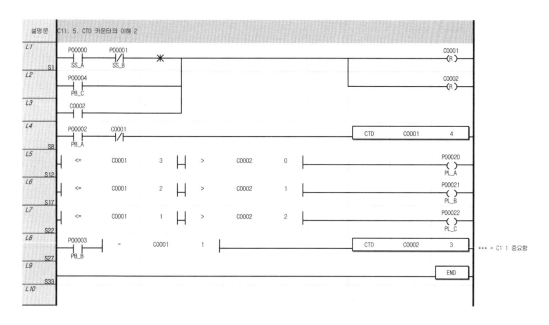

06 CTD 카운터의 이해 3

1 PLC 입·출력 배치도

(1) PLC 입력 8점 출력 6점 이상 수검자가 알맞은 PLC에 프로그램을 작성하며, 전원
은 노이즈 대책을 세워서 결선한다.

(2) PLC는 단독 접지하고, RUN 모드상태로 부착한다.

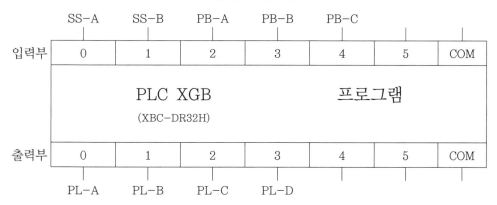

■■2 동작사항

(1) 타임차트의 1칸은 1초로 한다.

(2) 입력접점 SS-A가 On 및 SS-B가 Off일 때 동작하고, 입력접점 SS-A가 Off 또는 입력접점 SS-B가 On일 경우 소등 및 초기화된다.

(3) 입력접점 PB-A를 On하면 J에 누적되고 최대값은 3이다.

(4) 입력접점 PB-A를 1번 On하면 출력 PL-A가 점등되고, 출력 PL-B는 2초 On / 2초 Off 점멸되고, 입력접점 PB-A를 2번 On하면 출력 PL-A와 PL-B가 소등되고, 출력 PL-C는 점등되며, 출력 PL-D는 1초 On / 1초 Off 점멸되고, 입력접점 PB-A를 3번 On하면 출력 PL-C와 PL-D가 소등 및 초기화된다.

(5) 입력접점 SS-A가 Off 및 입력접점 SS-B가 On일 때 동작하고, 입력접점 SS-A가 On 또는 SS-B가 Off일 경우 소등 및 초기화된다.

(6) 입력접점 PB-B를 On하면 G에 누적되고 최대값은 3이다.

(7) 입력접점 PB-B를 1번 On하면 출력 PL-C는 2초 On / 2초 Off 점멸되며, PL-D가 점등되고, 입력접점 PB-B를 2번 On하면 출력 PL-C와 PL-D가 소등되고, 출력 PL-A는 1초 On / 1초 Off 점멸되고, 출력 PL-B는 점등되며, 입력접점 PB-B를 3번 On하면 PL-A와 PL-B가 소등 및 초기화된다.

(8) 언제나 입력접점 PB-C를 On하면 소등 및 초기화된다.

■3 타임차트

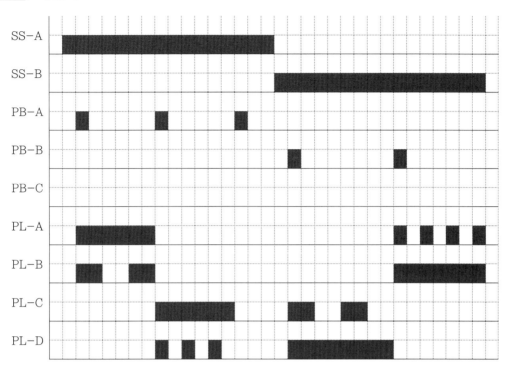

■4 프로그램(CTD 카운터의 이해 3)

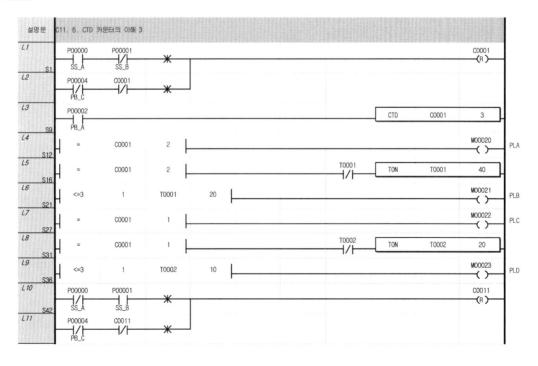

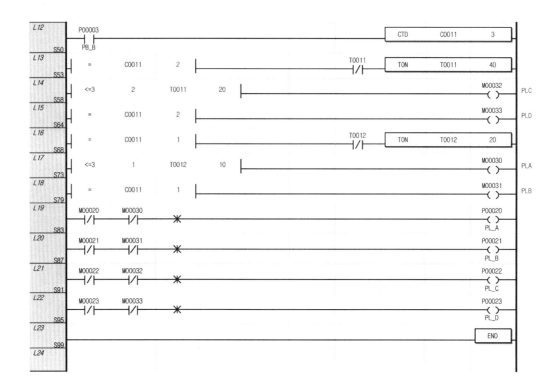

07 CTUD 카운터의 이해 1

1 PLC 입·출력 배치도

(1) PLC 입력 8점 출력 6점 이상 수검자가 알맞은 PLC에 프로그램을 작성하며, 전원
은 노이즈 대책을 세워서 결선한다.

(2) PLC는 단독 접지하고, RUN 모드상태로 부착한다.

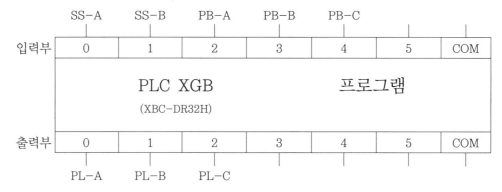

2 동작사항

(1) 타임차트를 참조하여 프로그램을 한다.

(2) 입력접점 SS-A가 On 및 입력접점 SS-B가 Off일 때 동작하고, 입력접점 SS-A가 Off 또는 입력접점 SS-B가 On일 경우 소등 및 초기화된다.

(3) 입력접점 PB-A 및 입력접점 PB-B의 최대값은 3이다.

(4) 입력접점 PB-A를 1번 On하면 출력 PL-A가 점등되고, 입력접점 PB-A를 2번 On 하면 출력 PL-B가 점등되고, 입력접점 PB-A를 3번 On하면 출력 PL-C가 점등된다.

(5) 출력 PL-A, PL-B, PL-C가 점등되고 있을 때 입력접점 PB-B를 1번 On하면 출력 PL-C가 소등되고, 입력접점 PB-B를 2번 On하면 출력 PL-B가 소등되며, 입력접점 PB-B를 3번 On하면 PL-A가 소등 및 초기화된다.

(6) 언제나 입력접점 PB-C를 On하면 소등 및 초기화된다.

3 타임차트

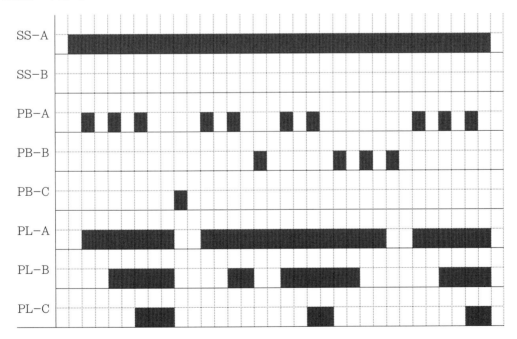

253

4 프로그램(CTUD 카운터의 이해 1)

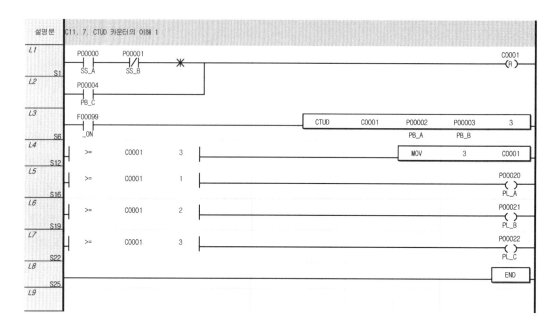

08 CTUD 카운터의 이해 2

1 PLC 입·출력 배치도

(1) PLC 입력 8점 출력 6점 이상 수검자가 알맞은 PLC에 프로그램을 작성하며, 전원은 노이즈 대책을 세워서 결선한다.

(2) PLC는 단독 접지하고, RUN 모드상태로 부착한다.

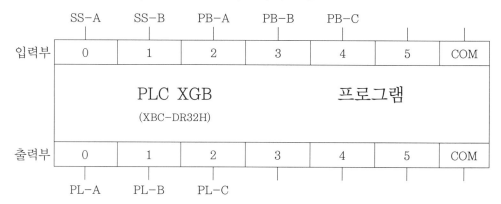

2 동작사항

(1) 타임차트를 참조하여 프로그램을 한다.

(2) 입력접점 SS-A가 On 및 SS-B가 Off일 때 동작하고, 입력접점 SS-A가 Off 또는 입력접점 SS-B가 On일 경우 소등 및 초기화된다.

(3) 입력접점 PB-A 및 입력접점 PB-B의 최대값은 3이다.

(4) 입력접점 SS-C가 On되고, 입력접점 PB-A를 1번 On하면 출력 PL-A가 점등되고, 입력접점 PB-A를 2번 On하면 출력 PL-B가 점등되며, 입력접점 PB-A를 3번 On하면 PL-C가 점등된다.

(5) 출력 PL-A, 출력 PL-B, 출력 PL-C가 점등, 입력접점 SS-C가 On되고, 입력접점 PB-B를 1번 On하면 출력 PL-C가 소등되고, 입력접점 PB-B를 2번 On하면 출력 PL-B가 소등되며, 입력접점 PB-B를 3번 On하면 출력 PL-A가 소등 및 초기화된다.

(6) 언제나 입력접점 PB-C를 On하면 소등 및 초기화된다.

3 타임차트

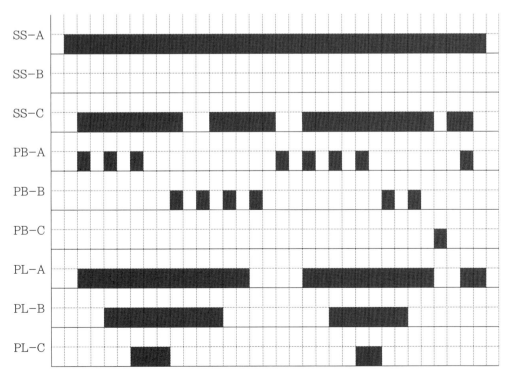

◢4 프로그램(CTUD 카운터의 이해 2)

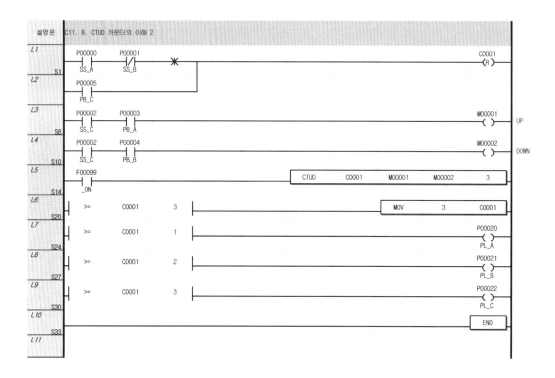

09 CTUD 카운터의 이해 3

◢1 PLC 입·출력 배치도

(1) PLC 입력 8점 출력 6점 이상 수검자가 알맞은 PLC에 프로그램을 작성하며, 전원은 노이즈 대책을 세워서 결선한다.

(2) PLC는 단독 접지하고, RUN 모드상태로 부착한다.

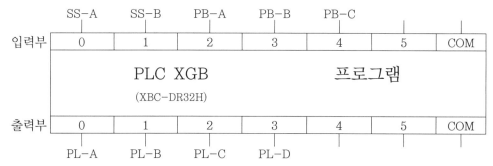

2 동작사항

(1) 타임차트의 1칸은 1초로 한다.

(2) 입력접점 SS-A가 On 및 입력접점 SS-B가 Off일 때 동작하고, 입력접점 SS-A가 Off 또는 입력접점 SS-B가 On일 경우 소등 및 초기화된다.

(3) 입력접점 PB-A 및 입력접점 PB-B의 최대값은 3이다.

(4) 입력접점 PB-A에 1번 Falling Edge하면 출력 PL-C가 점등 및 PL-D가 1초 On / 1초 Off 점멸하고, 입력접점 PB-A에 2번 Falling Edge하면 출력 PL-B가 점등되고, 입력접점 PB-A에 3번 Falling Edge하면 PL-A가 점등된다.

(5) 출력 PL-A, 출력 PL-B, 출력 PL-C가 점등되고, 입력접점 PB-B에 1번 Falling Edge하면 출력 PL-A가 소등되고, 입력접점 PB-B에 2번 Falling Edge하면 출력 PL-B가 소등되며, 입력접점 PB-B에 3번 Falling Edge하면 출력 PL-C가 소등 및 초기화된다.

(6) 언제나 입력접점 PB-C에 Falling Edge하면 소등 및 초기화된다.

3 타임차트

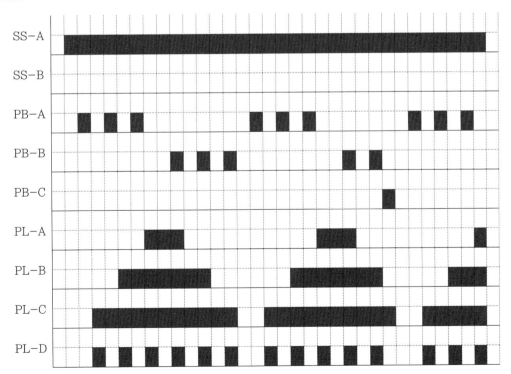

4 프로그램(CTUD 카운터의 이해 3)

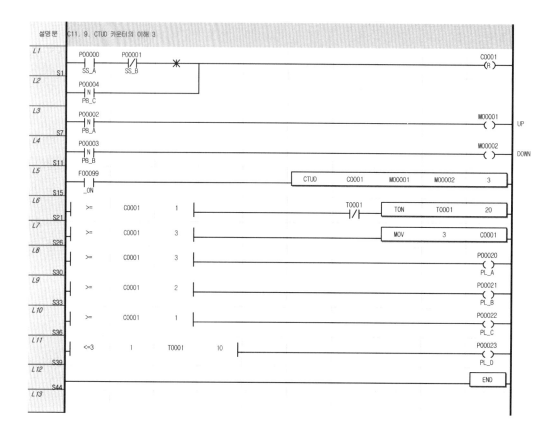

---

10 CTR 카운터의 이해 1

1 PLC 입·출력 배치도

(1) PLC 입력 8점 출력 6점 이상 수검자가 알맞은 PLC에 프로그램을 작성하며, 전원
   은 노이즈 대책을 세워서 결선한다.

(2) PLC는 단독 접지하고, RUN 모드상태로 부착한다.

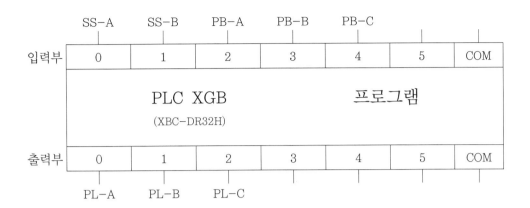

2 동작사항

(1) 타임차트를 참조하여 프로그램을 한다.

(2) 입력접점 SS-A가 On 및 입력접점 SS-B가 Off일 때 동작하고, 입력접점 SS-A가 Off 또는 입력접점 SS-B가 On일 경우 소등 및 초기화된다.

(3) 입력접점 PB-A와 입력접점 PB-B는 선입력 우선(인터록) 회로이다.

(4) 입력접점 PB-A를 On하면 J에 누적되고, 입력접점 PB-B를 On하면 G에 누적되며 각각의 최대값은 3이다.

(5) 입력접점 PB-A를 1번 On하면 출력 PL-A가 점등되고, 입력접점 PB-A를 2번 On 하면 출력 PL-A가 소등되고, 출력 PL-B는 점등되며, 입력접점 PB-A를 3번 On 하면 출력 PL-B가 소등되고, 출력 PL-C는 점등되며, 입력접점 PB-A를 4번 On 하면 출력 PL-C가 소등 및 초기화된다.

(6) 입력접점 PB-B를 1번 On하면 출력 PL-C가 점등되고, 입력접점 PB-B를 2번 On 하면 출력 PL-C가 소등되고, 출력 PL-B는 점등되며, 입력접점 PB-B를 3번 On 하면 출력 PL-B가 소등되고, 출력 PL-A는 점등되며, 입력접점 PB-B를 4번 On 하면 출력 PL-A가 소등 및 초기화된다.

(7) 언제나 입력접점 PB-C를 On하면 소등 및 초기화된다.

3 타임차트

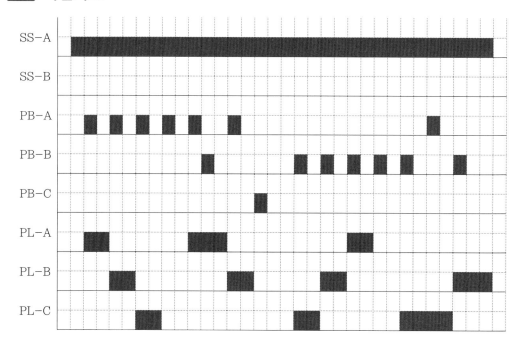

4 프로그램(CTR 카운터의 이해 1)

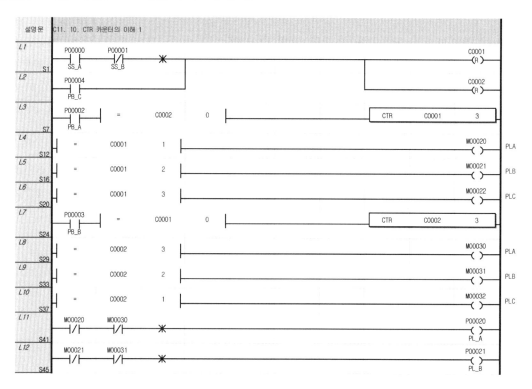

11 CTR 카운터의 이해 2

1 PLC 입·출력 배치도

(1) PLC 입력 8점 출력 6점 이상 수검자가 알맞은 PLC에 프로그램을 작성하며, 전원은 노이즈 대책을 세워서 결선한다.

(2) PLC는 단독 접지하고, RUN 모드상태로 부착한다.

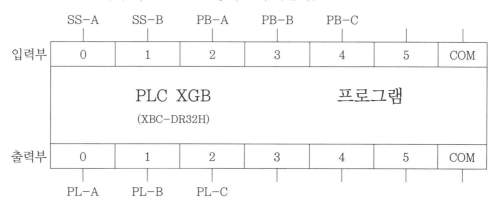

2 동작사항

(1) 타임차트를 참조하여 프로그램을 한다.

(2) 입력접점 SS-A가 On 및 입력접점 SS-B가 Off일 때 동작하고, 입력접점 SS-A가 Off 또는 입력접점 SS-B가 On일 경우 소등 및 초기화된다.

(3) 입력접점 PB-A와 입력접점 PB-B는 선입력 우선(인터록) 회로이다.

(4) 입력접점 PB-A 및 입력접점 PB-B의 각각의 최대값은 3이다.

(5) 입력접점 PB-A에 1번 Falling Edge하면 출력 PL-A가 점등되고, 입력접점 PB-A에 2번 Falling Edge하면 출력 PL-B가 점등되고, 입력접점 PB-A에 3번 Falling

261

Edge하면 출력 PL-C가 점등되고, 입력접점 PB-A에 4번 Falling Edge하면 출력 PL-A, 출력 PL-B, 출력 PL-C가 소등 및 초기화된다.

(6) 입력접점 PB-B에 1번 Falling Edge하면 출력 PL-C가 점등되고, 입력접점 PB-B에 2번 Falling Edge하면 출력 PL-B가 점등되고, 입력접점 PB-B에 3번 Falling Edge하면 출력 PL-A가 점등되고, 입력접점 PB-B에 4번 Falling Edge하면 출력 PL-A, 출력 PL-B, 출력 PL-C가 소등 및 초기화된다.

(7) 언제나 입력접점 PB-C에 Falling Edge하면 소등 및 초기화된다.

■3 타임차트

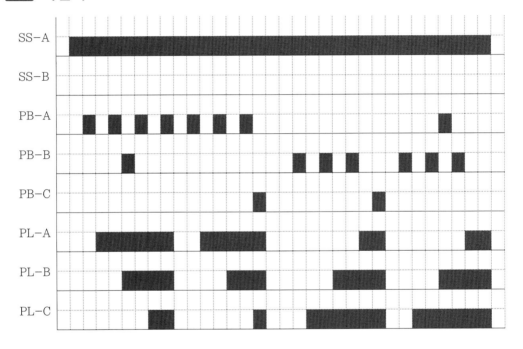

■4 프로그램(CTR 카운터의 이해 2)

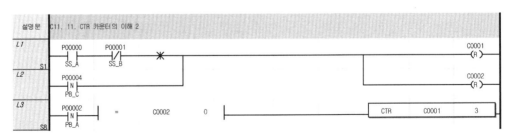

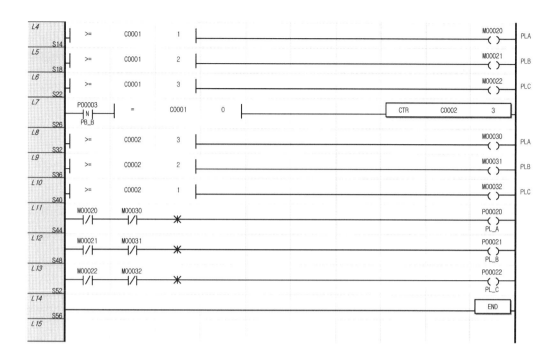

12 CTR 카운터의 이해 3

1 PLC 입·출력 배치도

(1) PLC 입력 8점 출력 6점 이상 수검자가 알맞은 PLC에 프로그램을 작성하며, 전원은 노이즈 대책을 세워서 결선한다.

(2) PLC는 단독 접지하고, RUN 모드상태로 부착한다.

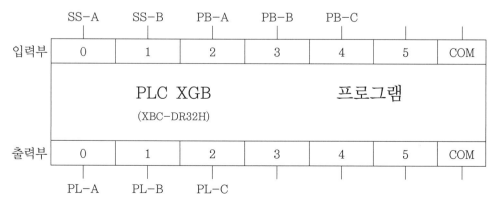

▌2 동작사항

(1) 타임차트를 참조하여 프로그램한다.

(2) 입력접점 SS-A가 On 및 입력접점 SS-B가 Off일 때 동작하고, 입력접점 SS-A가 Off 또는 입력접점 SS-B가 On일 경우 소등 및 초기화된다.

(3) 입력접점 PB-A와 입력접점 PB-B는 선입력 우선(인터록) 회로이다.

(4) 입력접점 PB-A를 On하면 J에 누적되고, 입력접점 PB-B를 On하면 G에 누적되며 각각의 최대값은 3이다.

(5) 입력접점 PB-A를 1번 On하면 출력 PL-A가 점등되고, 입력접점 PB-A를 2번 On 하면 출력 PL-A가 소등되고, 출력 PL-B는 점등되며, 입력접점 PB-A를 3번 On 하면 출력 PL-B가 소등되고, 출력 PL-C는 점등되며, 입력접점 PB-A를 4번 On 하면 출력 PL-C는 소등 및 초기화된다.

(6) 입력접점 PB-B를 1번 On하면 출력 PL-C가 점등되고, 입력접점 PB-B를 2번 On 하면 출력 PL-C가 소등되고, 출력 PL-B는 점등되며, 입력접점 PB-B를 3번 On 하면 출력 PL-B가 소등되고, 출력 PL-A는 점등되며, 입력접점 PB-B를 4번 On 하면 출력 PL-C가 소등 및 초기화된다.

(7) 언제나 입력접점 PB-C를 On하면 소등 및 초기화된다.

▌3 타임차트

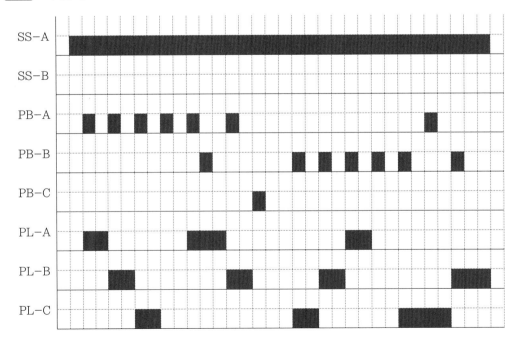

4 프로그램(CTR 카운터의 이해 3)

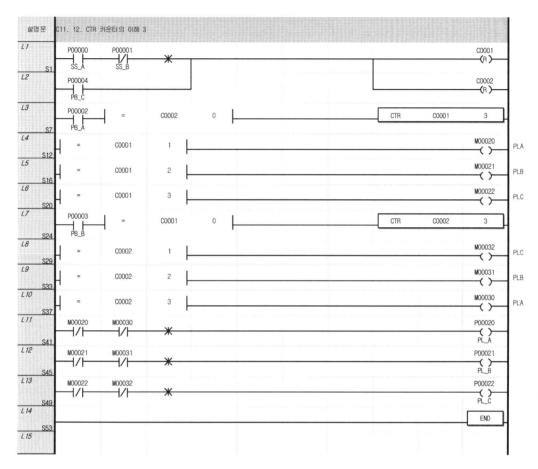

13 카운터 및 타이머 예제 1

1 PLC 입·출력 배치도

(1) PLC 입력 8점 출력 6점 이상 수검자가 알맞은 PLC에 프로그램을 작성하며, 전원은 노이즈 대책을 세워서 결선한다.

(2) PLC는 단독 접지하고, RUN 모드상태로 부착한다.

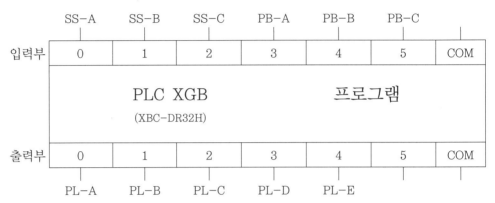

2 동작사항

(1) 타임차트를 참조하여 프로그램한다.

(2) 입력접점 SS-A가 On 및 입력접점 SS-B가 Off일 때 동작하고, 입력접점 SS-A가 Off 또는 입력접점 SS-B가 On일 경우 소등 및 초기화된다.

(3) 입력접점 PB-A에 1번 Rising Edge하면 출력 PL-A가 점등되고, 입력접점 PB-A에 2번 Rising Edge하면 출력 PL-B가 점등되고, 2초 후 출력 PL-C가 점등되며, 2초 후 출력 PL-D가 점등되고, 2초 후 출력 PL-E가 점등된다.
    참고 입력접점 PB-A와 입력접점 PB-B의 각각의 최대값은 2이다.

(4) 출력 PL-A~PL-E가 점등되고, 입력접점 PB-B에 1번 Rising Edge하면 출력 PL-E가 소등되고, 입력접점 PB-B에 2번 Rising Edge하면 출력 PL-D가 소등되고, 3초 후 출력 PL-C가 소등되며, 3초 후 출력 PL-B가 소등되고, 3초 후 출력 PL-A가 소등 및 초기화된다.

(5) 언제나 입력접점 SS-C를 On 또는 입력접점 PB-C에 Rising Edge하면 소등 및 초기화된다.

266

▆ 3 타임차트

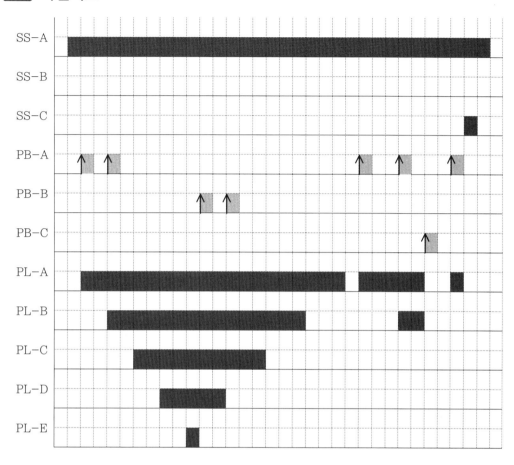

▆ 4 프로그램(카운터 및 타이머 예제 1)

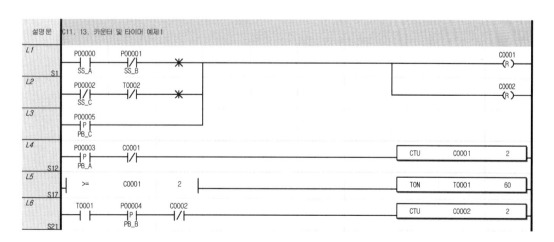

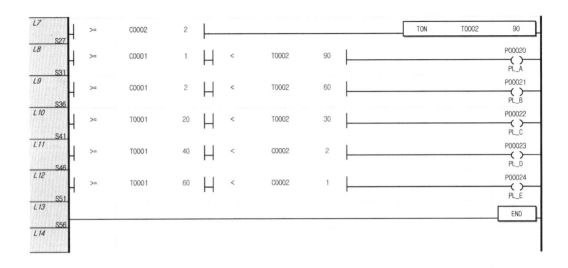

14 지수함수 및 제곱근 연산 예제 1

1 PLC 입·출력 배치도

(1) PLC 입력 8점 출력 6점 이상 수검자가 알맞은 PLC에 프로그램을 작성하며, 전원 은 노이즈 대책을 세워서 결선한다.

(2) PLC는 단독 접지하고, RUN 모드상태로 부착한다.

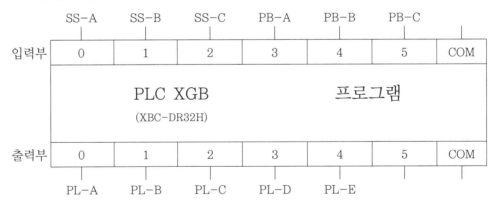

■2 동작사항

(1) 타임차트는 1칸은 1초로 한다.

(2) 입력접점 SS-A가 On 및 입력접점 SS-B가 Off일 때 동작하고, 입력접점 SS-A가 Off 또는 입력접점 SS-B가 On일 경우 소등 및 초기화된다.

(3) 입력접점 PB-A를 On하면 J에 누적 저장되고 최대값은 5이며, 입력접점 PB-B를 On하면 G에 누적 저장되고 최대값은 4이다.

　　참고 J > G 조건만 동작하고, 그 외에는 반드시 입력접점 SS-C를 On하여 초기화시킨다.

(4) J > G일 때 입력접점 PB-C를 On하면 J 및 G의 누적 저장값은 변경되지 않는다.

　　참고 $\sqrt{4^2} - \sqrt{1^2} = 3$초, $\sqrt{J^2} - \sqrt{G^2} = K$초 지수함수 및 제곱근 연산을 한다.

(5) 출력 PL-A는 3초, K초 동안 점등 후 소등 및 초기화된다.

(6) 출력 PL-B는 3초, K초 동안 1초 On / 1초 Off 점멸 반복 후 소등된다.

(7) 출력 PL-C는 입력접점 SS-A가 On 및 입력접점 SS-B가 Off일 때 점등되고, 출력 PL-A는 반전(NOT)하여 출력 PL-C가 동작한다.

(8) 출력 PL-D는 입력접점 SS-A가 On 및 입력접점 SS-B가 Off일 때 점등되고, 출력 PL-B는 반전(NOT)하여 출력 PL-D가 동작한다.

(9) 출력 PL-E는 출력 PL-C와 출력 PL-D의 Exclusive-OR(배타적 논리합 또는 XOR) 회로로 동작한다.

(10) 동작 완료 후 입력접점 PB-C를 On하면 재동작을 반복한다.

(11) 언제나 입력접점 SS-C를 On하면 소등 및 초기화된다.

■3 타임차트

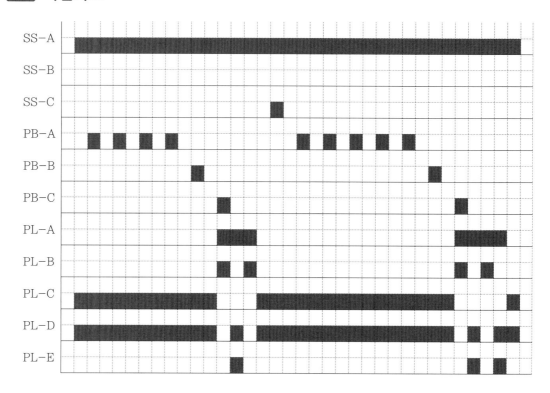

■4 프로그램(지수함수 및 제곱근 연산 예제 1)

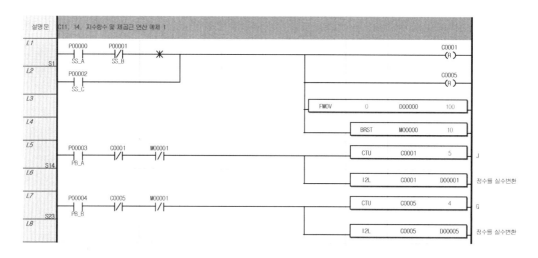

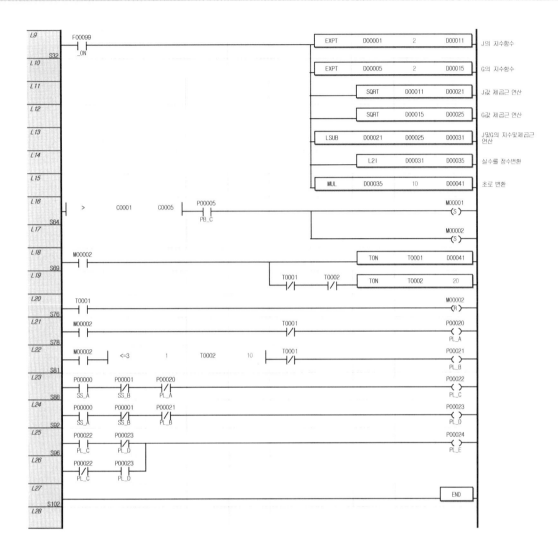

15 제곱근 연산 예제 1

1 PLC 입·출력 배치도

(1) PLC 입력 8점 출력 6점 이상 수검자가 알맞은 PLC에 프로그램을 작성하며, 전원은 노이즈 대책을 세워서 결선한다.

(2) PLC는 단독 접지하고, RUN 모드상태로 부착한다.

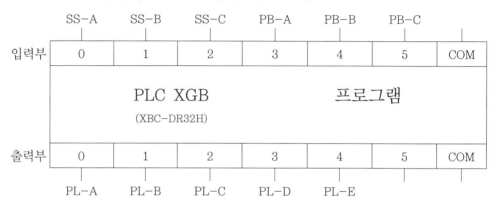

2 동작사항

(1) 타임차트의 1칸은 1초로 한다.

(2) 입력접점 SS-A가 On 및 입력접점 SS-B가 Off일 때 동작하고, 입력접점 SS-A가 Off 또는 입력접점 SS-B가 On일 경우 소등 및 초기화된다.

(3) 입력접점 PB-A를 On하면 J에 누적 저장되고, 입력접점 PB-B를 On하면 G에 누적 저장되고 각각의 최대값은 5이다.

(4) 입력접점 SS-C를 On하면 누적 저장값은 초기화된다.

(5) $J \geq 1$, $G \geq 1$일 때 입력접점 PB-C를 On하면 J 및 G의 누적 저장값은 변경되지 않는다.

> **참고** $\sqrt{3+3} = 2.45 = 2$초, $\sqrt{2+1} = 1.73 = 2$초, $\sqrt{J+G} = K = S$초 제곱근을 연산하여 소수점 첫째 자리에서 반올림한다.

(6) 출력 PL-A는 2초, S초 동안 점등 후 소등 및 초기화된다.

(7) 출력 PL-B는 2초, S초 동안 1초 On / 1초 Off 점멸 반복 후 소등된다.

272

(8) 출력 PL-C는 입력접점 SS-A가 On 및 입력접점 SS-B가 Off일 때 점등되고, 출력 PL-A는 반전(NOT)하여 출력 PL-C가 동작한다.

(9) 출력 PL-D는 입력접점 SS-A가 On 및 입력접점 SS-B가 Off일 때 점등되고, 출력 PL-B는 반전(NOT)하여 출력 PL-D가 동작한다.

(10) 출력 PL-E는 출력 PL-C와 출력 PL-D의 Exclusive-OR(배타적 논리합 또는 XOR) 회로로 동작한다.

(11) 동작 완료 후 입력접점 PB-C를 On하면 재동작을 반복한다.

(12) 언제나 입력접점 SS-C를 On하면 소등 및 초기화된다.

■3 타임차트

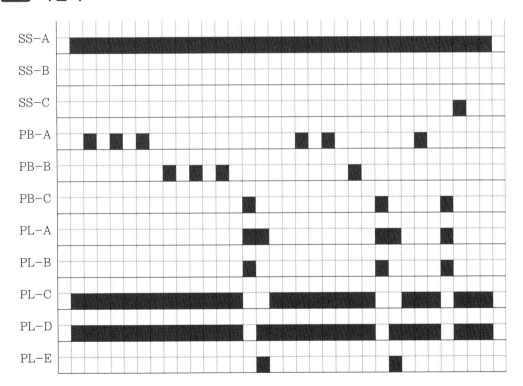

4 프로그램(제곱근 연산 예제 1)

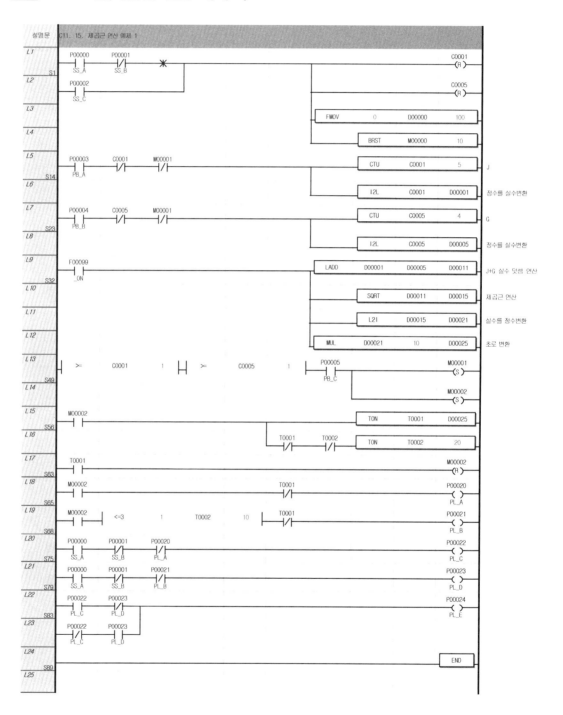

16 지수함수 및 제곱근 연산 예제 2

1 PLC 입·출력 배치도

(1) PLC 입력 8점 출력 6점 이상 수검자가 알맞은 PLC에 프로그램을 작성하며, 전원은 노이즈 대책을 세워서 결선한다.

(2) PLC는 단독 접지하고, RUN 모드상태로 부착한다.

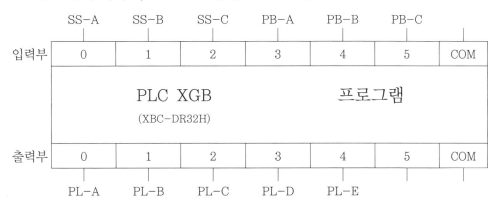

2 동작사항

(1) 타임차트의 1칸은 1초로 한다.

(2) 입력접점 SS-A가 On 및 입력접점 SS-B가 Off일 때 동작하고, 입력접점 SS-A가 Off 또는 입력접점 SS-B가 On일 경우 소등 및 초기화된다.

(3) 입력접점 PB-A를 On하면 J에 누적 저장되고, 입력접점 PB-B를 On하면 G에 누적 저장되고 각각의 최대값은 5이다.

(4) 입력접점 SS-C를 On하면 누적 저장값은 초기화된다.

(5) J ≧ 1, G ≧ 1일 때 입력접점 PB-C를 On하면 J 및 G의 누적 저장값은 변경되지 않는다.

> 참고 $\sqrt{2^2} + \sqrt{2+2} = 4 = 4$초, $\sqrt{J^2} + \sqrt{J+G} = K = S$초, 지수함수 및 제곱근을 연산하여 소수점 첫째자리에서 반올림한다.

(6) 출력 PL-A는 4초, S초 동안 점등 후 소등 및 초기화된다.

(7) 출력 PL-B는 4초, S초 동안 0.5초 On / 0.5초 Off 점멸 반복 후 소등된다.

275

(8) 출력 PL-C는 입력접점 SS-A가 On 및 입력접점 SS-B가 Off일 때 점등되고, 출력 PL-A는 반전(NOT)하여 출력 PL-C가 동작한다.

(9) 출력 PL-D는 입력접점 SS-A가 On 및 입력접점 SS-B가 Off일 때 점등되고, 출력 PL-B는 반전(NOT)하여 출력 PL-D가 동작한다.

(10) 출력 PL-E는 출력 PL-C와 출력 PL-D의 Exclusive-OR(배타적 논리합 또는 XOR) 회로로 동작한다.

(11) 동작 완료 후 입력접점 PB-C를 On하면 재동작을 반복한다.

(12) 언제나 입력접점 SS-C를 On하면 소등 및 초기화된다.

3 타임차트

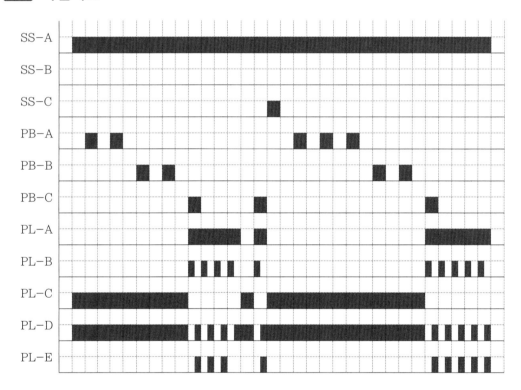

4 프로그램(지수함수 및 제곱근 연산 예제 2)

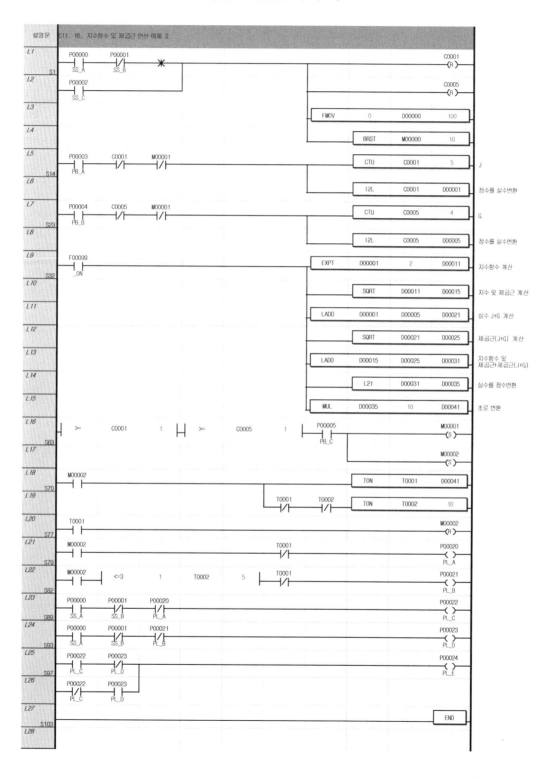

Memo

부록

최근 과년도
출제문제
이해하기

2018년 제63회 1일차 타임차트 이해

1 PLC 입·출력 배치도

(1) PLC 입력 8점 출력 6점 이상 수검자가 알맞은 PLC에 프로그램을 작성하며, 전원은 노이즈 대책을 세워서 결선한다.

(2) PLC는 단독 접지하고, RUN 모드상태로 부착한다.

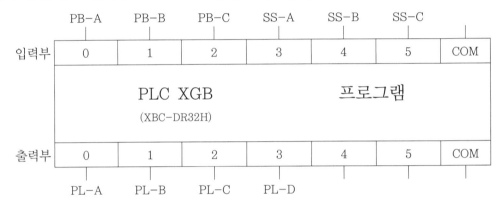

2 동작사항

(1) 타임차트의 1칸은 1초로 한다.

(2) 입력접점 PB-A와 입력접점 PB-B는 선입력 우선(인터록) 회로이다.

(3) 입력접점 PB-B가 On하면 J에 누적되고, 입력접점 PB-C가 On하면 G에 누적되며 각각의 최대값은 3이다.

(4) 입력접점 PB-A에 Rising Edge하면 출력 PL-A, 출력 PL-B, 출력 PL-C, 출력 PL-D는 2초 간격으로 순차(또는 정방향) 점등하고, 입력접점 SS-A가 On하면 소등 및 초기화된다.

(5) 입력접점 PB-B에 3번 Rising Edge하면 출력 PL-D, 출력 PL-C, 출력 PL-B, 출력 PL-A는 2초 간격으로 역차(또는 역방향) 점등하고, 입력접점 PB-C에 3번

Rising Edge하면 출력 PL-D, 출력 PL-C, 출력 PL-B, 출력 PL-A가 2초 간격으로 역차(또는 역방향) 소등 및 초기화된다.

참고 입력접점 SS-B 및 입력접점 SS-C의 배선은 PLC의 단자대까지 연결한다.

(6) 언제나 입력접점 SS-A를 On하면 소등 및 초기화된다.

■3 타임차트

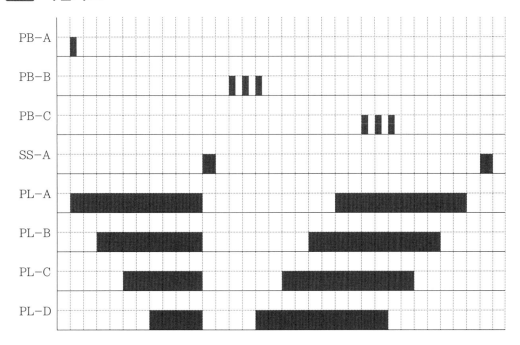

■4 프로그램

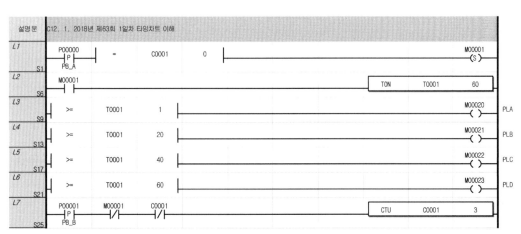

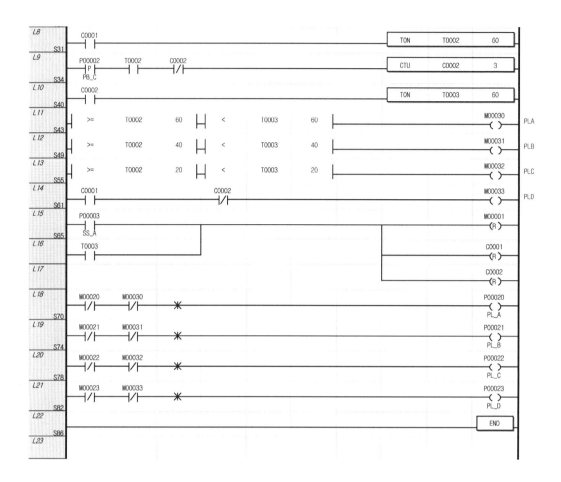

2018년 제63회 2일차 타임차트 이해

1 PLC 입·출력 배치도

(1) PLC 입력 8점 출력 6점 이상 수검자가 알맞은 PLC에 프로그램을 작성하며, 전원은 노이즈 대책을 세워서 결선한다.

(2) PLC는 단독 접지하고, RUN 모드상태로 부착한다.

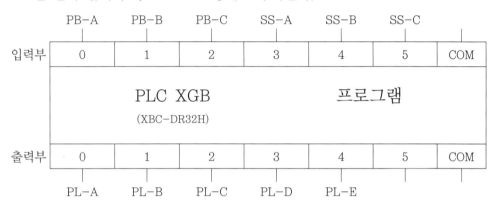

2 동작사항

(1) 타임차트의 1칸은 1초로 한다.

(2) 입력접점 PB-A에 Falling Edge하면 출력 PL-A, 출력 PL-B, 출력 PL-C, 출력 PL-D는 타임차트 대로 점멸하고, 출력 PL-E는 점등된다.

(3) 입력접점 PB-B를 On하면 출력 PL-D는 소등된다.

(4) 입력접점 PB-C를 On하면 출력 PL-E는 소등 및 초기화된다.

(5) 언제나 입력접점 PB-C를 On하면 소등 및 초기화된다.

> 참고 입력접점 SS-A, 입력접점 SS-B, 입력접점 SS-C의 배선은 PLC의 단자대까지 연결한다.

■3 타임차트

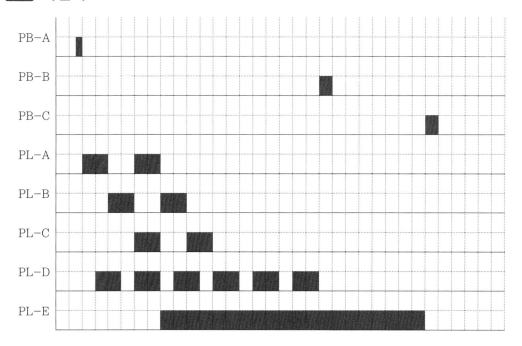

■4 프로그램

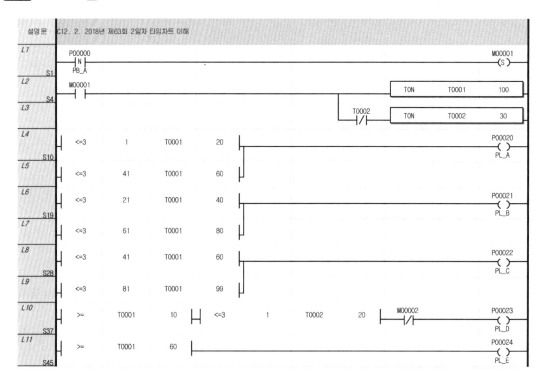

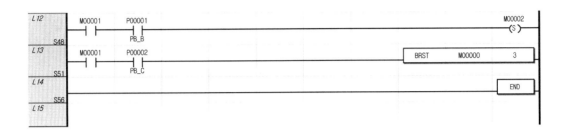

2018년 제63회 3일차 타임차트 이해

1 PLC 입·출력 배치도

(1) PLC 입력 8점 출력 6점 이상 수검자가 알맞은 PLC에 프로그램을 작성하며, 전원은 노이즈 대책을 세워서 결선한다.

(2) PLC는 단독 접지하고, RUN 모드상태로 부착한다.

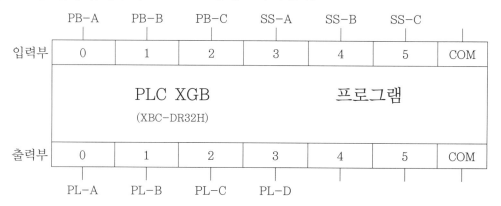

2 동작사항

(1) 타임차트의 1칸은 1초로 한다.

(2) 입력접점 PB-A를 On하면 출력 PL-A가 점등되고, 출력 PL-B, 출력 PL-C, 출력 PL-D는 타임차트 대로 점멸이 반복된다.

(3) 입력접점 PB-B에 1번 Rising Edge하면 이전 동작이 모두 소등되고, PB-B에 1번 Falling Edge하면 출력 PL-D가 점등되고, 출력 PL-C, 출력 PL-B, 출력 PL-A는 타임차트 대로 점멸이 반복된다.

(4) 입력접점 PB-B에 2번 Rising Edge하면 이전 동작이 모두 소등되고, PB-B에 2번 Falling Edge하면 출력 PL-A, 출력 PL-B, 출력 PL-C, 출력 PL-D는 타임차트 대로 점등된다.

(5) 입력접점 PB-B에 3번 Rising Edge하면 이전 동작이 모두 소등되고, PB-B에 3번 Falling Edge하면 출력 PL-A, 출력 PL-B, 출력 PL-C, 출력 PL-D는 타임차트대로 1초 간격으로 순차 점멸을 반복한다.

참고 입력접점 PB-B는 J에 누적, 최대값은 6이다.

(6) 언제나 입력접점 PB-C를 On하면 소등 및 초기화된다.

참고 입력접점 SS-A, 입력접점 SS-B, 입력접점 SS-C의 배선은 PLC의 단자대까지 연결한다.

■3 타임차트

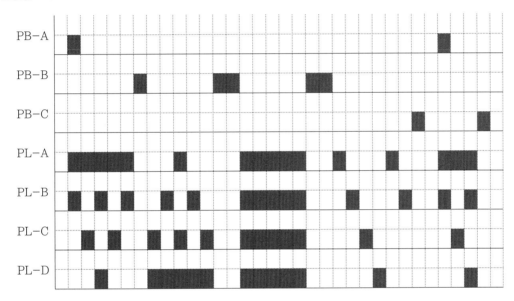

■4 프로그램

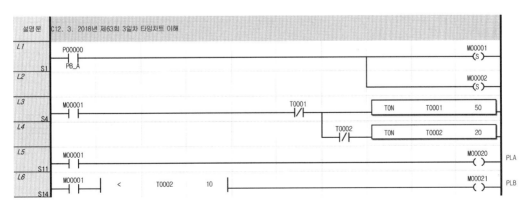

287

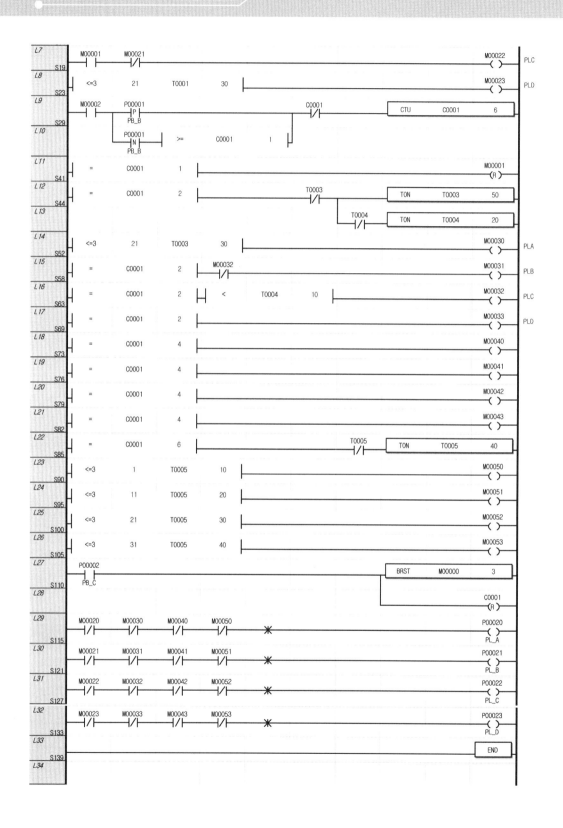

1 순서도(Flow Chart)

입력접점 SS-A를 On하면 입력접점 PB-C에 셋(Set)된 내부릴레이는 초기화된다.

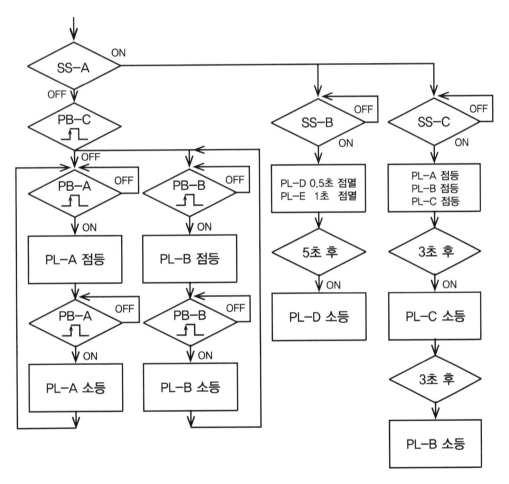

※ 문제 출제가 모순을 가지고 있다. 시퀀스 회로를 보고 순서도 작성을 예상할 수 있다.

2 PLC 입·출력 배치도

(1) PLC 입력 8점 출력 6점 이상 수검자가 알맞은 PLC에 프로그램을 작성하며, 전원은 노이즈 대책을 세워서 결선한다.

(2) PLC는 단독 접지하고, RUN 모드상태로 부착한다.

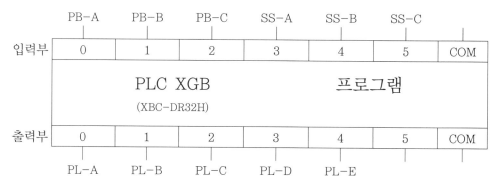

	PB-A	PB-B	PB-C	SS-A	SS-B	SS-C	
입력부	0	1	2	3	4	5	COM

PLC XGB 프로그램
(XBC-DR32H)

출력부	0	1	2	3	4	5	COM
	PL-A	PL-B	PL-C	PL-D	PL-E		

3 프로그램

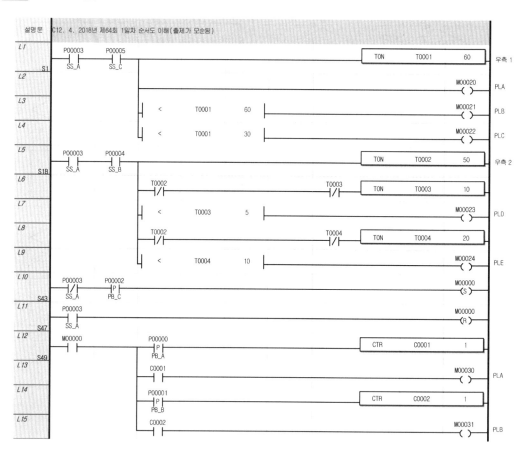

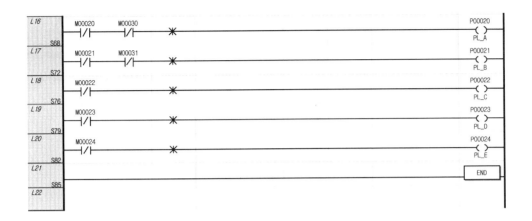

■ 1 순서도(Flow Chart)

(1) 입력접점 SS-A가 On인 경우 입력접점 PB-A, 입력접점 PB-B, 입력접점 PB-C는 후입력(또는 신입력) 우선 회로이다.

(2) 입력접점 SS-B가 Off 또는 입력접점 SS-C가 Off일 때는 소등 및 초기화가 없다.

참고 시퀀스 회로처럼 소등 및 초기화한다.

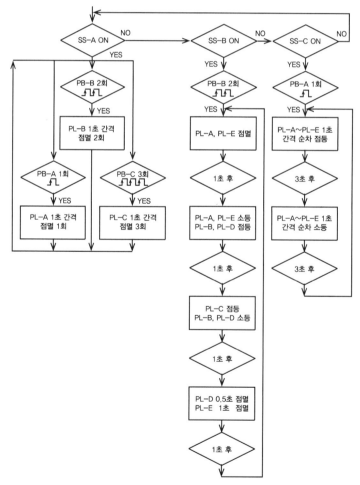

※ 문제 출제가 모순을 가지고 있다. 시퀀스 회로를 보고 순서도 작성을 예상할 수 있다.

2 PLC 입·출력 배치도

(1) PLC 입력 8점 출력 6점 이상 수검자가 알맞은 PLC에 프로그램을 작성하며, 전원은 노이즈 대책을 세워서 결선한다.

(2) PLC는 단독 접지하고, RUN 모드상태로 부착한다.

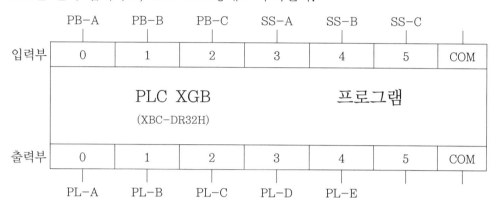

	PB-A	PB-B	PB-C	SS-A	SS-B	SS-C	
입력부	0	1	2	3	4	5	COM

| PLC XGB (XBC-DR32H) | 프로그램 |

	PL-A	PL-B	PL-C	PL-D	PL-E		
출력부	0	1	2	3	4	5	COM

3 프로그램

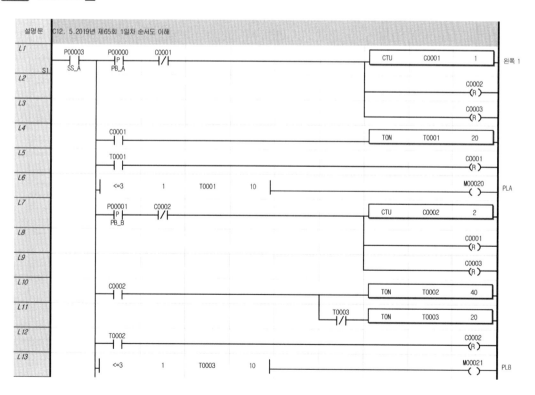

| 설명문 | C12. 5.2019년 제65회 1일차 순서도 이해 | | |

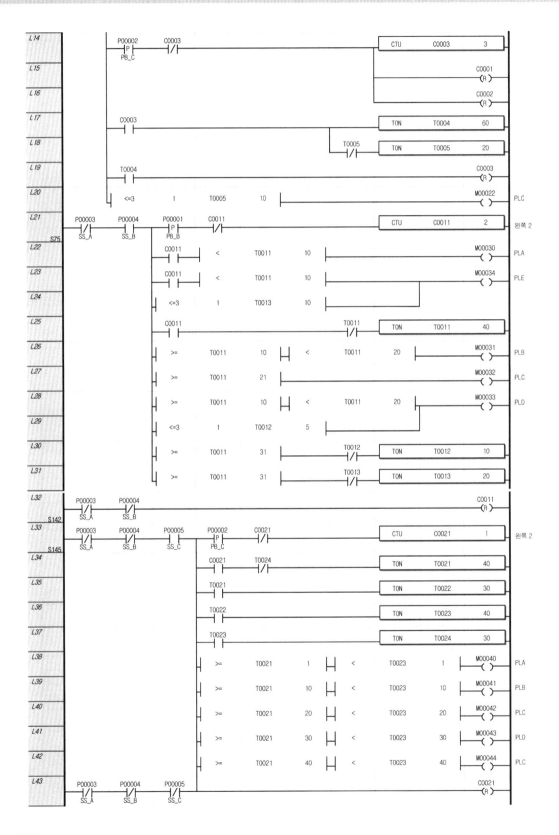

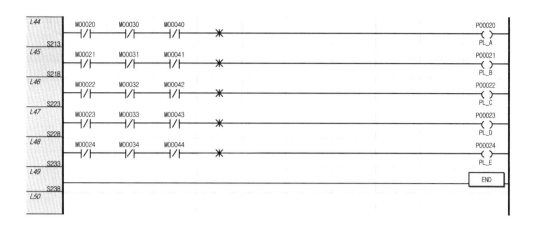

2019년 제66회 1일차 타임차트 이해

1 PLC 입·출력 배치도

(1) PLC 입력 8점 출력 6점 이상 수검자가 알맞은 PLC에 프로그램을 작성하며, 전원은 노이즈 대책을 세워서 결선한다.

(2) PLC는 단독 접지하고, RUN 모드상태로 부착한다.

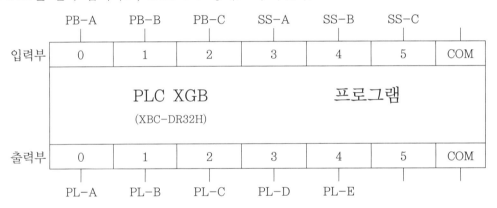

2 동작사항(타임차트 1)

(1) 타임차트의 1칸은 1초로 한다.

(2) 입력접점 SS-A를 On하면 동작하고, SS-A가 Off일 경우 소등 및 초기화된다.

　　참고 타임차트 1의 입력접점 SS-A와 타임차트 2의 입력접점 SS-B는 선입력 우선 [인터록] 회로이다.

(3) 입력접점 PB-A에 Rising Edge하면 출력 PL-A, 출력 PL-B, 출력 PL-C, 출력 PL-D, 출력 PL-E는 1초 간격 순으로 순차 점등된다.

(4) 출력 PL-A~PL-E가 점등 후 입력접점 PB-B에 Rising Edge하면 출력 PL-E, 출력 PL-D, 출력 PL-C, 출력 PL-B, 출력 PL-A는 1초 간격 순으로 역차 소등 및 초기화된다.

(5) 언제나 입력접점 PB-C를 On하면 소등 및 초기화된다.

 **타임차트 1**

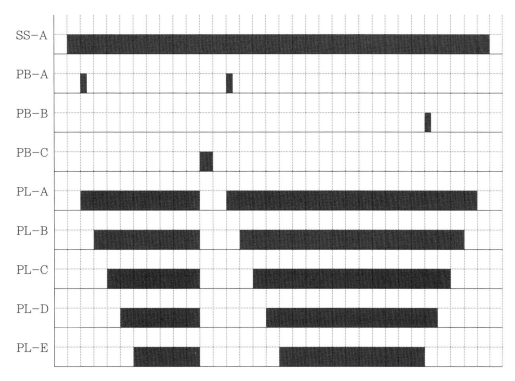

 **동작사항(타임차트 2)**

(1) 타임차트의 1칸은 1초로 한다.

(2) 입력접점 SS-B를 On하면 동작하고, 입력접점 SS-B가 Off일 경우 소등 및 초기화된다.

> **참고** 타임차트 1의 입력접점 SS-A와 타임차트 2의 입력접점 SS-B는 선입력 우선 [인터록] 회로이다.

(3) 입력접점 PB-A에 Rising Edge하면 J에 누적되고 누적수에 1초를 곱한 값만큼, 입력접점 PB-B에 Rising Edge하면 PL-A는 J초 동안 점등 후 소등되고(J의 최대 값은 5), 입력접점 PB-C에 Rising Edge하면 J에 누적수가 2이면 1초를 곱한 값인 2초 후 출력 PL-B가 2초 동안 점등 후 소등 및 초기화된다.

> **참고** J에 누적수가 1이면 1초, J에 누적수가 3이면 3초, J에 누적수가 5이면 5초, PL-B는 J초만큼 점등 후 소등 및 초기화된다.

(4) 입력접점 SS-B를 On하면 출력 PL-C, 출력 PL-D, 출력 PL-E가 점등되고, 출력

PL-A가 점등 시 출력 PL-C는 소등되고, 출력 PL-B가 점등 시 출력 PL-D는 소등되며, 출력 PL-A 또는 출력 PL-B가 점등 시 출력 PL-E는 소등된다.

(5) 언제나 입력접점 SS-C에 Rising Edge하면 소등 및 초기화된다.

5 타임차트 2

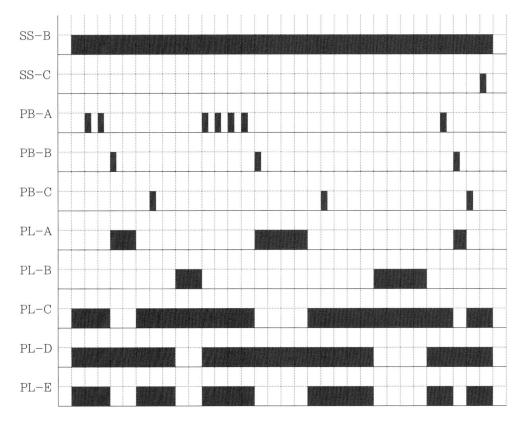

6 프로그램

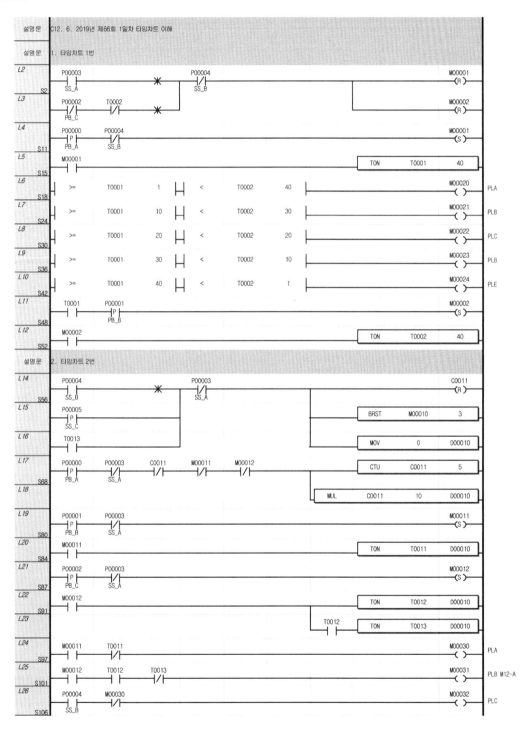

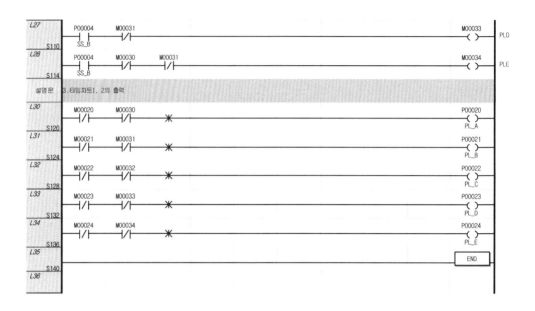

설명문   3.타임차트1, 2의 출력

07 2019년 제66회 2일차 타임차트 이해

1 PLC 입·출력 배치도

(1) PLC 입력 8점 출력 6점 이상 수검자가 알맞은 PLC에 프로그램을 작성하며, 전원은 노이즈 대책을 세워서 결선한다.

(2) PLC는 단독 접지하고, RUN 모드상태로 부착한다.

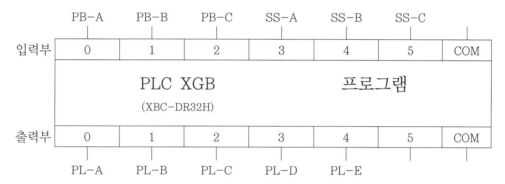

2 동작사항(타임차트 1)

(1) 타임차트의 1칸은 1초로 한다.

(2) 입력접점 SS-A를 On하면 동작하고, 입력접점 SS-A가 Off일 경우 소등 및 초기화된다.

> **참고** 타임차트 1의 입력접점 SS-A와 타임차트 2의 입력접점 SS-B는 선입력 우선 [인터록] 회로이다.

(3) 입력접점 PB-A에 Rising Edge하면 출력 PL-A, 출력 PL-C, 출력 PL-E, 출력 PL-B, 출력 PL-D는 1초 간격 순으로 점등된다.

(4) 출력 PL-A~PL-E가 점등 후 입력접점 PB-B에 Rising Edge하면 출력 PL-A, 출력 PL-C, 출력 PL-E, 출력 PL-B, 출력 PL-D는 1초 간격 순으로 소등 및 초기화된다.

(5) 언제나 입력접점 PB-C에 Rising Edge하면 소등 및 초기화된다.

■3 타임차트 1

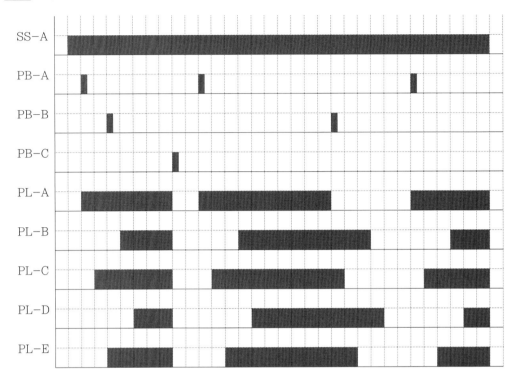

■4 동작사항(타임차트 2)

(1) 타임차트의 1칸은 1초로 한다.

(2) 입력접점 SS-B를 On하면 동작하고, 입력접점 SS-B가 Off일 경우 소등 및 초기화된다.

> 참고 타임차트 1의 입력접점 SS-A와 타임차트 2의 입력접점 SS-B는 선입력 우선[인터록] 회로이다.

(3) 입력접점 PB-A에 Rising Edge하면 J에 누적되고, 입력접점 PB-B에 Rising Edge하면 G에 누적되며 각각의 최대값은 3이다.

(4) J ≥ 1 및 G ≥ 1 이상일 때 입력접점 PB-C에 Rising Edge하면 동작 후 J 및 G에 누적된 값은 변경되지 않는다.

(5) 입력접점 PB-A에 Rising Edge하면 J에 누적되고 누적수에 1초를 곱한 값만큼, 입력접점 PB-B에 Rising Edge하면 G에 누적되고 누적수에 1초를 곱한 값만큼 출력 PL-A가 점등 후 소등되고, 출력 PL-B가 점등 후 소등 및 초기화된다.

(6) 입력접점 SS-B가 On하면 출력 PL-C, 출력 PL-D, 출력 PL-E가 점등되고, 출력 PL-C는 출력 PL-A의 반전(NOT)이고, 출력 PL-D는 출력 PL-B의 반전(NOT)이며, 출력 PL-E는 출력 PL-A 또는 출력 PL-D의 반전(NOT)이다.

(7) 언제나 입력접점 SS-C에 Rising Edge하면 소등 및 초기화된다.

5 타임차트 2

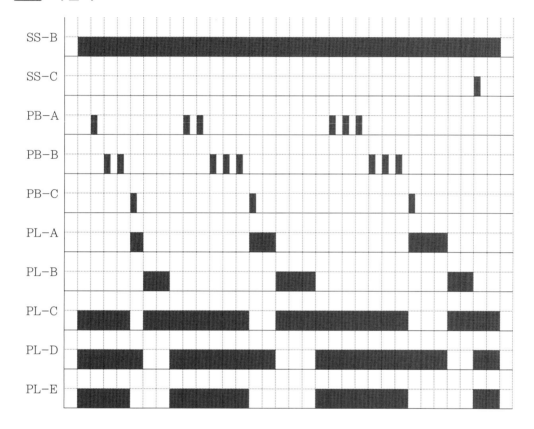

6 프로그램

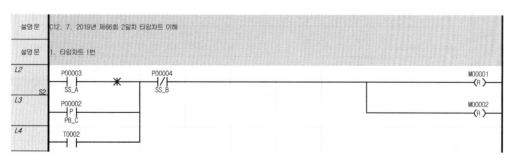

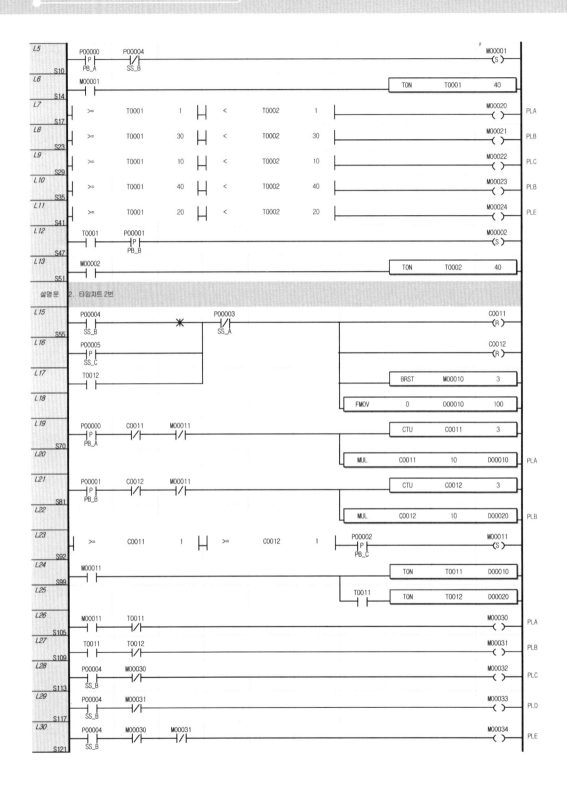

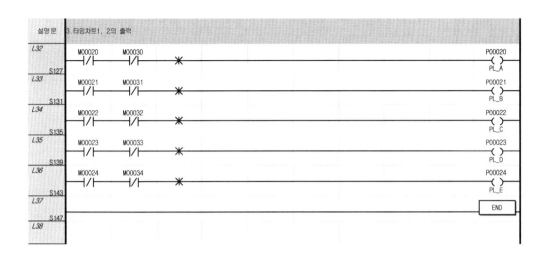

설명문	3. 타임차트1, 2의 출력

```
L32
            M00020   M00030                                        P00020
            ─┤/├─    ─┤/├─      ─✳─                                ─( )─
S127                                                                PL_A
L33
            M00021   M00031                                        P00021
            ─┤/├─    ─┤/├─      ─✳─                                ─( )─
S131                                                                PL_B
L34
            M00022   M00032                                        P00022
            ─┤/├─    ─┤/├─      ─✳─                                ─( )─
S135                                                                PL_C
L35
            M00023   M00033                                        P00023
            ─┤/├─    ─┤/├─      ─✳─                                ─( )─
S139                                                                PL_D
L36
            M00024   M00034                                        P00024
            ─┤/├─    ─┤/├─      ─✳─                                ─( )─
S143                                                                PL_E
L37
                                                                ┌─────┐
                                                                │ END │
S147                                                            └─────┘
L38
```

2019년 제66회 3일차 타임차트 이해

▮1 PLC 입·출력 배치도

(1) PLC 입력 8점 출력 6점 이상 수검자가 알맞은 PLC에 프로그램을 작성하며, 전원은 노이즈 대책을 세워서 결선한다.

(2) PLC는 단독 접지하고, RUN 모드상태로 부착한다.

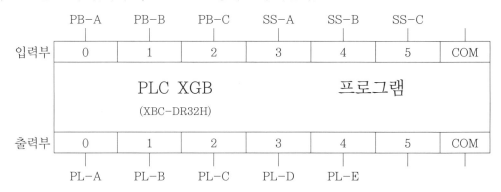

▮2 동작사항(타임차트 1)

(1) 타임차트의 1칸은 1초로 한다.

(2) 입력접점 SS-A를 On하면 동작하고, 입력접점 SS-A가 Off일 경우 소등 및 초기화된다.

> 참고 타임차트 1의 입력접점 SS-A와 타임차트 2의 입력접점 SS-B는 선입력 우선 [인터록] 회로이다.

(3) 입력접점 PB-A에 Rising Edge하면 출력 PL-A 및 PL-E가 점등되고, 1초 후 출력 PL-C가 점등되며, 1초 후 출력 PL-B 및 출력 PL-D 순으로 점등된다.

(4) 출력 PL-A~PL-E가 점등 후 입력접점 PB-B에 Rising Edge하면 출력 PL-B 및 출력 PL-D가 소등되고, 1초 후 출력 PL-C가 소등되며, 1초 후 출력 PL-A 및 출력 PL-E순으로 소등된다.

(5) 언제나 입력접점 PB-C에 Rising Edge하면 소등 및 초기화된다.

█ 3 타임차트 1

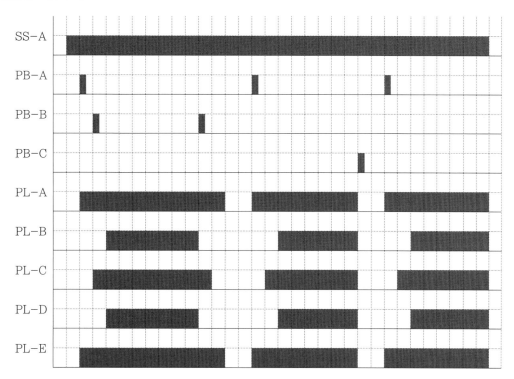

█ 4 동작사항(타임차트 2)

(1) 타임차트의 1칸은 1초로 한다.

(2) 입력접점 SS-B가 On하면 동작하고, 입력접점 SS-B가 Off일 경우 소등 및 초기화된다.

   참고 타임차트 1의 입력접점 SS-A와 타임차트 2의 입력접점 SS-B는 선입력 우선 [인터록] 회로이다.

(3) 입력접점 PB-A에 Rising Edge하면 J에 누적되고 최소값은 2, 최대값은 5이고, 입력접점 PB-B에 Rising Edge하면 G에 누적되고 최대값은 2이다.

(4) 입력접점 PB-A에 Rising Edge하면 J에 누적되고, 입력접점 PB-B에 Rising Edge 하면 G에 누적되며, 누적수를 덧셈하여 1초를 곱한 값만큼 출력 PL-A가 점등 후 소등 및 초기화된다.

(5) 입력접점 PB-A에 Rising Edge하면 J에 누적되고, 입력접점 PB-B에 Rising Edge하면 G에 누적되고 누적수를 뺄셈하여 1초를 곱한 값만큼 출력 PL-B가 점등 후 소등된다.

(6) 입력접점 SS-B가 On하면 출력 PL-C, 출력 PL-D, 출력 PL-E가 점등되고, 출력 PL-C는 출력 PL-A의 반전(NOT), 출력 PL-D는 출력 PL-B의 반전(NOT), 출력 PL-E는 출력 PL-A의 반전(NOT)이다.

(7) 언제나 입력접점 SS-C에 Rising Edge하면 소등 및 초기화된다.

5 타임차트 2

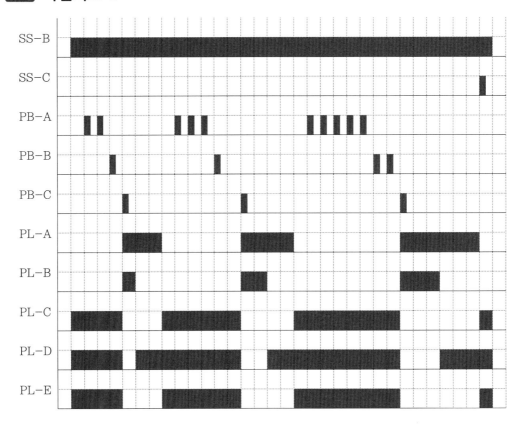

6 프로그램

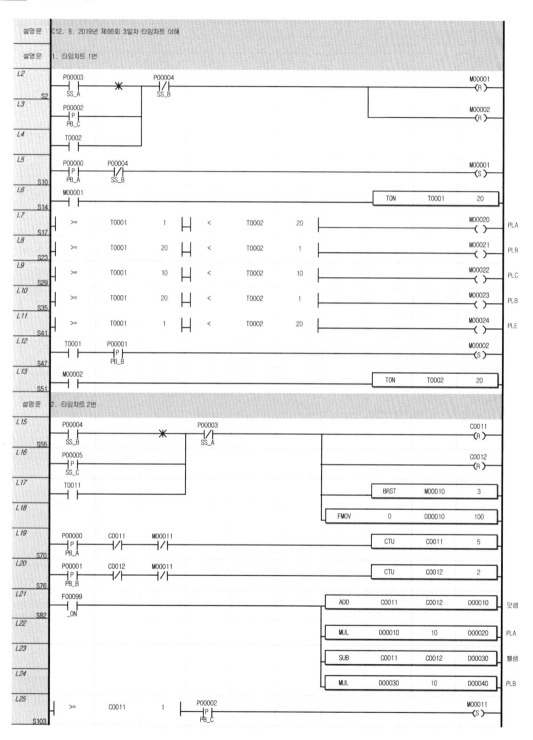

설명문 C12. 8. 2019년 제66회 3일차 타임차트 이해

설명문 1. 타임차트 1번

설명문 2. 타임차트 2번

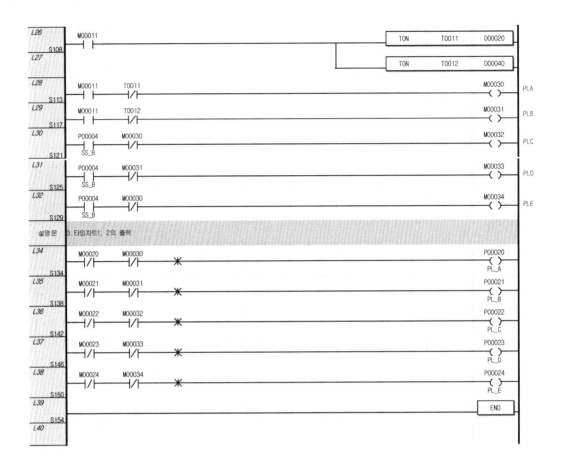

설명문   3.타임차트1, 2의 출력

2020년 제67회 1일차 타임차트 이해

1 PLC 입·출력 배치도

(1) PLC 입력 8점 출력 6점 이상 수검자가 알맞은 PLC에 프로그램을 작성하며, 전원 은 노이즈 대책을 세워서 결선한다.

(2) PLC는 단독 접지하고, RUN 모드상태로 부착한다.

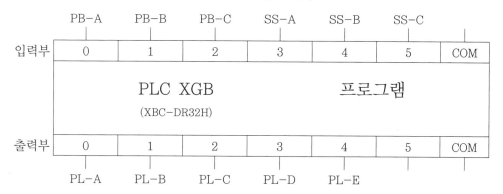

2 동작사항(타임차트 1)

(1) 타임차트의 1칸은 1초로 한다.

(2) 입력접점 SS-A가 On 및 입력접점 SS-B가 Off일 때 동작하고, 입력접점 SS-A가 Off 또는 입력접점 SS-B가 On일 경우 소등 및 초기화된다.

> **참고** PLC에서는 입력접점 SS-C는 사용하지 않고, 입력접점 SS-C의 배선은 PLC 의 단자대까지 연결한다.

(3) 입력접점 PB-A에 Negative하면 출력 PL-E~PL-A는 1초 간격 순으로 역차 점등 되고, 입력접점 PB-B에 Positive하면 출력 PL-A~PL-E는 1초 간격 순으로 순차 소등 및 초기화된다.

(4) 입력접점 PB-A에 Negative하여 출력 PL-E~PL-C가 1초 간격 순으로 역차 점등 되고 있는 중 PB-B에 Positive하면 출력 PL-C~PL-E는 1초 간격 순으로 순차 소 등 및 초기화된다.

(5) 언제나 입력접점 PB-C에 Positive하면 소등 및 초기화된다.

■3 타임차트 1

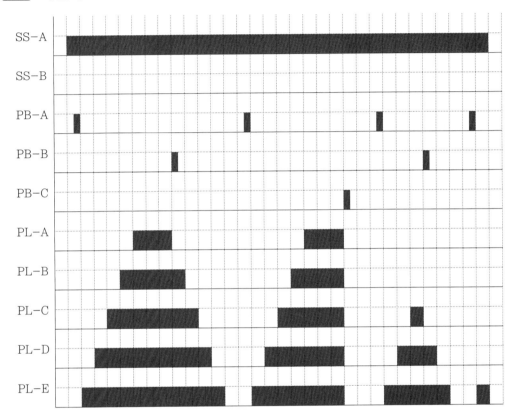

■4 동작사항(타임차트 2)

(1) 타임차트의 1칸은 1초로 한다.

(2) 입력접점 SS-A가 Off 및 입력접점 SS-B가 On일 때 동작하고, 입력접점 SS-A가 On 또는 입력접점 SS-B가 Off일 경우 소등 및 초기화된다.

> **참고** PLC에서는 입력접점 SS-C는 사용하지 않고, 입력접점 SS-C의 배선은 PLC 의 단자대까지 연결한다.

(3) 입력접점 PB-A에 Positive하면 J에 누적 저장되고, 입력접점 PB-B에 Positive하면 G에 누적 저장되며, 각각의 최대값은 5이다.

(4) J ≥ 1 이상일 때 입력접점 PB-C에 Positive하면 J와 G의 누적 저장값은 변경되지 않는다(항상 J값 > G값).

(5) J의 누적수와 G의 누적수를 더한 값에 1초를 곱한 값만큼 출력 PL-A가 점등 후 소등과 초기화된다.

(6) J의 누적수와 G의 누적수를 뺀 값에 1초를 곱셈한 값만큼 출력 PL-B가 점등 후 소등된다.

(7) 입력접점 SS-A가 Off 및 입력접점 SS-B가 On일 때 출력 PL-C가 점등되고, 출력 PL-A가 반전(NOT)하여 출력 PL-C가 동작한다.

(8) 입력접점 SS-A가 Off 및 입력접점 SS-B가 On일 때 출력 PL-D가 점등되고, 출력 PL-B가 반전(NOT)하여 출력 PL-D가 동작한다.

(9) 출력 PL-E는 출력 PL-A와 출력 PL-B의 Exclusive-OR(배타적 논리합) 회로로 동작된다.

5 타임차트 2

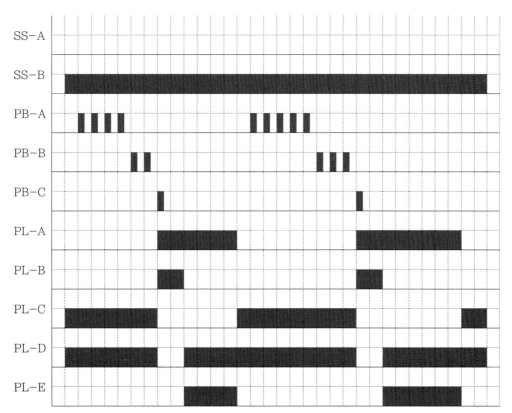

6 프로그램

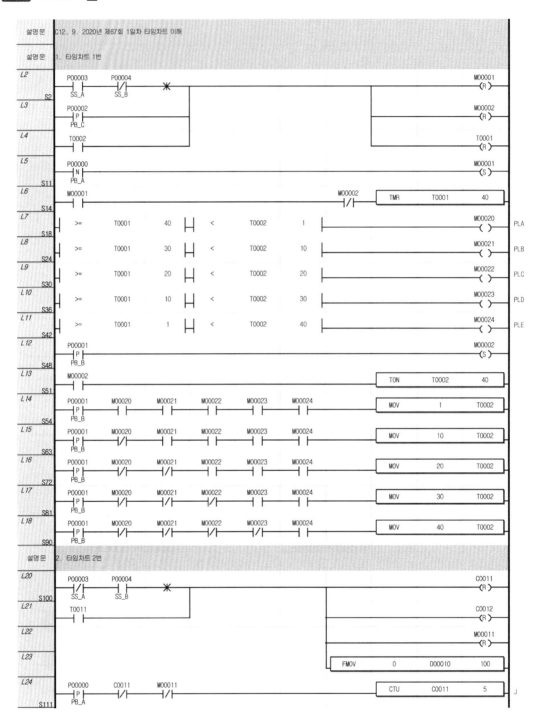

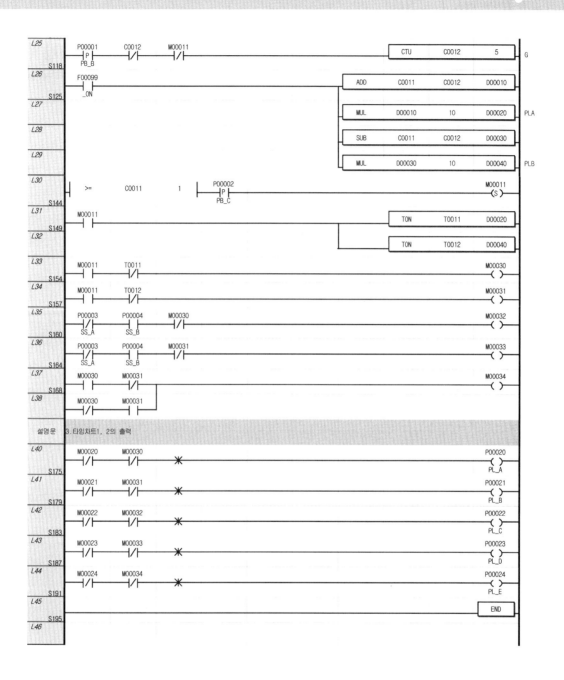

2020년 제67회 2일차 타임차트 이해

1 PLC 입·출력 배치도

(1) PLC 입력 8점 출력 6점 이상 수검자가 알맞은 PLC에 프로그램을 작성하며, 전원은 노이즈 대책을 세워서 결선한다.

(2) PLC는 단독 접지하고, RUN 모드상태로 부착한다.

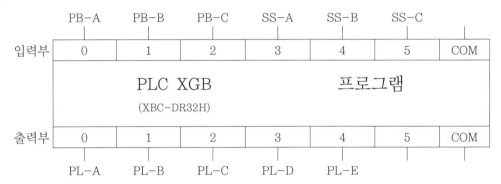

2 동작사항(타임차트 1)

(1) 타임차트의 1칸은 1초로 한다.

(2) 입력접점 SS-A가 On 및 입력접점 SS-B가 Off일 때 동작하고, 입력접점 SS-A가 Off 또는 입력접점 SS-B가 On일 경우 소등 및 초기화된다.

> **참고** PLC에서는 입력접점 SS-C는 사용하지 않고, 입력접점 SS-C의 배선은 PLC의 단자대까지 연결한다.

(3) 입력접점 PB-A에 Negative하면 출력 PL-E~PL-A는 1초 간격 순으로 역차 점등되고, 입력접점 PB-B에 Positive하면 출력 PL-E~PL-A가 1초 간격 순으로 역차 소등 및 초기화된다.

(4) 입력접점 PB-A에 Negative하여 출력 PL-E~PL-C가 1초 간격 순으로 점등되고 있는 중 입력접점 PB-B에 Positive하면 출력 PL-E~PL-C는 1초 간격 순으로 소등 및 초기화된다.

(5) 언제나 입력접점 PB-C에 Positive하면 소등 및 초기화된다.

█3 타임차트 1

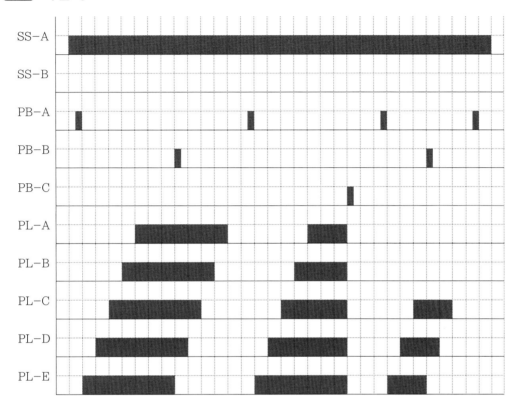

█4 동작사항(타임차트 2)

(1) 타임차트의 1칸은 1초로 한다.

(2) 입력접점 SS-A가 Off 및 입력접점 SS-B가 On일 때 동작하고, 입력접점 SS-A가 On 또는 입력접점 SS-B가 Off일 경우 소등 및 초기화된다.

> 참고 PLC에서는 입력접점 SS-C는 사용하지 않고, 입력접점 SS-C의 배선은 PLC 의 단자대까지 연결한다.

(3) 입력접점 PB-A에 Positive하면 J에 누적 저장되고 최대값은 5이다.

(4) J ≧ 1 이상일 때 입력접점 PB-B에 Positive하면 J의 누적 저장값은 변경되지 않는다.

(5) J의 누적수에 1초를 곱한 값만큼 출력 PL-A는 점등 1초 On / 1초 Off를 반복한다.

(6) J의 누적수에 1초를 곱한 값만큼 출력 PL-B는 점등 1초 Off / 1초 On을 반복한다.

(7) 입력접점 SS-A가 Off 및 입력접점 SS-B가 On일 때 출력 PL-C가 점등되고, 출력 PL-A는 반전(NOT)하여 출력 PL-C가 동작한다.

(8) 입력접점 SS-A가 Off 및 입력접점 SS-B가 On일 때 출력 PL-D가 점등되고, 출력 PL-B는 반전(NOT)하여 출력 PL-D가 동작한다.

(9) 출력 PL-E는 입력접점 PB-B에 Positive하면 점등되고 PB-C에 Positive하면 소등 및 초기화된다.

5 타임차트 2

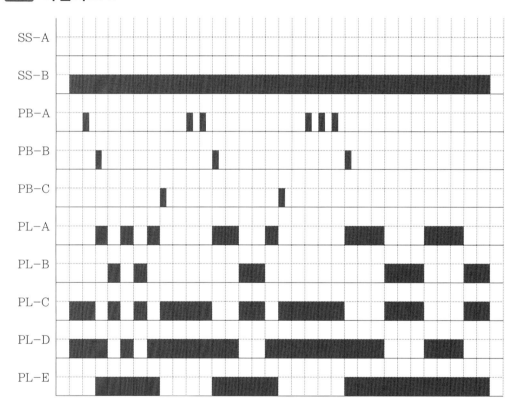

6 프로그램

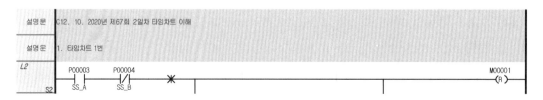

318

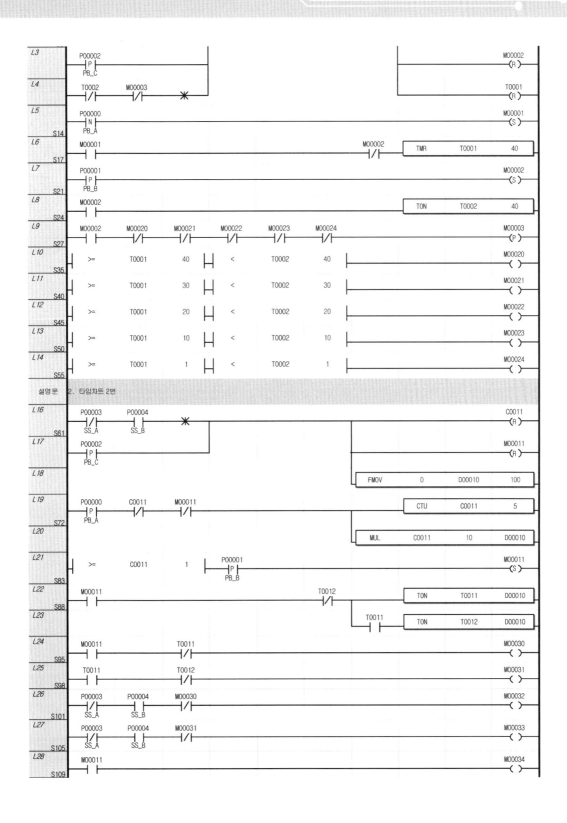

설명문 2. 타임차트 2번

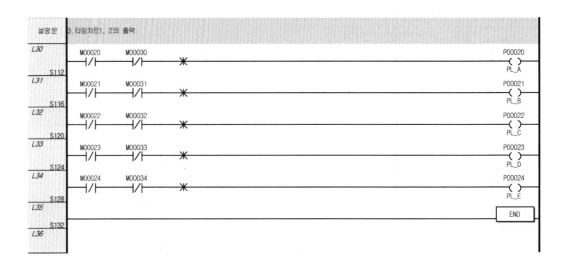

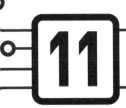

2020년 제67회 3일차 타임차트 이해

1 PLC 입·출력 배치도

(1) PLC 입력 8점 출력 6점 이상 수검자가 알맞은 PLC에 프로그램을 작성하며, 전원은 노이즈 대책을 세워서 결선한다.

(2) PLC는 단독 접지하고, RUN 모드상태로 부착한다.

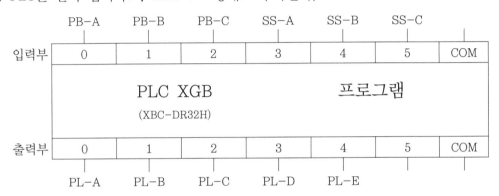

2 동작사항(타임차트 1)

(1) 타임차트의 1칸은 1초로 한다.

(2) 입력접점 SS-A가 On 및 입력접점 SS-B가 Off일 때 동작하고, 입력접점 SS-A가 Off 또는 입력접점 SS-B가 On일 경우 소등 및 초기화된다.

　참고　PLC에서는 입력접점 SS-C는 사용하지 않고, 입력접점 SS-C의 배선은 PLC의 단자대까지 연결한다.

(3) 입력접점 PB-A에 Negative하면 출력 PL-A, 출력 PL-B, 출력 PL-C, 출력 PL-D, 출력 PL-E가 1초 간격 순으로 순차 점멸을 반복한다.

(4) 입력접점 PB-B에 Negative하면 출력 PL-E, 출력 PL-D, 출력 PL-C, 출력 PL-B, 출력 PL-A가 1초 간격 순으로 역차 점멸을 반복한다.

(5) 입력접점 PB-A와 입력접점 PB-B는 후입력 우선 회로이고, 입력접점 PB-C에 Positive하면 소등과 초기화된다.

321

(6) 언제나 입력접점 PB-C에 Positive하면 소등 및 초기화된다.

3 타임차트 1

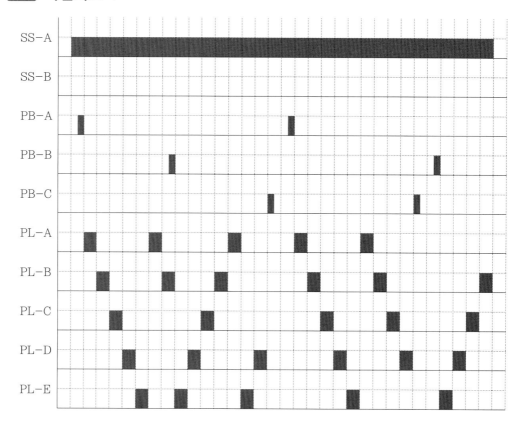

4 동작사항(타임차트 2)

(1) 타임차트의 1칸은 1초로 한다.

(2) 입력접점 SS-A가 Off 및 입력접점 SS-B가 On일 때 동작하고, 입력접점 SS-A가
On 또는 입력접점 SS-B가 Off일 경우 소등 및 초기화된다.

> 참고 PLC에서는 입력접점 SS-C는 사용하지 않고, 입력접점 SS-C의 배선은 PLC
> 의 단자대까지 연결한다.

(3) 입력접점 PB-A에 Positive하면 M에 누적 저장되고 최대값은 5이다.

(4) 입력접점 PB-B에 Positive하면 N에 누적 저장되고 최대값은 5이다.

(5) M ≧ 1 및 N ≧ 1 이상일 때 입력접점 PB-C에 Negative하면 M, N의 누적 저장값
은 변경되지 않는다.

(6) 출력 PL-A는 N의 누적수에 1초를 곱한 값만큼 N초 On / N초 Off를 M회 반복 후 소등된다.

(7) 출력 PL-B는 M의 누적수와 N의 누적수를 곱한 값에 1초를 곱한 값만큼 점등 후 소등된다.

(8) 출력 PL-A 및 출력 PL-B는 동작 완료 후 소등과 초기화된다.

(9) 출력 PL-C는 입력접점 SS-A가 Off 및 입력접점 SS-B가 On일 때 점등되고, 출력 PL-A가 반전(NOT)하여 동작한다.

(10) 출력 PL-D는 입력접점 SS-A가 Off 및 입력접점 SS-B가 On일 때 점등되고, 출력 PL-B가 반전(NOT)하여 동작한다.

(11) 출력 PL-E는 출력 PL-A가 반전(NOT)하여 동작된다.

5 타임차트 2

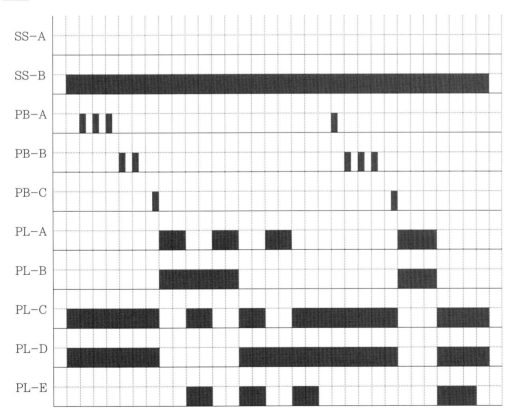

6 프로그램

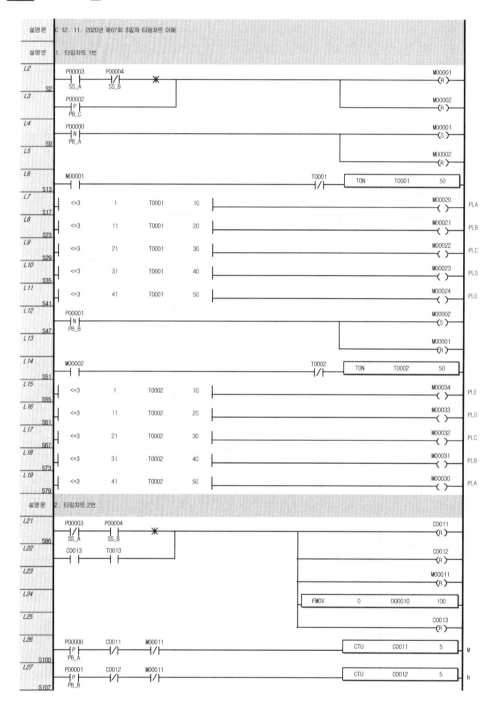

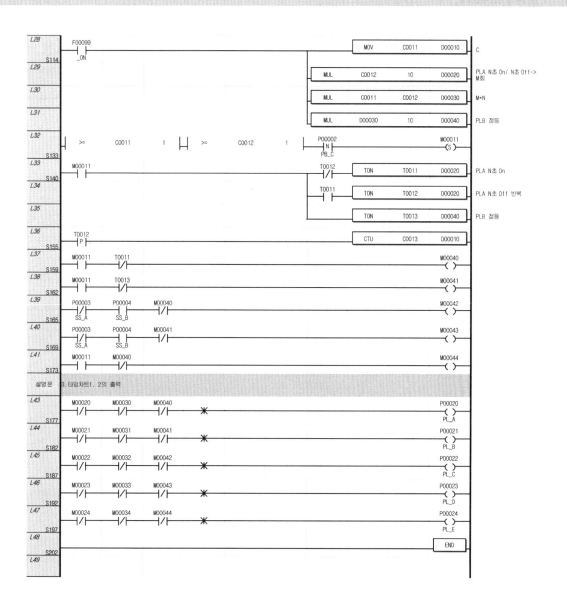

설명문 3. 타임차트1, 2의 출력

2020년 제68회 1일차 타임차트 이해

1 PLC 입·출력 배치도

(1) PLC 입력 8점 출력 6점 이상 수검자가 알맞은 PLC에 프로그램을 작성하며, 전원은 노이즈 대책을 세워서 결선한다.

(2) PLC는 단독 접지하고, RUN 모드상태로 부착한다.

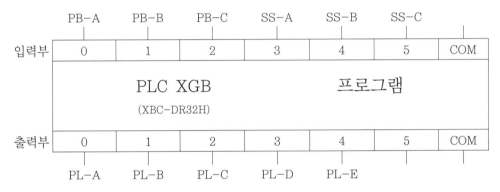

2 동작사항(타임차트 1)

(1) 타임차트의 1칸은 1초로 한다.

(2) 입력접점 SS-A가 On 및 입력접점 SS-B가 Off일 때 동작하고, 입력접점 SS-A가 Off 또는 입력접점 SS-B가 On일 경우 소등 및 초기화된다.

(3) 입력접점 PB-A에 Falling Edge하면 출력 PL-C, 출력 PL-B 및 출력 PL-D, 출력 PL-A 및 출력 PL-E가 1초 간격 순으로 점등된다.

(4) 출력 PL-C~PL-A가 점등 후 입력접점 PB-B에 Rising Edge하면 출력 PL-A 및 출력 PL-E, 출력 PL-B 및 출력 PL-D, 출력 PL-C가 1초 간격 순으로 소등된다.

(5) 입력접점 PB-A에 Falling Edge하여 출력 PL-C, 출력 PL-B 및 PL-D가 1초 간격 순으로 점등되고 있는 중 입력접점 PB-B에 Falling Edge하면 출력 PL-B 및 PL-D, 출력 PL-C가 1초 간격 순으로 소등 및 초기화된다.

(6) 언제나 입력접점 PB-C에 Rising Edge하면 소등 및 초기화된다.

3 타임차트 1

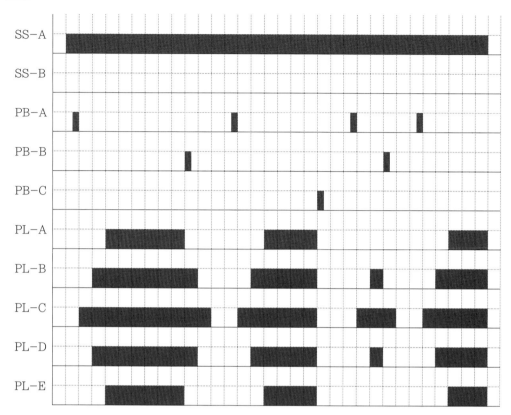

4 동작사항(타임차트 2)

(1) 타임차트의 1칸은 1초로 한다.

(2) 입력접점 SS-A가 Off 및 입력접점 SS-B가 On일 때 동작하고, 입력접점 SS-A가 On 또는 입력접점 SS-B가 Off일 경우 소등 및 초기화된다.

(3) 입력접점 PB-A에 Rising Edge하면 N에 누적 저장되고 최대값은 4이다.

(4) 입력접점 PB-B에 Rising Edge하면 M에 누적 저장되고 최대값은 5이다.

(5) M > N ≧ 1 이상일 때 입력접점 PB-C에 Falling Edge하면 N, M의 누적 저장값은 변경되지 않는다.

(6) 출력 PL-A는 N의 누적수에 1초를 곱한 값으로 N초 On / (M-N)×1초 Off를 반복한다.

(7) 출력 PL-B는 N의 누적수에 1초를 곱한 값으로 N초 Off /(M-N)×1초 On을 반복한다.

(8) 출력 PL-C는 입력접점 SS-A가 Off 및 입력접점 SS-B가 On일 때 점등되고, 출력 PL-A는 반전(NOT)하여 출력 PL-C가 동작한다.

(9) 출력 PL-D는 입력접점 SS-A가 Off 및 입력접점 SS-B가 On일 때 점등되고, 출력 PL-B는 반전(NOT)하여 출력 PL-D가 동작한다.

(10) 출력 PL-E는 출력 PL-A와 PL-B의 Exclusive-OR(배타적 논리합) 회로로 동작된다.

(11) 언제나 입력접점 SS-C에 Rising Edge하면 소등 및 초기화된다.

■5 타임차트 2

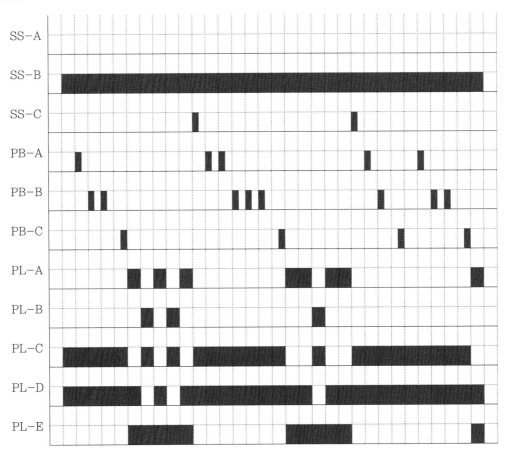

6 프로그램

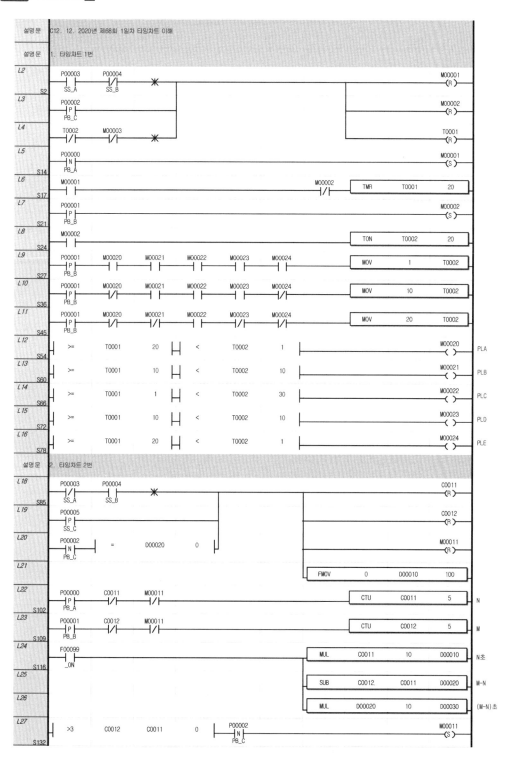

설명문	C12. 12. 2020년 제68회 1일차 타임차트 이해
설명문	1. 타임차트 1번

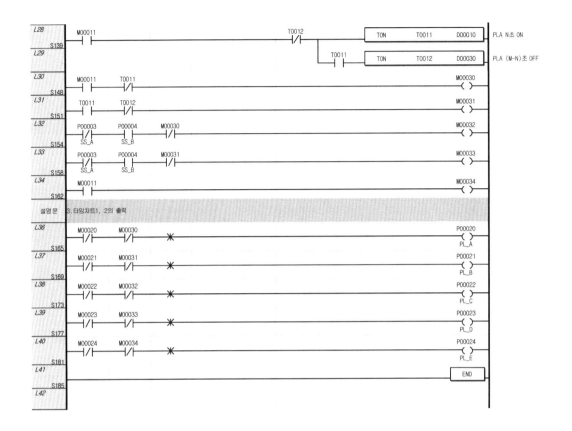

설명문 3. 타임차트1, 2의 출력

330

13 2020년 제68회 2일차 타임차트 이해

1 PLC 입·출력 배치도

(1) PLC 입력 8점 출력 6점 이상 수검자가 알맞은 PLC에 프로그램을 작성하며, 전원은 노이즈 대책을 세워서 결선한다.

(2) PLC는 단독 접지하고, RUN 모드상태로 부착한다.

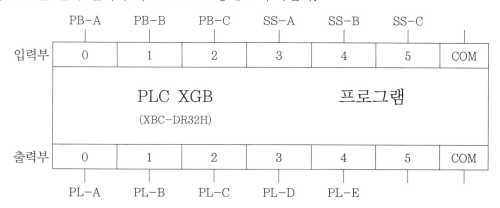

2 동작사항(타임차트 1)

(1) 타임차트의 1칸은 1초로 한다.

(2) 입력접점 SS-A가 On 및 입력접점 SS-B가 Off일 때 동작하고, 입력접점 SS-A가 Off 또는 입력접점가 SS-B On일 경우 소등 및 초기화된다.

(3) 입력접점 PB-A에 Falling Edge하면 출력 PL-A 및 출력 PL-E, 출력 PL-B 및 출력 PL-D, 출력 PL-C는 1초 간격 순으로 점등된다.

(4) 출력 PL-A~PL-E가 점등 후 입력접점 PB-B에 Rising Edge하면 출력 PL-A 및 출력 PL-E, 출력 PL-B 및 출력 PL-D, 출력 PL-C는 1초 간격 순으로 소등된다.

(5) 입력접점 PB-A에 Falling Edge하여 출력 PL-A 및 출력 PL-E, 출력 PL-B 및 출력 PL-D가 1초 간격 순으로 점등되고 있는 중 입력접점 PB-B에 Falling Edge

하면 출력 PL-B 및 PL-D, 출력 PL-A 및 PL-E는 1초 간격 순으로 소등 및 초기화된다.

(6) 언제나 입력접점 PB-C에 Rising Edge하면 소등 및 초기화된다.

■3 타임차트 1

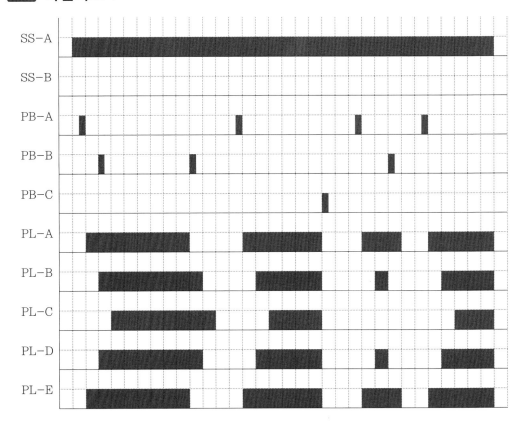

■4 동작사항(타임차트 2)

(1) 타임차트의 1칸은 1초로 한다.

(2) 입력접점 SS-A가 Off 및 입력접점 SS-B가 On일 때 동작하고, 입력접점 SS-A가 On 또는 입력접점 SS-B가 Off일 경우 소등 및 초기화된다.

(3) 입력접점 PB-A에 Rising Edge하면 N에 누적 저장되고 최대값은 5이다.

(4) 입력접점 PB-B에 Rising Edge하면 M에 누적 저장되고 최대값은 5이다.

(5) N ≧ 1, M ≧ 1 이상일 때 입력접점 PB-C에 Falling Edge하면 N, M의 누적 저장
값은 변경되지 않는다.

(6) N의 누적수가 1이면 PL-A, 2이면 PL-B, 3이면 PL-C, 4이면 PL-D, 5이면
PL-E에 표시하고, M의 누적수에 1초를 곱한 값만큼 점등 후 소등 및 초기화된다.

(7) 언제나 입력접점 SS-C에 Rising Edge하면 소등 및 초기화된다.

5 타임차트 2

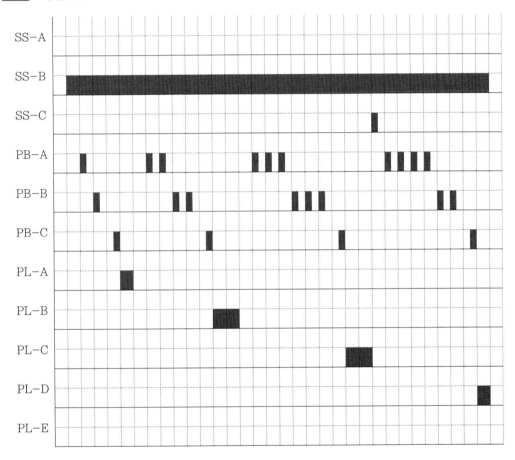

▋6 프로그램

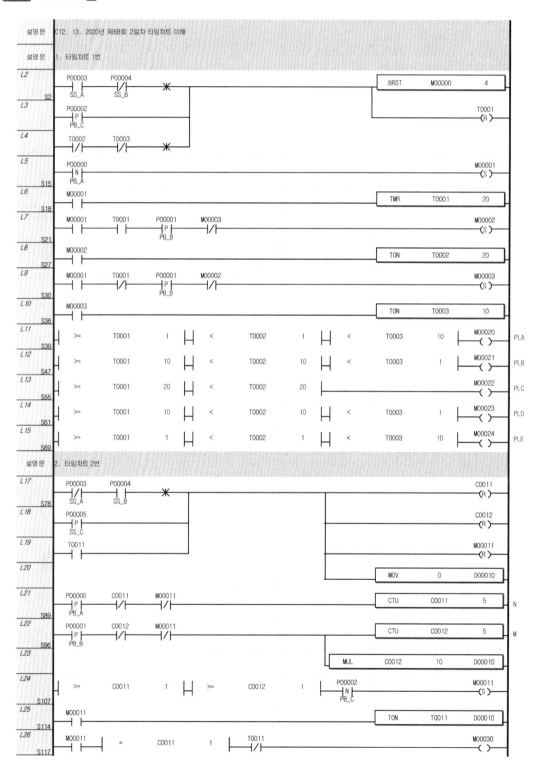

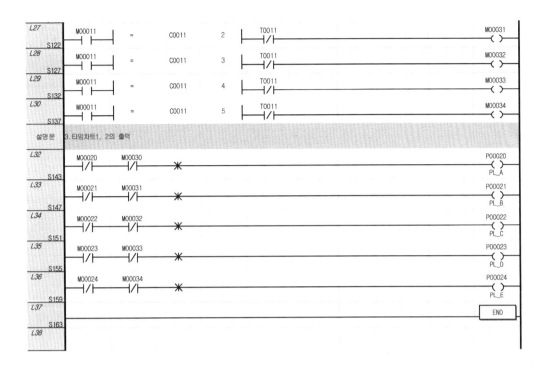

2020년 제68회 3일차 타임차트 이해

1 PLC 입 · 출력 배치도

(1) PLC 입력 8점 출력 6점 이상 수검자가 알맞은 PLC에 프로그램을 작성하며, 전원은 노이즈 대책을 세워서 결선한다.

(2) PLC는 단독 접지하고, RUN 모드상태로 부착한다.

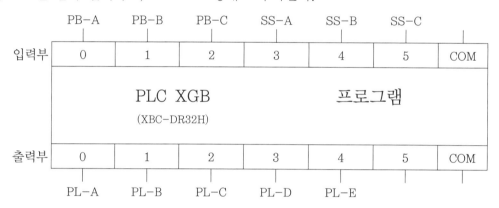

2 동작사항(타임차트 1)

(1) 타임차트의 1칸은 1초로 한다.

(2) 입력접점 SS-A가 On 및 입력접점 SS-B가 Off일 때 동작하고, 입력접점 SS-A가 Off 또는 입력접점 SS-B가 On일 경우 소등 및 초기화된다.

(3) 입력접점 PB-A에 Rising Edge하면 출력 PL-C, 출력 PL-B 및 출력 PL-D, 출력 PL-A 및 출력 PL-E가 1초 간격 순으로 점멸을 반복한다.

(4) 입력접점 PB-A에 Rising Edge하여 출력 PL-C, 출력 PL-B 및 출력 PL-D, 출력 PL-A 및 출력 PL-E가 1초 간격 순으로 점멸을 반복하는 중 입력접점 PB-B에 Rising Edge하면 2초 동안 반복 후 소등 및 초기화된다.

(5) 언제나 입력접점 PB-C에 Rising Edge하면 소등 및 초기화된다.

3 타임차트 1

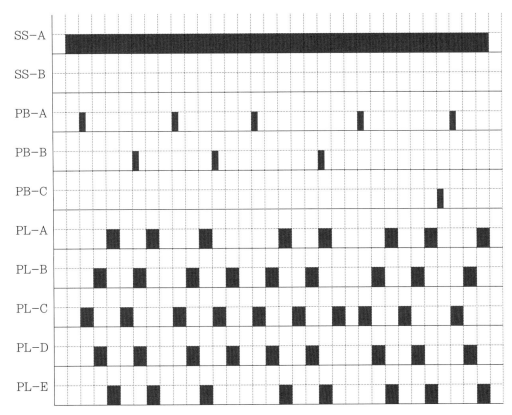

4 동작사항(타임차트 2)

(1) 타임차트의 1칸은 1초로 한다.

(2) 입력접점 SS-A가 Off 및 입력접점 SS-B가 On일 때 동작하고, 입력접점 SS-A가 On 또는 입력접점 SS-B가 Off일 경우 소등 및 초기화된다.

(3) 입력접점 PB-A에 Rising Edge하면 N에 누적 저장되고 최대값은 5이다.

(4) 입력접점 PB-B에 Rising Edge하면 M에 누적 저장되고 최대값은 5이다.

(5) N ≧ 1 및 M ≧ 1 이상일 때 입력접점 PB-C에 Falling Edge하면 N, M의 누적 저장값은 변경되지 않는다.

(6) 출력 PL-A는 1초 On / 1초 Off N회 점멸하고, M초 점등 후 소등되며, 출력 PL-B는 M초 Off / M초 On 점멸하고, 1초 Off / 1초 On N회 점멸하고 소등 및 초기화된다.

　참고 M의 누적값에 1초 곱한 값을 M초라 한다.

(7) 출력 PL-C는 입력접점 SS-A가 Off 및 입력접점 SS-B가 On일 때 점등되고, 출력 PL-A가 반전(NOT)하여 출력 PL-C가 동작한다.

(8) 출력 PL-D는 입력접점 SS-A가 Off 및 입력접점 SS-B가 On일 때 점등되고, 출력 PL-B가 반전(NOT)하여 출력 PL-D가 동작한다.

(9) 출력 PL-E는 출력 PL-A와 PL-B의 Exclusive-OR(배타적 논리합) 회로로 동작된다.

(10) 언제나 입력접점 SS-C에 Rising Edge하면 소등 및 초기화된다.

5 타임차트 2

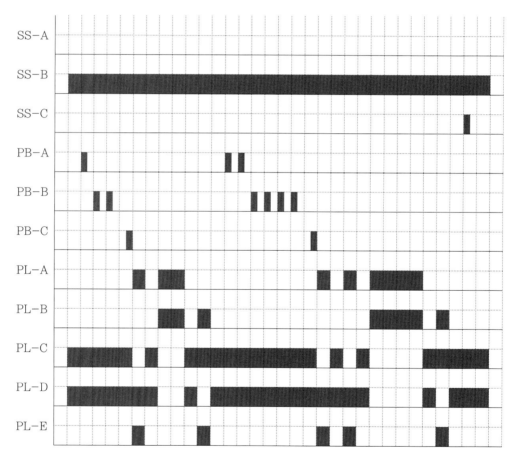

6 프로그램

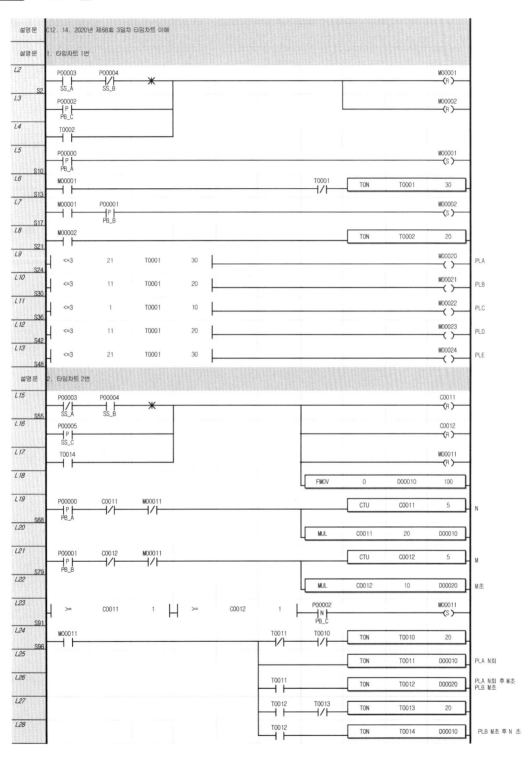

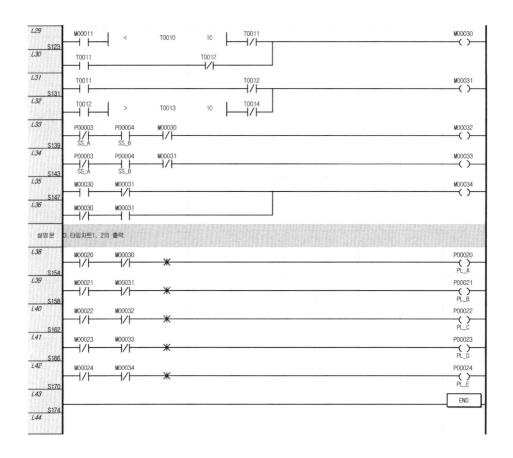

설명문   3. 타임차트1, 2의 출력

2021년 제69회 1일차 타임차트 이해

1 PLC 입·출력 배치도

(1) PLC 입력 8점 출력 6점 이상 수검자가 알맞은 PLC에 프로그램을 작성하며, 전원은 노이즈 대책을 세워서 결선한다.

(2) PLC는 단독 접지하고, RUN 모드상태로 부착한다.

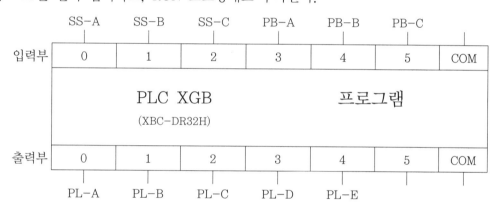

2 동작사항(타임차트 1)

(1) 타임차트의 1칸은 1초로 한다.

(2) 입력접점 SS-A가 On 및 입력접점 SS-B가 Off일 때 동작하고, 입력접점 SS-A가 Off 또는 입력접점 SS-B가 On일 경우 소등 및 초기화된다.

(3) 입력접점 PB-A와 입력접점 PB-B는 선입력 우선(인터록) 회로이다.

(4) 입력접점 PB-A에 Falling Edge하면 출력 PL-A, 출력 PL-B, 출력 PL-C, 출력 PL-D, 출력 PL-E는 1초 간격 순으로 순차 점멸을 반복한다.

(5) 입력접점 PB-B에 Falling Edge하면 출력 PL-E, 출력 PL-D, 출력 PL-C, 출력 PL-B, 출력 PL-A는 1초 간격 순으로 역차 점멸을 반복한다.

(6) 언제나 입력접점 PB-C에 Rising Edge하면 소등 및 초기화된다.

3 타임차트 1

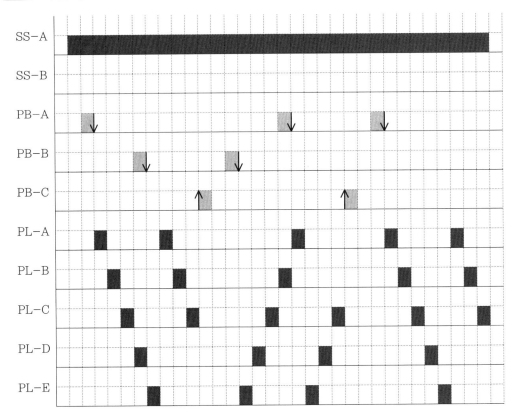

4 동작사항(타임차트 2)

(1) 타임차트의 1칸은 1초로 한다.

(2) 입력접점 SS-A가 Off 및 입력접점 SS-B가 On일 때 동작하고, 입력접점 SS-A가 On 또는 입력접점 SS-B가 Off일 경우 소등 및 초기화된다.

(3) 입력접점 PB-A에 Rising Edge하면 M에 누적 저장되고 최대값은 3이다.

(4) 입력접점 PB-B에 Rising Edge하면 N에 누적 저장되고 최대값은 3이다.

(5) M $\geq$ 1 또는 N $\geq$ 1 이상일 때 입력접점 PB-C에 Falling Edge하면 M, N의 누적 저장값은 변경되지 않는다.

(6) 출력 PL-A는 1초 On / 1초 Off M회 점멸 후 소등된다.

(7) 출력 PL-B는 1초 On / 1초 Off N회 점멸 후 소등 및 초기화된다.

(8) 출력 PL–C는 입력접점 SS–A가 Off 및 입력접점 SS–B가 On일 때 점등되고, 출력 PL–A는 반전(NOT)하여 출력 PL–C가 동작한다.

(9) 출력 PL–D는 입력접점 SS–A가 Off 및 입력접점 SS–B가 On일 때 점등되고, 출력 PL–B는 반전(NOT)하여 출력 PL–D가 동작한다.

(10) 출력 PL–E는 출력 PL–A와 PL–B의 Exclusive-OR(배타적 논리합) 회로로 동작된다.

(11) 언제나 입력접점 SS–C에 Falling Edge하면 소등 및 초기화된다.

5 타임차트 2

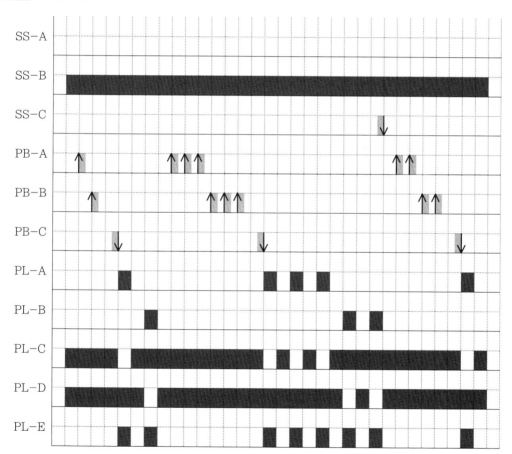

6 프로그램

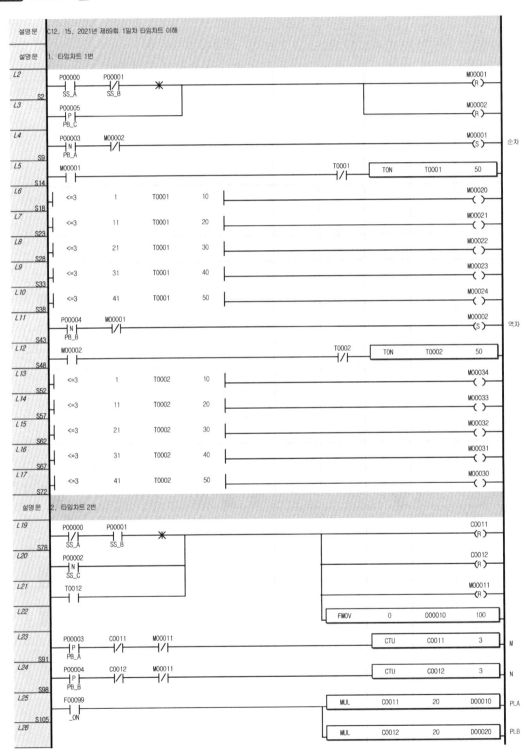

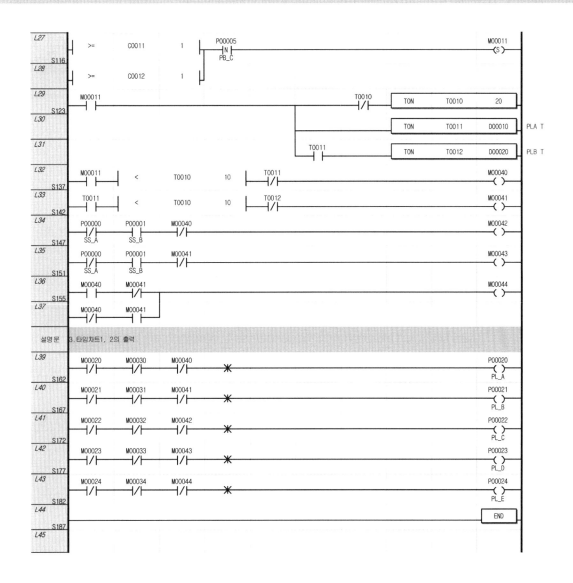

16 2021년 제69회 2일차 타임차트 이해

1 PLC 입·출력 배치도

(1) PLC 입력 8점 출력 6점 이상 수검자가 알맞은 PLC에 프로그램을 작성하며, 전원은 노이즈 대책을 세워서 결선한다.

(2) PLC는 단독 접지하고, RUN 모드상태로 부착한다.

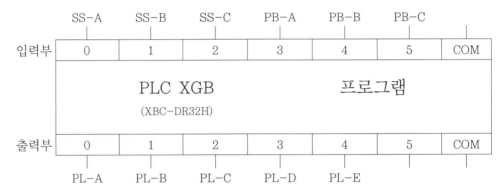

2 동작사항(타임차트 1)

(1) 타임차트의 1칸은 1초로 한다.

(2) 입력접점 SS-A가 On 및 입력접점 SS-B가 Off일 때 동작하고, 입력접점 SS-A가 Off 또는 입력접점 SS-B가 On일 경우 소등 및 초기화된다.

(3) 입력접점 PB-A에 Falling Edge하면 출력 PL-A 및 PL-E, 출력 PL-B 및 PL-D, 출력 PL-C는 1초 간격 순으로 점등된다.

(4) 입력접점 PB-B에 Rising Edge하면 출력 PL-C, 출력 PL-B 및 출력 PL-D, 출력 PL-A 및 출력 PL-E는 1초 간격 순으로 소등된다.

(5) 입력접점 PB-A에 Falling Edge하여 출력 PL-A 및 출력 PL-E, 출력 PL-B 및 출력 PL-D가 1초 간격 순으로 점등되고 있는 중 입력접점 PB-B에 Rising Edge하면 출력 PL-B 및 출력 PL-D, 출력 PL-A 및 출력 PL-E가 1초 간격 순으로 소등된다.

(6) 언제나 입력접점 PB-C를 On하면 소등 및 초기화된다.

3 타임차트 1

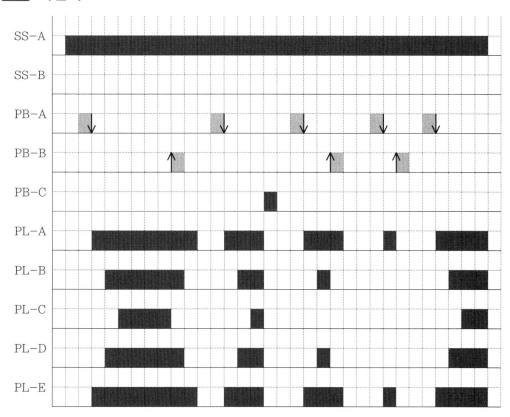

4 동작사항(타임차트 2)

(1) 타임차트의 1칸은 1초로 한다.

(2) 입력접점 SS-A가 Off 및 입력접점 SS-B가 On일 때 동작하고, 입력접점 SS-A가 On 또는 입력접점 SS-B가 Off일 경우 소등 및 초기화된다.

(3) 입력접점 PB-A에 Rising Edge하면 N에 누적 저장되고, 입력접점 PB-B에 Rising Edge하면 M에 누적 저장되며 각각의 최대값은 3이다.

(4) N ≧ 1 또는 M ≧ 1 이상일 때 입력접점 PB-C에 Falling Edge하면 N, M의 누적 저장값은 변경되지 않는다.
  참고 [N×1초]=N초라 하고, [M×1초]=M초라 한다.

(5) 출력 PL-A는 N초 On / M초 Off를 점멸 반복한다.

(6) 출력 PL-B는 (N×2초) On / (M×2초) Off를 점멸 반복한다.

(7) 출력 PL-C는 입력접점 SS-A가 Off 및 입력접점 SS-B가 On일 때 점등되고, 출력 PL-A는 반전(NOT)하여 출력 PL-C가 동작한다.

(8) 출력 PL-D는 입력접점 SS-A가 Off 및 입력접점 SS-B가 On일 때 점등되고, 출력 PL-B는 반전(NOT)하여 출력 PL-D가 동작한다.

(9) 출력 PL-E는 출력 PL-C와 PL-D의 Exclusive-OR(배타적 논리합) 회로로 동작된다.

(10) 언제나 입력접점 SS-C를 On하면 소등 및 초기화된다.

■5 타임차트 2

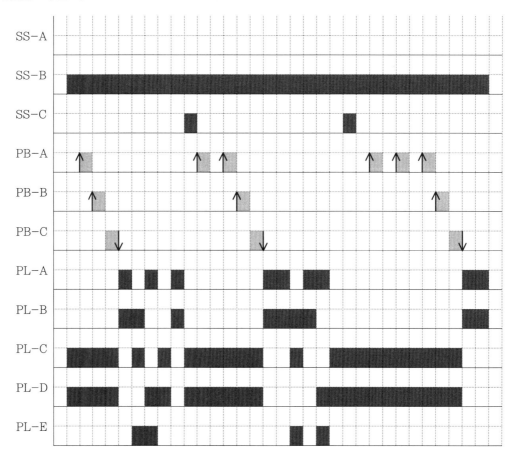

6 프로그램

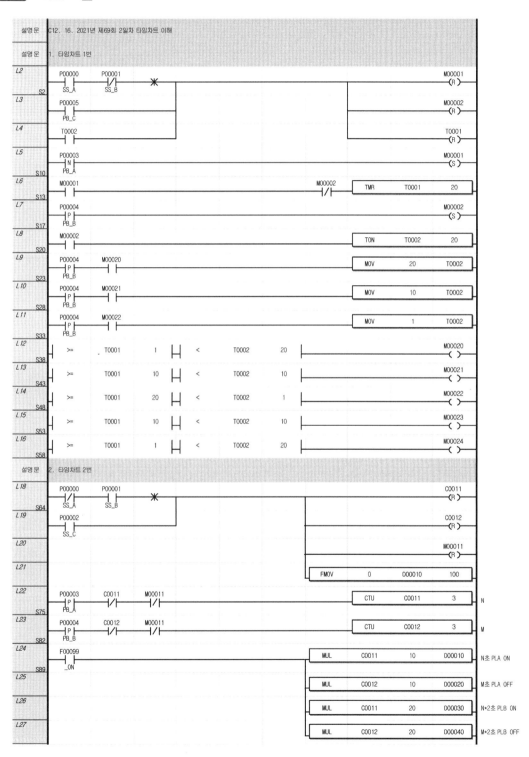

설명문 | C12. 16. 2021년 제69회 2일차 타임차트 이해

설명문 | 1. 타임차트 1번

L2 S2 — P00000 SS_A, P00001 SS_B, * — M00001 (R)

L3 — P00005 PB_C — M00002 (R)

L4 — T0002 — T0001 (R)

L5 S10 — P00003 ↑N PB_A — M00001 (S)

L6 S13 — M00001, M00002 ─/├ — TMR T0001 20

L7 S17 — P00004 ↑P PB_B — M00002 (S)

L8 S20 — M00002 — TON T0002 20

L9 S23 — P00004 ↑P PB_B, M00020 — MOV 20 T0002

L10 S28 — P00004 ↑P PB_B, M00021 — MOV 10 T0002

L11 S33 — P00004 ↑P PB_B, M00022 — MOV 1 T0002

L12 S38 — >= T0001 1, < T0002 20 — M00020 ( )

L13 S43 — >= T0001 10, < T0002 10 — M00021 ( )

L14 S48 — >= T0001 20, < T0002 1 — M00022 ( )

L15 S53 — >= T0001 10, < T0002 10 — M00023 ( )

L16 S58 — >= T0001 1, < T0002 20 — M00024 ( )

설명문 | 2. 타임차트 2번

L18 S64 — P00000 SS_A, P00001 SS_B, * — C0011 (R)

L19 — P00002 SS_C — C0012 (R)

L20 — M00011 (R)

L21 — FMOV 0 D00010 100

L22 S75 — P00003 ↑P PB_A, C0011 ─/├, M00011 ─/├ — CTU C0011 3 | N

L23 S82 — P00004 ↑P PB_B, C0012 ─/├, M00011 ─/├ — CTU C0012 3 | M

L24 S89 — F00099 _ON — MUL C0011 10 D00010 | N초 PLA ON

L25 — MUL C0012 10 D00020 | M초 PLA OFF

L26 — MUL C0011 20 D00030 | N*2초 PLB ON

L27 — MUL C0012 20 D00040 | M*2초 PLB OFF

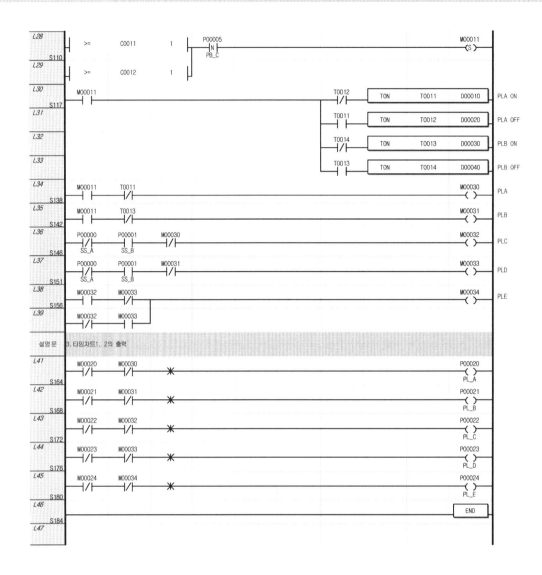

설명문 3.타임차트1, 2의 출력

2021년 제69회 3일차 타임차트 이해

1 PLC 입·출력 배치도

(1) PLC 입력 8점 출력 6점 이상 수검자가 알맞은 PLC에 프로그램을 작성하며, 전원은 노이즈 대책을 세워서 결선한다.

(2) PLC는 단독 접지하고, RUN 모드상태로 부착한다.

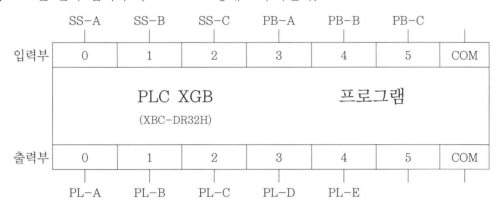

2 동작사항(타임차트 1)

(1) 타임차트의 1칸은 1초로 한다.

(2) 입력접점 SS-A가 On 및 입력접점 SS-B가 Off일 때 동작하고, 입력접점 SS-A가 Off 또는 입력접점 SS-B가 On일 경우 소등 및 초기화된다.

(3) 입력접점 PB-A에 Falling Edge하면 출력 PL-E, 출력 PL-D, 출력 PL-C, 출력 PL-B, 출력 PL-A가 2초 간격 순으로 역차 점등된다.

(4) 입력접점 PB-B에 Rising Edge하면 출력 PL-E, 출력 PL-D, 출력 PL-C, 출력 PL-B, 출력 PL-A가 2초 간격 순으로 역차 소등 및 초기화된다.

(5) 입력접점 PB-A에 Falling Edge하여 출력 PL-E, 출력 PL-D가 2초 간격 순으로 역차 점등되고 있을 때 입력접점 PB-B에 Rising Edge하면 출력 PL-E, 출력 PL-D는 2초 간격 순으로 역차 소등 및 초기화된다.

(6) 언제나 입력접점 PB-C를 On하면 소등 및 초기화된다.

3 타임차트 1

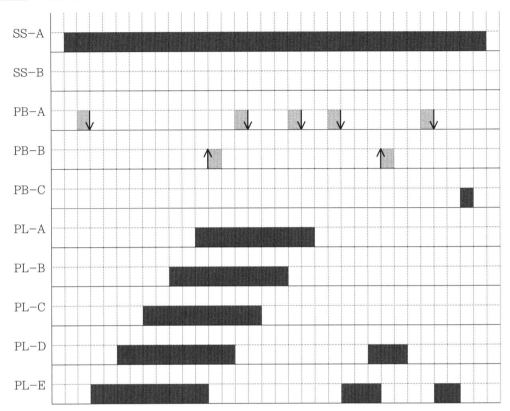

4 동작사항(타임차트 2)

(1) 타임차트의 1칸은 1초로 한다.

(2) 입력접점 SS-A가 Off 및 입력접점 SS-B가 On일 때 동작하고, 입력접점 SS-A가 On 또는 입력접점 SS-B가 Off일 경우 소등 및 초기화된다.

(3) 입력접점 PB-A에 Falling Edge하면 J에 누적 저장되고 최대값은 5이다.

(4) $J \geqq 1$ 이상일 때 입력접점 PB-B 또는 입력접점 PB-C에 Rising Edge하면 J의 누적 저장값은 변경되지 않는다.

(5) 입력접점 PB-B 또는 입력접점 PB-C에 Rising Edge하면 선입력 우선(인터록) 회로로 동작한다.

(6) J의 누적 저장값이 1인 경우 입력접점 PB-B에 Rising Edge하면 출력 PL-A가 점등 1초 후 소등되고, 입력접점 PB-C에 Rising Edge하면 출력 PL-A, 출력 PL-B, 출력 PL-C, 출력 PL-D, 출력 PL-E가 점등되고, 1초 후 1초 간격 순으로 순차 소등된다.

(7) J의 누적 저장값이 2인 경우 입력접점 PB-B에 Rising Edge하면 출력 PL-A, 출력 PL-B가 점등되고, 출력 PL-B, 출력 PL-A는 1초 후 1초 간격 순으로 역차 소등되며, 입력접점 PB-C에 Rising Edge하면 출력 PL-B, 출력 PL-C, 출력 PL-D, 출력 PL-E가 점등되고, 출력 PL-B, 출력 PL-C, 출력 PL-D, 출력 PL-E가 1초 후 1초 간격 순으로 순차 소등된다.

(8) J의 누적 저장값이 3인 경우 입력접점 PB-B에 Rising Edge하면 출력 PL-A, 출력 PL-B, 출력 PL-C가 점등되고, 출력 PL-C, 출력 PL-B, 출력 PL-A가 1초 후 1초 간격 순으로 역차 소등되며, 입력접점 PB-C에 Rising Edge하면 출력 PL-C, 출력 PL-D, 출력 PL-E가 점등되고, 출력 PL-C, 출력 PL-D, 출력 PL-E가 1초 후 1초 간격 순으로 순차 소등된다.

(9) J의 누적 저장값이 4인 경우 입력접점 PB-B에 Rising Edge하면 출력 PL-A, 출력 PL-B, 출력 PL-C, 출력 PL-D가 점등되고, 출력 PL-D, 출력 PL-C, 출력 PL-B, 출력 PL-A가 1초 후 1초 간격 순으로 역차 소등되며, 입력접점 PB-C에 Rising Edge하면 출력 PL-D, 출력 PL-E가 점등되고, 출력 PL-D, 출력 PL-E가 1초 후 1초 간격 순으로 순차 소등된다.

(10) J의 누적 저장값이 5인 경우 입력접점 PB-B에 Rising Edge하면 출력 PL-A, 출력 PL-B, 출력 PL-C, 출력 PL-D, 출력 PL-E가 점등되고, 출력 PL-E, 출력 PL-D, 출력 PL-C, 출력 PL-B, 출력 PL-A가 1초 후 1초 간격 순으로 역차 소등되며, 입력접점 PB-C에 Rising Edge하면 출력 PL-E가 점등되고, 1초 후 소등된다.

(11) 언제나 입력접점 SS-C를 On하면 소등 및 초기화된다.

5 타임차트 2

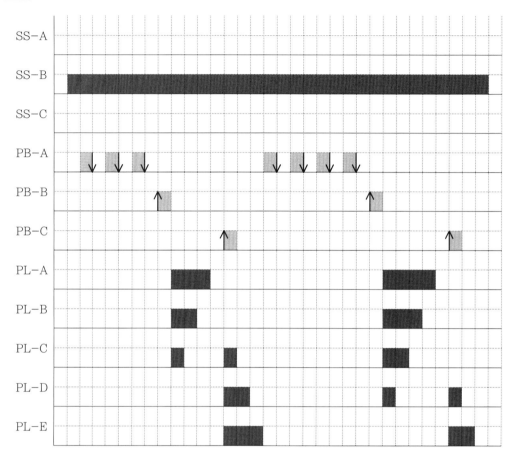

6 프로그램

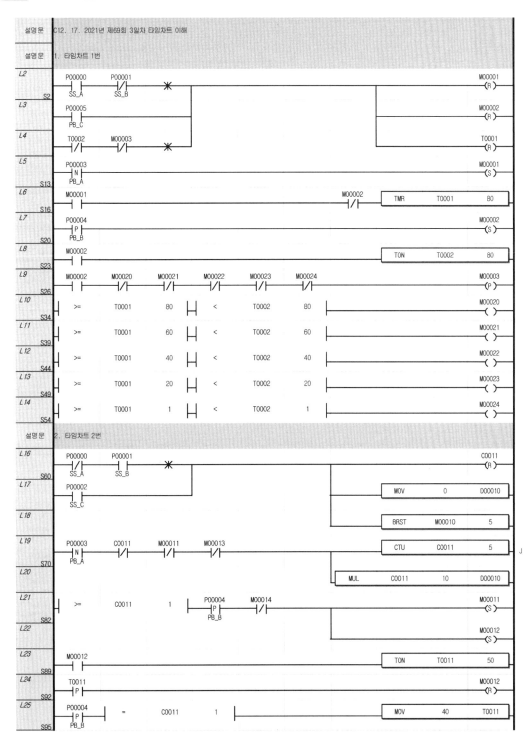

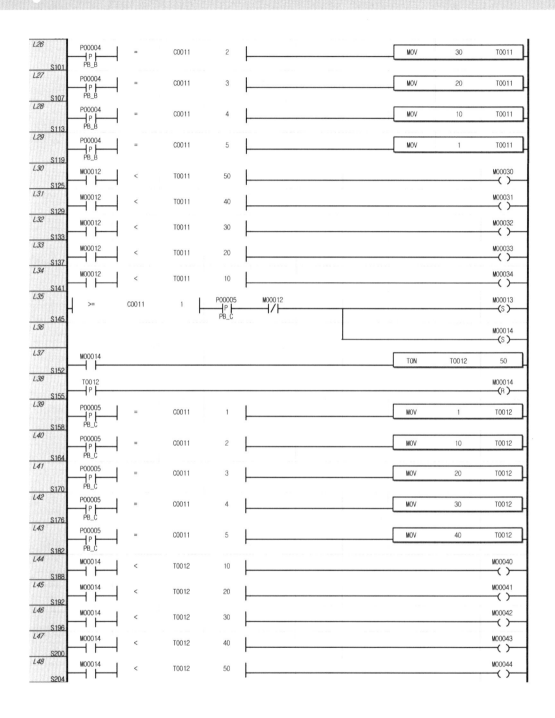

356

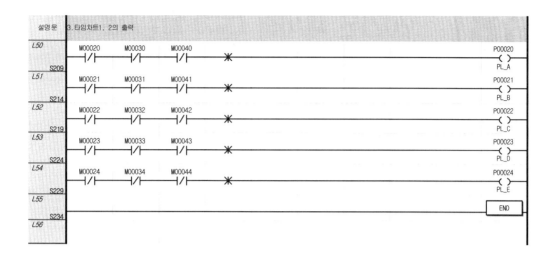

1 PLC 입·출력 배치도

(1) PLC 입력 8점 출력 6점 이상 수검자가 알맞은 PLC에 프로그램을 작성하며, 전원은 노이즈 대책을 세워서 결선한다.

(2) PLC는 단독 접지하고, RUN 모드상태로 부착한다.

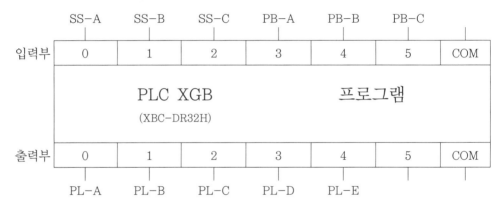

2 동작사항(타임차트 1)

(1) 타임차트의 1칸은 1초로 한다.

(2) 입력접점 SS-A가 On 및 입력접점 SS-B가 Off일 때 동작하고, 입력접점 SS-A가 Off 또는 입력접점 SS-B가 On일 경우 소등 및 초기화된다.

(3) 입력접점 PB-A에 Rising Edge하면 출력 PL-E, 출력 PL-D, 출력 PL-C, 출력 PL-B, 출력 PL-A가 2초 간격 순으로 역차 점멸 후 소등 및 초기화된다.

(4) 입력접점 PB-B에 Rising Edge하면 출력 PL-A, 출력 PL-B, 출력 PL-C, 출력 PL-D, 출력 PL-E가 2초 간격 순으로 순차 점멸 후 소등 및 초기화된다.

(5) 입력접점 PB-A 및 입력접점 PB-B에 Rising Edge하면 선입력 우선(인터록) 회로로 동작한다.

(6) 언제나 입력접점 PB-C에 Falling Edge하면 소등 및 초기화된다.

3 타임차트 1

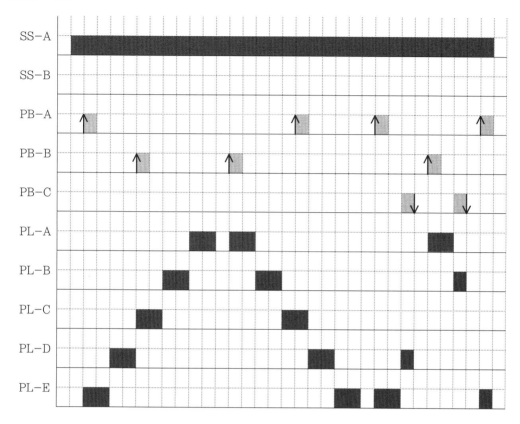

4 동작사항(타임차트 2)

(1) 타임차트의 1칸은 1초로 한다.

(2) 입력접점 SS-A가 Off 및 입력접점 SS-B가 On일 때 동작하고, 입력접점 SS-A가 On 또는 입력접점 SS-B가 Off일 경우 소등 및 초기화된다.

(3) 입력접점 PB-A를 On하면 J에 초단위로 누적 저장되고 최대값은 5초이며, 입력접점 PB-B를 On하면 G에 초단위로 누적 저장되며 최대값은 4초이고, 항상 J > G 이다.

(4) J ≧ 0.1 또는 G ≧ 0.1초 이상일 때 입력접점 PB-C에 Rising Edge하면 J 및 G의 누적 저장값은 변경되지 않는다.

(5) 출력 PL-A는 (J÷G)×1초 On / (J÷G)×1초 Off 점멸을 (J÷1초)회 반복 후 소등 및 초기화된다.

　참고 정수 계산 후 몫만 사용한다.

(6) 출력 PL-B는 (J÷G)×1초 점등 후 소등한다.

참고 정수 계산 후 몫만 사용한다.

(7) 출력 PL-C는 입력접점 SS-A가 Off 및 입력접점 SS-B가 On일 때 점등되고, 출력 PL-A는 반전(NOT)하여 출력 PL-C가 동작한다.

(8) 출력 PL-D는 입력접점 SS-A가 Off 및 입력접점 SS-B가 On일 때 점등되고, 출력 PL-B는 반전(NOT)하여 출력 PL-D가 동작한다.

(9) 출력 PL-E는 출력 PL-C와 출력 PL-D의 Exclusive-OR(배타적 논리합) 회로로 동작된다.

(10) 언제나 입력접점 SS-C에 Rising Edge하면 소등 및 초기화된다.

5 타임차트 2

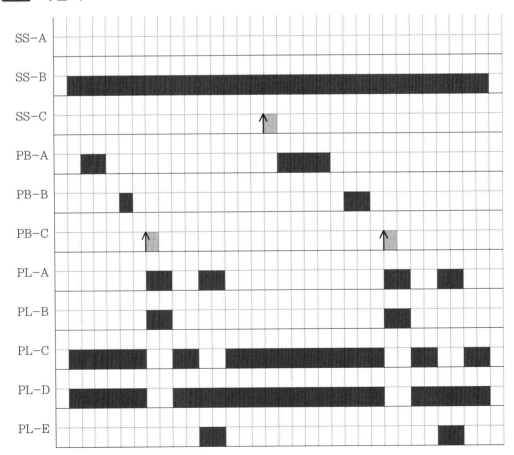

6 프로그램

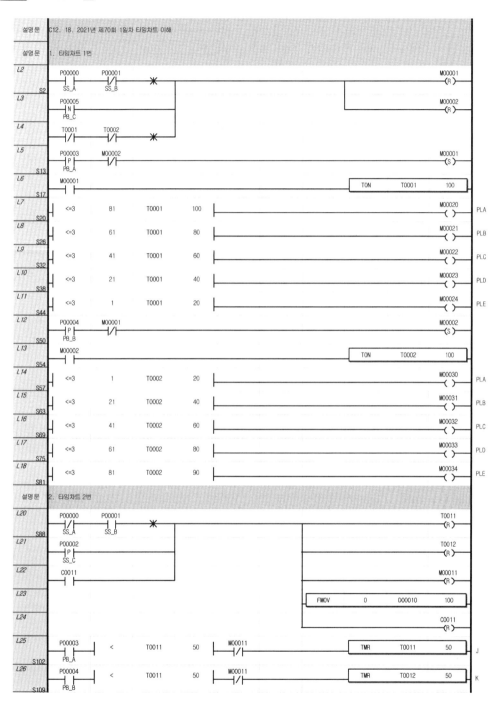

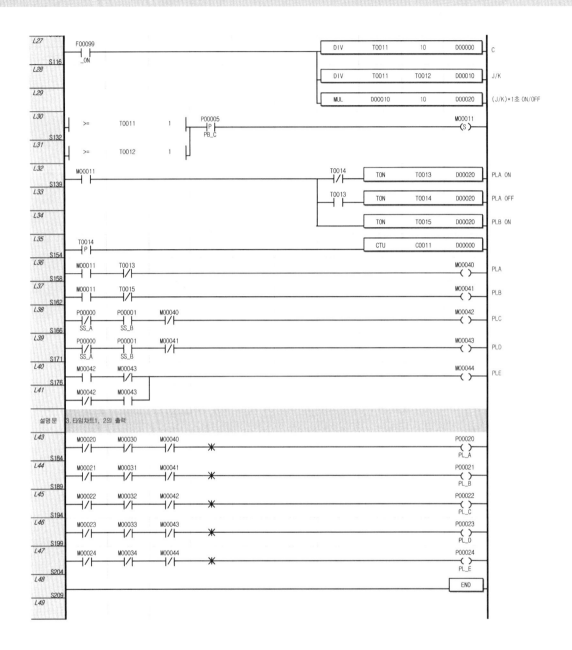

설명문   3.타임차트1, 2의 출력

362

2021년 제70회 2일차 타임차트 이해

▮1 PLC 입·출력 배치도

(1) PLC 입력 8점 출력 6점 이상 수검자가 알맞은 PLC에 프로그램을 작성하며, 전원은 노이즈 대책을 세워서 결선한다.

(2) PLC는 단독 접지하고, RUN 모드상태로 부착한다.

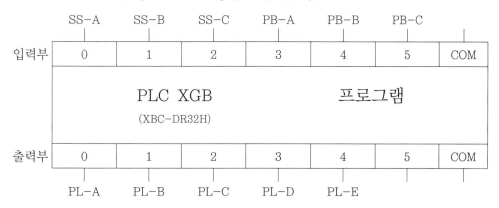

▮2 동작사항(타임차트 1)

(1) 타임차트의 1칸은 1초로 한다.

(2) 입력접점 SS-A가 On 및 SS-B가 Off일 때 동작하고, SS-A가 Off 또는 SS-B가 On일 경우 소등 및 초기화된다.

(3) 입력접점 PB-A와 입력접점 PB-B에 Falling Edge하면 선입력 우선(인터록) 회로로 동작한다.

(4) 입력접점 PB-A와 입력접점 PB-B에 Falling Edge하면 타임차트 1과 같이 동작한다.

(5) 언제나 입력접점 PB-C에 Rising Edge하면 소등 및 초기화된다.

▣3 타임차트 1

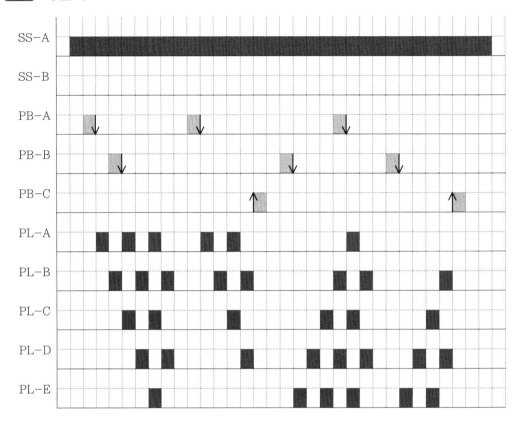

▣4 동작사항(타임차트 2)

(1) 타임차트의 1칸은 1초로 한다.

(2) 입력접점 SS-A가 Off 및 입력접점 SS-B가 On일 때 동작하고, 입력접점 SS-A가 On 또는 입력접점 SS-B가 Off일 경우 소등 및 초기화된다.

(3) 입력접점 PB-A에 Rising Edge하면 J에 누적 저장되고, 입력접점 PB-B에 Rising Edge하면 K에 누적 저장되며 각각의 최대값은 5이다.

(4) J ≧ 1 및 K ≧ 1초 이상일 때 입력접점 PB-C에 Falling Edge하면 J 및 K의 누적 저장값은 변경되지 않는다.

(5) 출력 PL-A는 J가 1이면 1초 On / 1초 Off K회 반복 후 소등 및 초기화된다.

(6) 출력 PL-B는 J가 2이면 1초 On / 1초 Off K회 반복 후 소등 및 초기화된다.

(7) 출력 PL-C는 J가 3이면 1초 On / 1초 Off K회 반복 후 소등 및 초기화된다.

(8) 출력 PL-D는 J가 4이면 1초 On / 1초 Off K회 반복 후 소등 및 초기화된다.

(9) 출력 PL-E는 J가 5이면 1초 On / 1초 Off K회 반복 후 소등 및 초기화된다.

(10) 언제나 입력접점 SS-C를 On하면 소등 및 초기화된다.

5 타임차트 2

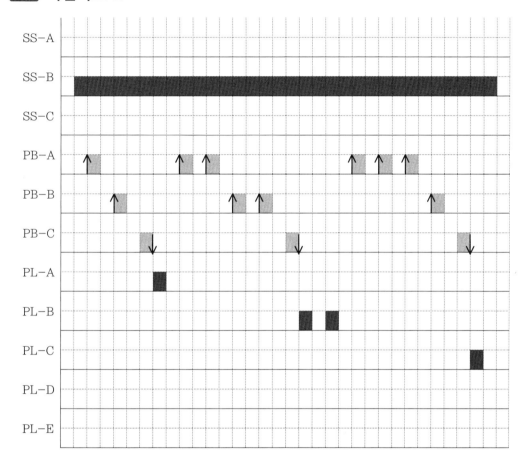

6 프로그램

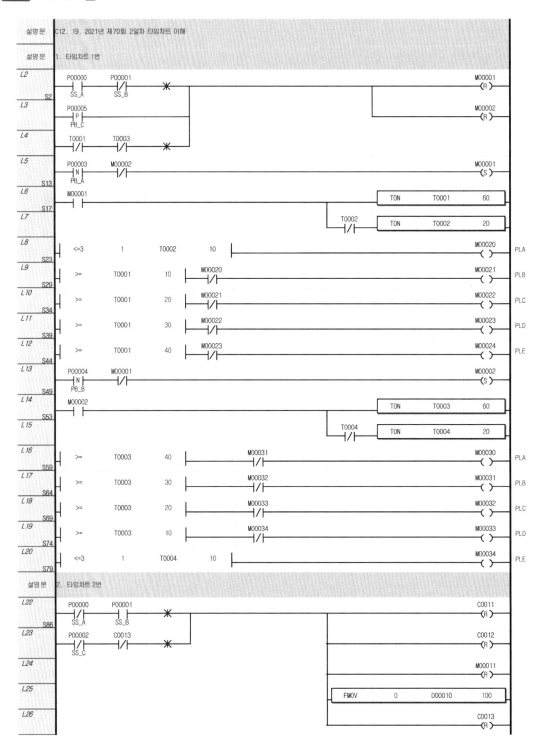

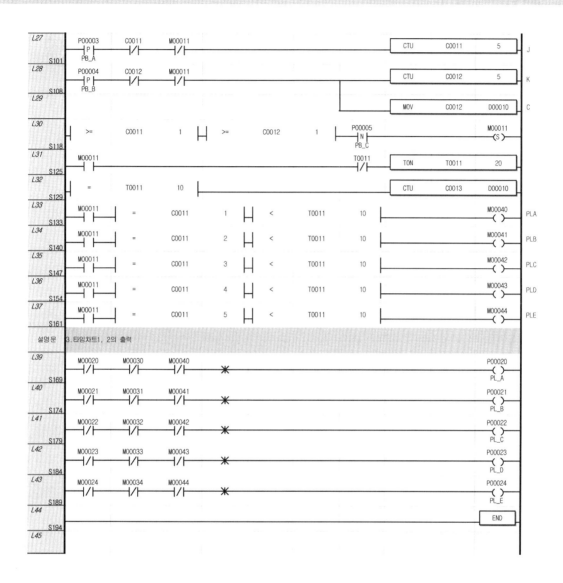

2021년 제70회 3일차 타임차트 이해

1 PLC 입·출력 배치도

(1) PLC 입력 8점 출력 6점 이상 수검자가 알맞은 PLC에 프로그램을 작성하며, 전원은 노이즈 대책을 세워서 결선한다.

(2) PLC는 단독 접지하고, RUN 모드상태로 부착한다.

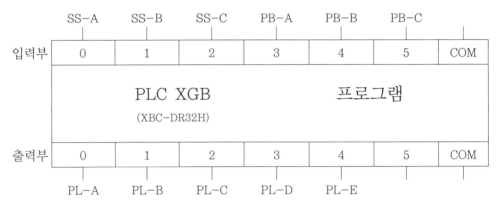

	SS-A	SS-B	SS-C	PB-A	PB-B	PB-C	
입력부	0	1	2	3	4	5	COM

PLC XGB
(XBC-DR32H)

프로그램

출력부	0	1	2	3	4	5	COM
	PL-A	PL-B	PL-C	PL-D	PL-E		

2 동작사항(타임차트 1)

(1) 타임차트의 1칸은 1초로 한다.

(2) 입력접점 SS-A가 On 및 입력접점 SS-B가 Off일 때 동작하고, 입력접점 SS-A가 Off 또는 입력접점 SS-B가 On일 경우 소등 및 초기화된다.

(3) 입력접점 PB-A와 입력접점 PB-B에 Falling Edge하면 선입력 우선(인터록) 회로로 동작한다.

(4) 입력접점 PB-A에 Falling Edge하면 출력 PL-E, 출력 PL-D, 출력 PL-C, 출력 PL-B, 출력 PL-A가 1초 간격 순으로 역차 점멸을 반복한다.

(5) 입력접점 PB-B에 Falling Edge하면 출력 PL-A, 출력 PL-B, 출력 PL-C, 출력 PL-D, 출력 PL-E가 1초 간격 순으로 순차 점멸을 반복한다.

(6) 언제나 입력접점 PB-C에 Rising Edge하면 소등 및 초기화된다.

3 타임차트 1

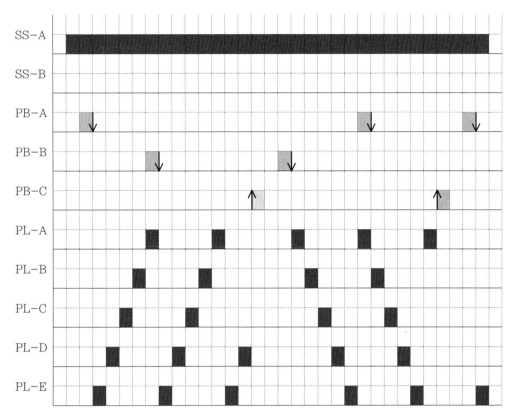

4 동작사항(타임차트 2)

(1) 타임차트의 1칸은 1초로 한다.

(2) 입력접점 SS-A가 Off 및 입력접점 SS-B가 On일 때 동작하고, 입력접점 SS-A가 On 또는 입력접점 SS-B가 Off일 경우 소등 및 초기화된다.

(3) 입력접점 SS-C가 On일 때 입력접점 PB-A 또는 입력접점 PB-B에 Falling Edge 하면 누적 저장된다.

(4) 입력접점 PB-A에 Falling Edge하면 J에 누적 저장되고, 입력접점 PB-B에 Falling Edge하면 G에 누적 저장되며, 각각의 최대값은 5이다.

　참고　 J 및 G=K에 누적 저장될 수도 있다.

(5) K에 누적이 1 이상이면 출력 PL-A가 점등된다.

(6) K에 누적이 2 이상이면 출력 PL-A, 출력 PL-B가 점등된다.

(7) K에 누적이 3 이상이면 출력 PL-A, 출력 PL-B, 출력 PL-C가 점등된다.

(8) K에 누적이 4 이상이면 출력 PL-A, 출력 PL-B, 출력 PL-C, 출력 PL-D가 점등된다.

(9) K에 누적이 5 이상이면 출력 PL-A, 출력 PL-B, 출력 PL-C, 출력 PL-D, 출력 PL-E가 점등된다.

(10) 출력 PL-A~PL-E가 점등 후 입력접점 SS-C가 On되고, 입력접점 PB-B에 Falling Edge하면 K에 누적이 4이면 출력 PL-E가 소등되고, K에 누적이 3이면 출력 PL-D~E가 소등되며, K에 누적이 2이면 출력 PL-C~E가 소등되고, K에 누적이 1이면 출력 PL-B~E가 소등되며, K에 누적이 0이면 출력 PL-E~A가 소등 및 초기화된다.

(11) 언제나 입력접점 PB-C에 Rising Edge하면 소등 및 초기화된다.

5 타임차트 2

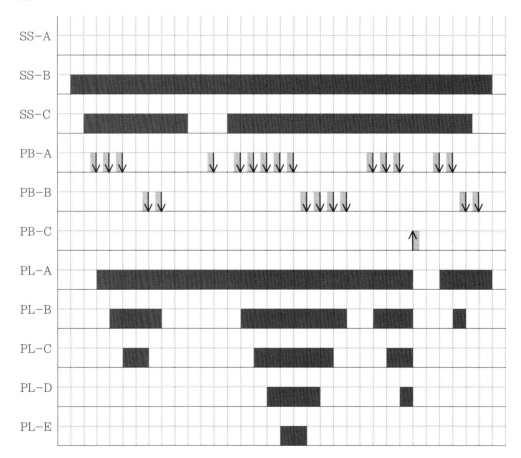

6 프로그램

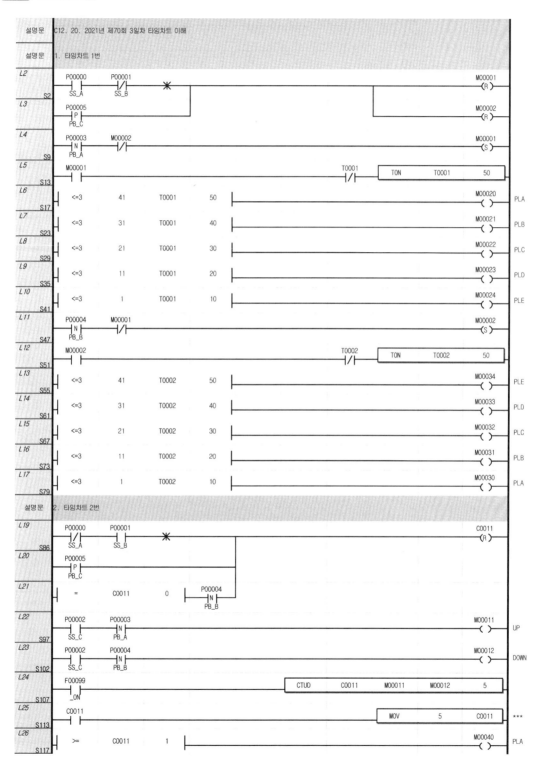

| 설명문 | C12. 20. 2021년 제70회 3일차 타임차트 이해 |
| 설명문 | 1. 타임차트 1번 |

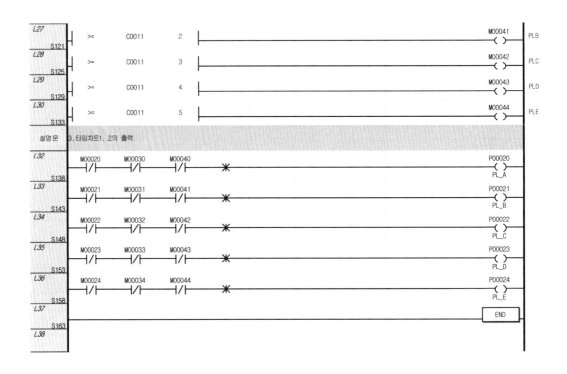

2022년 제71회 1일차 타임차트 이해

1 PLC 입·출력 배치도

(1) PLC 입력 8점 출력 6점 이상 수검자가 알맞은 PLC에 프로그램을 작성하며, 전원은 노이즈 대책을 세워서 결선한다.

(2) PLC는 단독 접지하고, RUN 모드상태로 부착한다.

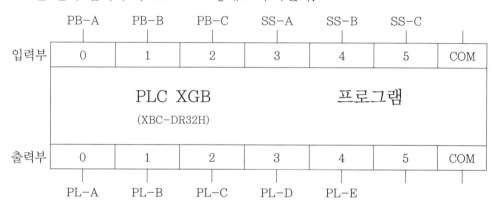

PB-A	PB-B	PB-C	SS-A	SS-B	SS-C	
입력부 0	1	2	3	4	5	COM

PLC XGB
(XBC-DR32H)

프로그램

출력부 0	1	2	3	4	5	COM
PL-A	PL-B	PL-C	PL-D	PL-E		

2 동작사항(타임차트 1)

(1) 타임차트의 1칸은 1초로 한다.

(2) 입력접점 SS-A가 On 및 입력접점 SS-B가 Off일 때 동작하고, 입력접점 SS-A가 Off 또는 입력접점 SS-B가 On일 경우 소등 및 초기화된다.

(3) 입력접점 PB-A와 입력접점 PB-B에 Rising Edge하면 선입력 우선(인터록) 회로로 동작한다.

(4) 입력접점 PB-A에 Rising Edge하면 A동작(역차) 점멸을 반복한다.

(5) 입력접점 PB-B에 Rising Edge하면 B동작(순차) 점멸을 반복한다.

(6) 언제나 입력접점 PB-C에 Falling Edge하면 소등 및 초기화된다.

3 타임차트 1

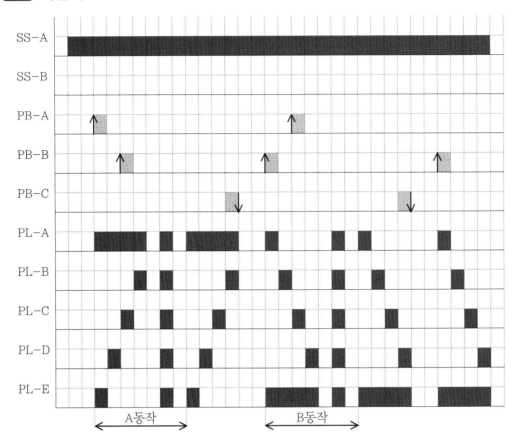

4 동작사항(타임차트 2)

(1) 타임차트의 1칸은 1초로 한다.

(2) 입력접점 SS-A가 Off 및 입력접점 SS-B가 On일 때 동작하고, 입력접점 SS-A가 On 또는 입력접점 SS-B가 Off일 경우 소등 및 초기화된다.

(3) 입력접점 PB-A에 Rising Edge하면 J에 누적되고 최대값은 5이며, 입력접점 PB-B에 Rising Edge하면 G에 누적하고 최대값은 4이다.

(4) J ≧ 1일 때 입력접점 PB-C에 Falling Edge하면 (5), (6)과 같은 동작을 하고 J, G 의 누적 저장값은 변경되지 않는다.

(5) J가 1이면 출력 PL-A, J가 2이면 출력 PL-B, J가 3이면 출력 PL-C, J가 4이면 출력 PL-D, J가 5이면 출력 PL-E를 표시한다,

(6) G가 0이면 지수연산은 2^0이고, $2^0 = 1$이므로 출력 PL-A가 1초 점등 후 소등 및 초기화되고, G가 1이면 지수연산은 2^1이고, $2^1 = 2$이므로 출력 PL-B가 2초 점등 후 소등 및 초기화되며, G가 2이면 지수연산은 2^2이고, $2^2 = 4$이므로 출력 PL-C가 4초 점등 후 소등 및 초기화되고, G가 3이면 지수연산은 2^3이고, $2^3 = 8$이므로 출력 PL-D가 8초 점등 후 소등 및 초기화되며, G가 4이면 지수연산은 2^4이고, $2^4 = 16$이므로 PL-D가 16초 점등 후 소등 및 초기화된다.

(7) 언제나 입력접점 SS-C에 Falling Edge하면 소등 및 초기화된다.

5 타임차트 2

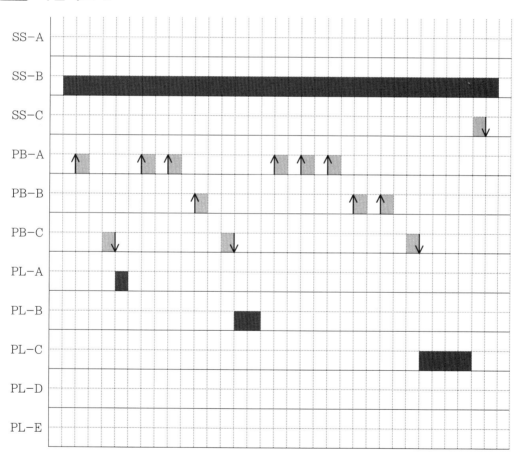

6 프로그램

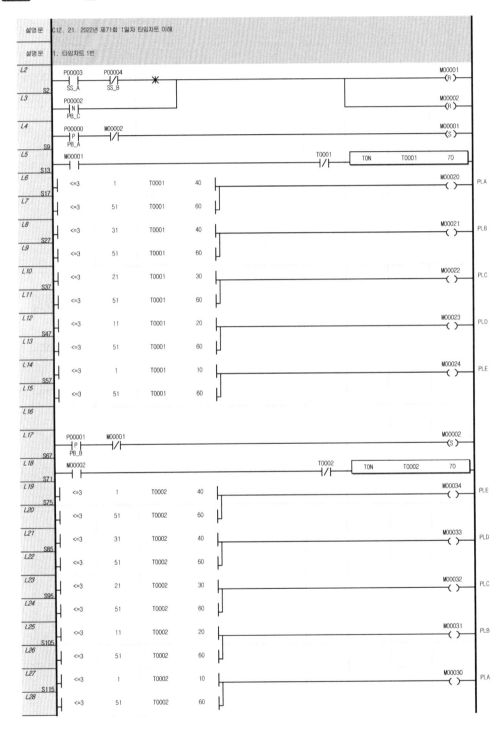

설명문	C12. 21. 2022년 제71회 1일차 타임차트 이해
설명문	1. 타임차트 1번

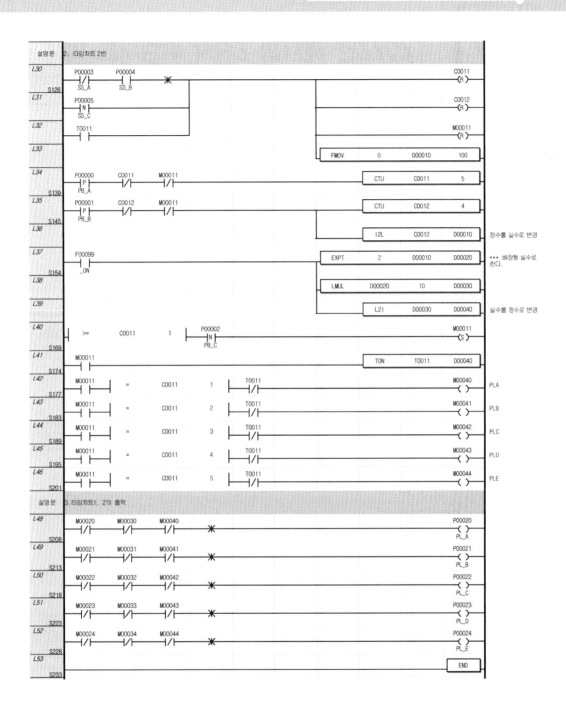

█1 PLC 입·출력 배치도

(1) PLC 입력 8점 출력 6점 이상 수검자가 알맞은 PLC에 프로그램을 작성하며, 전원은 노이즈 대책을 세워서 결선한다.

(2) PLC는 단독 접지하고, RUN 모드상태로 부착한다.

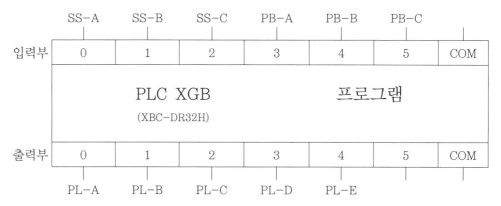

█2 동작사항(타임차트 1)

(1) 타임차트의 1칸은 1초로 한다.

(2) 입력접점 SS-A가 On 및 입력접점 SS-B가 Off일 때 동작하고, 입력접점 SS-A가 Off 또는 입력접점 SS-B가 On일 경우 소등 및 초기화된다.

(3) 입력접점 PB-A와 입력접점 PB-B에 Falling Edge하면 후입력(또는 신입력) 우선 회로로 동작한다.

(4) 입력접점 PB-A에 Falling Edge하면 A동작 점멸을 반복한다.

(5) 입력접점 PB-B에 Falling Edge하면 B동작 점멸을 반복한다.

(6) 언제나 입력접점 PB-C에 Rising Edge하면 소등 및 초기화된다.

3 타임차트 1

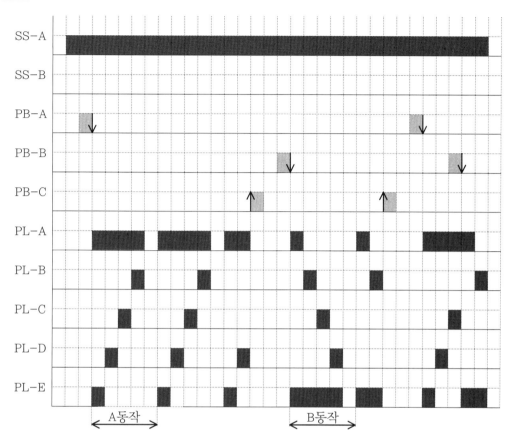

4 동작사항(타임차트 2)

(1) 타임차트의 1칸은 1초로 한다.

(2) 입력접점 SS-A가 Off 및 SS-B가 On일 때 동작하고, SS-A가 On 또는 SS-B가 Off일 경우 소등 및 초기화된다.

(3) 입력접점 PB-A에 Rising Edge하면 J에 누적되고 최대값은 3이다.

(4) J $\geq$ 1일 때 입력접점 PB-B 및 PB-C에 Falling Edge하면 J의 누적 저장값은 변경되지 않는다.

　　참고 입력접점 PB-B를 먼저 실행 후 입력접점 PB-C를 실행한다.

(5) 입력접점 PB-B에 Falling Edge하면 출력 PL-A는 1초 On / 1초 Off 점멸 J회 후 소등된다.

(6) 입력접점 PB-C에 Falling Edge하면 출력 PL-B는 J×1초 Off 후 1초 On / 1초 Off 점멸 J회 후 소등 및 초기화된다.

(7) 출력 PL-C는 입력접점 SS-A가 Off 및 입력접점 SS-B가 On일 때 점등되고, 출력 PL-A는 반전(NOT)하여 출력 PL-C가 동작한다.

(8) 출력 PL-D는 입력접점 SS-A가 Off 및 입력접점 SS-B가 On일 때 점등되고, 출력 PL-B는 반전(NOT)하여 출력 PL-D가 동작한다.

(9) 출력 PL-E는 출력 PL-C와 출력 PL-D의 Exclusive-OR(배타적 논리합) 회로로 동작한다.

(10) 언제나 입력접점 SS-C에 Rising Edge하면 소등 및 초기화된다.

▣5 타임차트 2

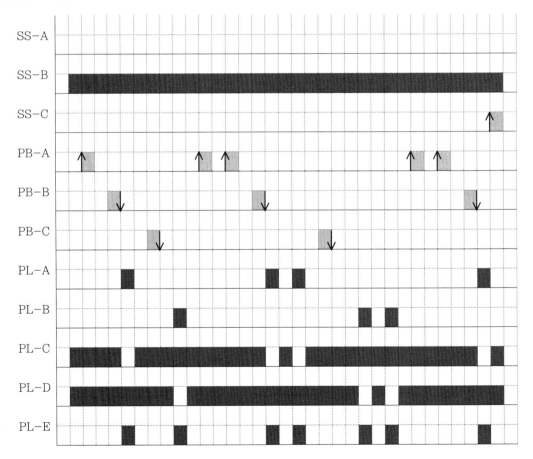

6 프로그램

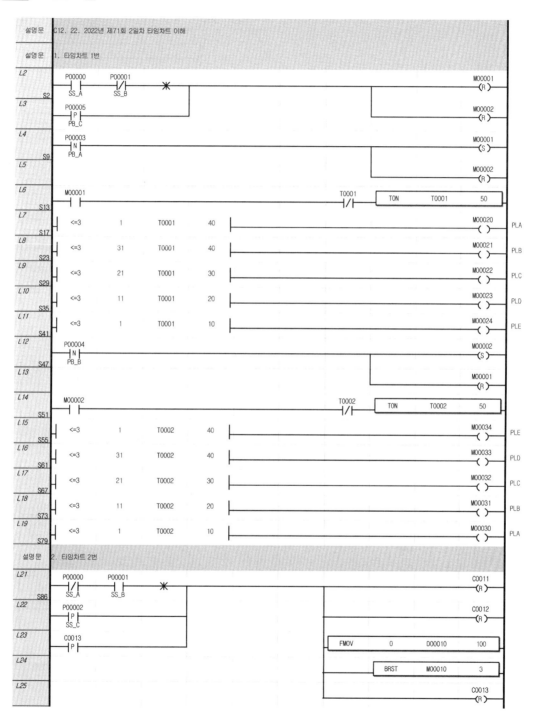

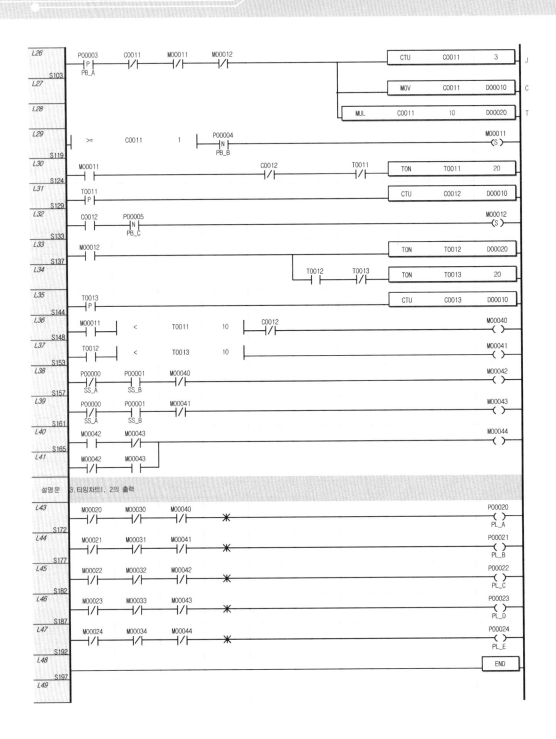

설명문 3. 타임차트1, 2의 출력

382

2022년 제71회 3일차 타임차트 이해

▮1 PLC 입·출력 배치도

(1) PLC 입력 8점 출력 6점 이상 수검자가 알맞은 PLC에 프로그램을 작성하며, 전원은 노이즈 대책을 세워서 결선한다.

(2) PLC는 단독 접지하고, RUN 모드상태로 부착한다.

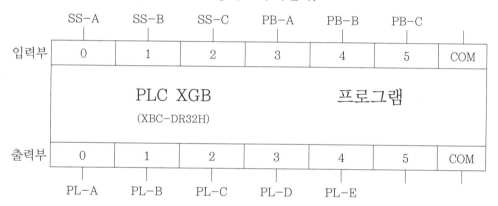

▮2 동작사항(타임차트 1)

(1) 타임차트의 1칸은 1초로 한다.

(2) 입력접점 SS-A가 On 및 입력접점 SS-B가 Off일 때 동작하고, 입력접점 SS-A가 Off 또는 입력접점 SS-B가 On일 경우 소등 및 초기화된다.

(3) 입력접점 PB-A와 입력접점 PB-B에 Rising Edge하면 선입력 우선(인터록) 회로로 동작한다.

(4) 입력접점 PB-A에 Rising Edge하면 A동작 점멸을 반복한다.

(5) 입력접점 PB-B에 Rising Edge하면 B동작 점멸을 반복한다.

(6) 언제나 입력접점 PB-C에 Rising Edge하면 소등 및 초기화된다.

3 타임차트 1

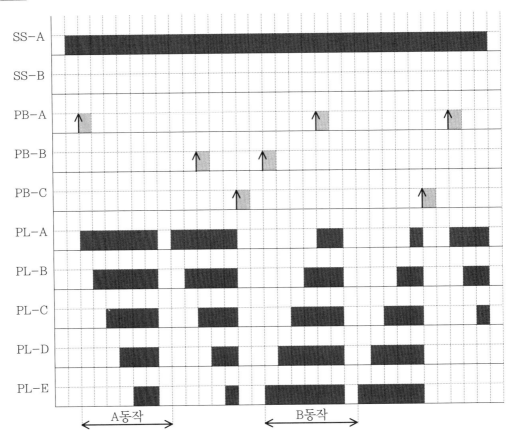

4 동작사항(타임차트 2)

(1) 타임차트의 1칸은 1초로 한다.

(2) 입력접점 SS-A가 Off 및 입력접점 SS-B가 On일 때 동작하고, 입력접점 SS-A가 On 또는 입력접점 SS-B가 Off일 경우 소등 및 초기화된다.

(3) 입력접점 PB-A가 On하면 J에 누적 저장되고 최대값은 5초이다.

참고 J값은 정수로 계산하여 정수값으로 출력을 나타낸다.

(4) J ≧ 1일 때 입력접점 PB-B에 Falling Edge하면 J의 누적 저장값은 변경되지 않는다.

(5) 출력 PL-A는 J×1초 On / J×1초 Off 점멸을 반복한다.

(6) 출력 PL-B는 J×1초 Off / J×1초 On 점멸을 반복한다.

(7) 출력 PL-C는 입력접점 SS-A가 Off 및 입력접점 SS-B가 On일 때 점등되고, 출력 PL-A는 반전(NOT)하여 출력 PL-C가 동작한다.

(8) 출력 PL-D는 입력접점 SS-A가 Off 및 입력접점 SS-B가 On일 때 점등되고, 출력 PL-B는 반전(NOT)하여 출력 PL-D가 동작한다.

(9) 출력 PL-E는 출력 PL-C와 출력 PL-D의 Exclusive-OR(배타적 논리합) 회로로 동작한다.

(10) 언제나 입력접점 SS-C에 Rising Edge 또는 입력접점 PB-C에 Falling Edge하면 소등 및 초기화된다.

5 타임차트 2

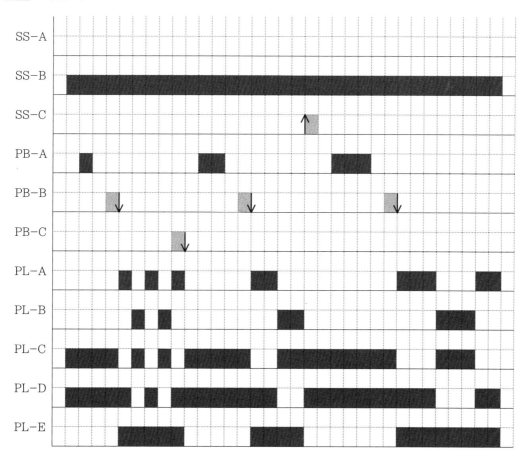

6 프로그램

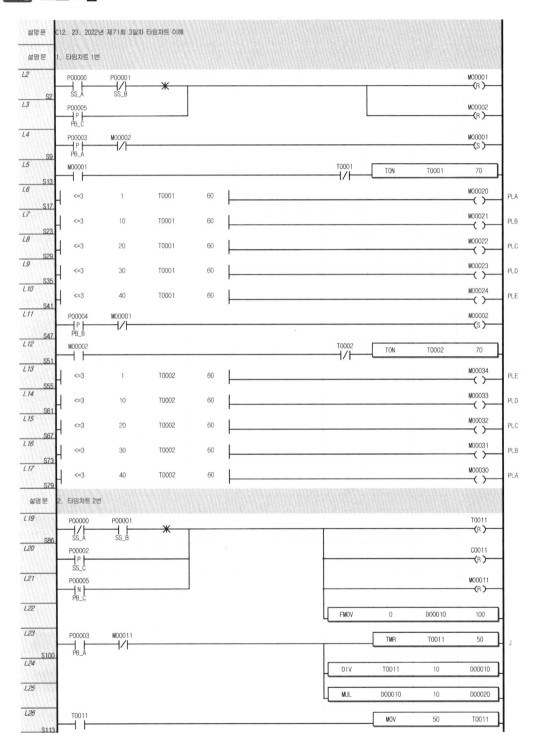

설명문 C12. 23. 2022년 제71회 3일차 타임차트 이해

설명문 1. 타임차트 1번

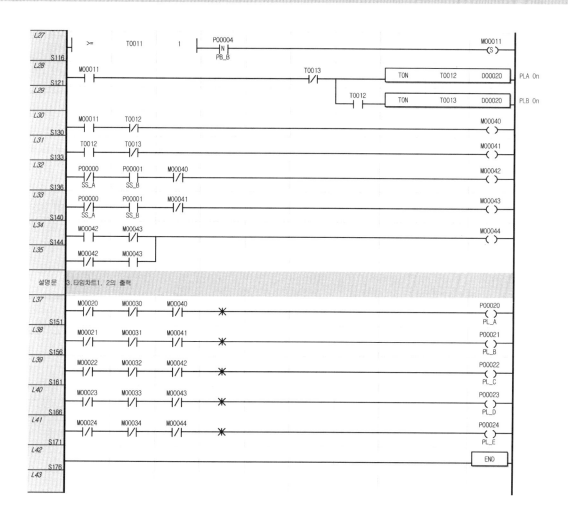

387

2022년 제72회 1일차 타임차트 이해

1 PLC 입·출력 배치도

(1) PLC 입력 8점 출력 6점 이상 수검자가 알맞은 PLC에 프로그램을 작성하며, 전원은 노이즈 대책을 세워서 결선한다.

(2) PLC는 단독 접지하고, RUN 모드상태로 부착한다.

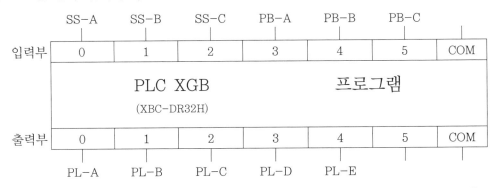

2 동작사항(타임차트 1)

(1) 타임차트의 1칸은 1초로 한다.

(2) 입력접점 SS-A가 On 및 입력접점 SS-B가 Off일 때 동작하고, 입력접점 SS-A가 Off 또는 입력접점 SS-B가 On일 경우 소등 및 초기화된다.

> 참고 SS-A 및 SS-B가 Off, 또는 SS-A 및 SS-B가 On일 경우 위의 초기화 사항과 같다.

(3) 입력접점 PB-A, 입력접점 PB-B, 입력접점 PB-C에 Rising Edge하면 선입력 우선(인터록) 회로로 동작한다.

(4) 입력접점 PB-A에 Rising Edge하면 출력 PL-A, 출력 PL-B, 출력 PL-C, 출력 PL-D, 출력 PL-E가 1초 간격 순으로 순차 점멸 후 소등된다.

388

(5) 입력접점 PB-B에 Rising Edge하면 출력 PL-A, 출력 PL-B, 출력 PL-C, 출력 PL-D, 출력 PL-E가 2초 간격 순으로 순차 점멸 후 소등된다.

(6) 입력접점 PB-C에 Rising Edge하면 출력 PL-A, 출력 PL-B, 출력 PL-C, 출력 PL-D, 출력 PL-E가 3초 간격 순으로 순차 점멸 후 소등된다.

(7) 언제나 입력접점 SS-C에 Rising Edge하면 소등 및 초기화된다.

3 타임차트 1

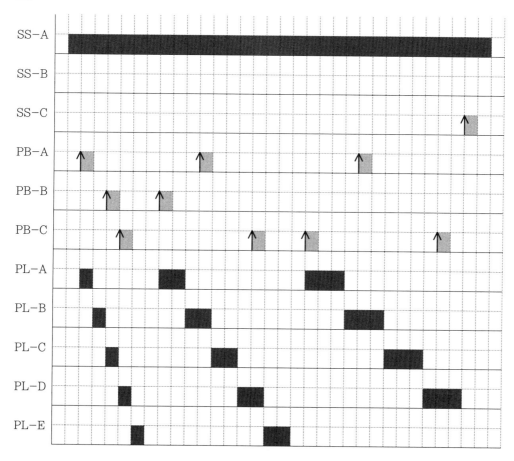

■4 동작사항(타임차트 2)

(1) 타임차트의 1칸은 1초로 한다.

(2) 입력접점 SS-A가 Off 및 입력접점 SS-B가 On일 때 동작하고, 입력접점 SS-A가 On 또는 입력접점 SS-B가 Off일 경우 소등 및 초기화된다.

(3) 입력접점 PB-A에 Rising Edge하면 G에 누적 저장되고 최대값은 5이며, 입력접점 PB-B에 Rising Edge하면 J에 누적 저장되고 최대값은 4이다.

(4) G > J ≧ 1일 때 입력접점 PB-C에 Falling Edge하면 G와 J의 누적 저장값은 변경되지 않는다.

(5) 출력 PL-A는 1초 On / 1초 Off G+J회 점멸 후 소등된다.

(6) 출력 PL-B는 1초 On / 1초 Off G-J회 점멸 후 소등된다.

(7) 출력 PL-C는 입력접점 SS-A가 Off 및 입력접점 SS-B가 On일 때 점등되고, 출력 PL-A는 반전(NOT)하여 출력 PL-C가 동작한다.

(8) 출력 PL-D는 입력접점 SS-A가 Off 및 입력접점 SS-B가 On일 때 점등되고, 출력 PL-B는 반전(NOT)하여 출력 PL-D가 동작한다.

(9) 출력 PL-E는 출력 PL-C와 출력 PL-D의 Exclusive-OR(배타적 논리합) 회로로 동작한다.

(10) 입력접점 SS-C에 Rising Edge하기 전 입력접점 PB-C에 Falling Edge하면 위의 동작을 다시 반복한다.

(11) 언제나 입력접점 SS-C에 Rising Edge 또는 PB-C에 Falling Edge하면 소등 및 초기화된다.

5 타임차트 2

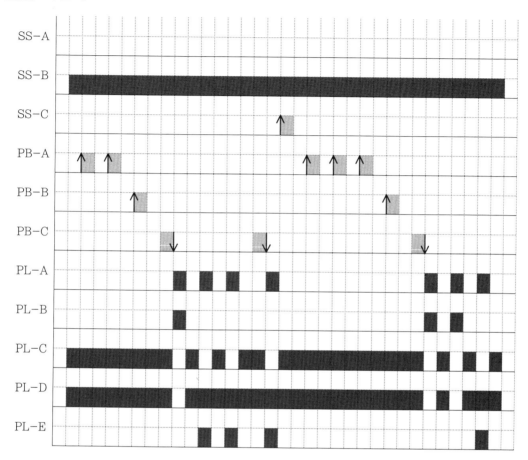

6 프로그램

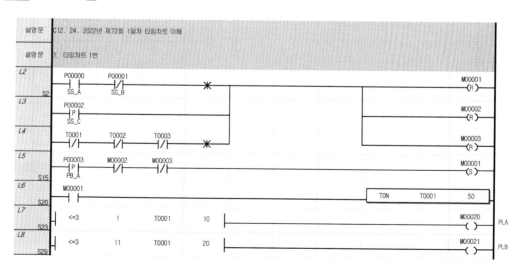

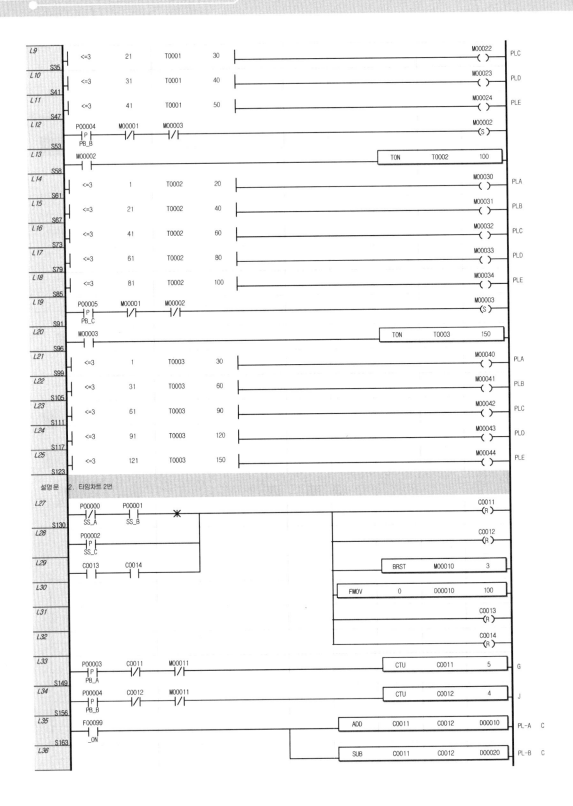

설명문 2. 타임차트 2번

392

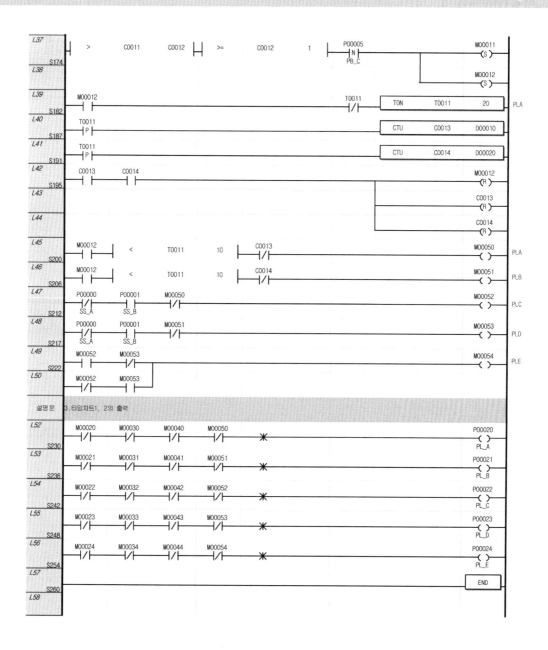

1 PLC 입·출력 배치도

(1) PLC 입력 8점 출력 6점 이상 수검자가 알맞은 PLC에 프로그램을 작성하며, 전원은 노이즈 대책을 세워서 결선한다.

(2) PLC는 단독 접지하고, RUN 모드상태로 부착한다.

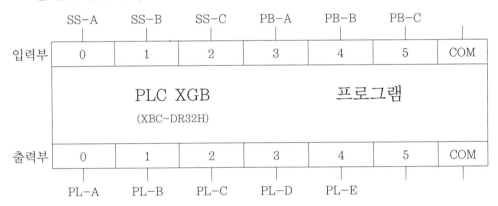

2 동작사항(타임차트 1)

(1) 타임차트의 1칸은 1초로 한다.

(2) 입력접점 SS-A가 On 및 입력접점 SS-B가 Off일 때 동작하고, 입력접점 SS-A가 Off 또는 입력접점 SS-B가 On일 경우 소등 및 초기화된다.

(3) 입력접점 PB-A, 입력접점 PB-B, 입력접점 PB-C에 Falling Edge하면 선입력 우선(인터록) 회로로 동작한다.

(4) 입력접점 PB-A에 Falling Edge하면 출력 PL-A, 출력 PL-B, 출력 PL-C, 출력 PL-D, 출력 PL-E가 1초 간격 순으로 순차 점멸을 반복한다.

(5) 입력접점 PB-B에 Falling Edge하면 출력 PL-B, 출력 PL-C, 출력 PL-D, 출력 PL-E, 출력 PL-A가 1초 간격 순으로 순차 점멸을 반복한다.

(6) 입력접점 PB-C에 Falling Edge하면 출력 PL-C, 출력 PL-D, 출력 PL-E, 출력 PL-A, 출력 PL-B가 1초 간격 순으로 순차 점멸을 반복한다.

(7) 언제나 입력접점 SS-C에 Rising Edge하면 소등 및 초기화된다.

3 타임차트 1

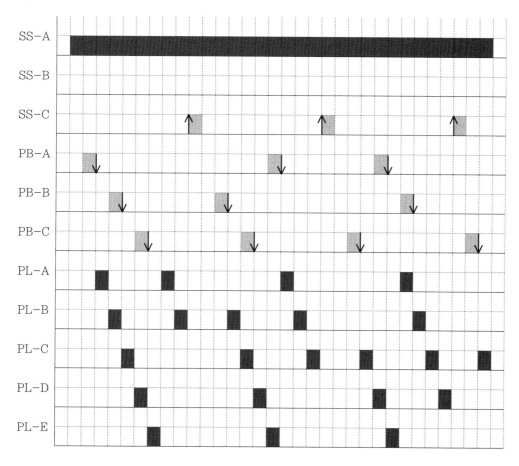

▣ 4 동작사항(타임차트 2)

(1) 타임차트의 1칸은 1초로 한다.

(2) 입력접점 SS-A가 Off 및 입력접점 SS-B가 On일 때 동작하고, 입력접점 SS-A가 On 또는 입력접점 SS-B가 Off일 경우 소등 및 초기화된다.

(3) 입력접점 PB-A에 Rising Edge하면 J에 누적 저장되고 최대값은 3이다.
> **참고** J회×1초=J초라 한다.

(4) $J \geq 1$일 때 입력접점 PB-B에 Falling Edge하면 J의 누적 저장값은 변경되지 않는다.

(5) 출력 PL-A는 J초 On / J초 Off 점멸을 반복한다.

(6) 출력 PL-B는 J초 Off / J초 On 점멸을 반복한다.

(7) 출력 PL-C는 입력접점 SS-A가 Off 및 입력접점 SS-B가 On일 때 점등되고, 출력 PL-A는 반전(NOT)하여 출력 PL-C가 동작한다.

(8) 출력 PL-D는 입력접점 SS-A가 Off 및 입력접점 SS-B가 On일 때 점등되고, 출력 PL-B는 반전(NOT)하여 출력 PL-D가 동작한다.

(9) 출력 PL-E는 출력 PL-C와 출력 PL-D의 Exclusive-OR(배타적 논리합) 회로로 동작한다.

(10) 언제나 입력접점 SS-C에 Rising Edge 또는 PB-C에 Rising Edge하면 소등 및 초기화된다.

5 타임차트 2

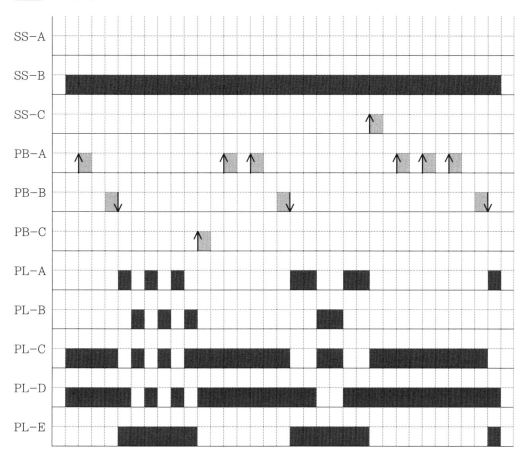

6 프로그램

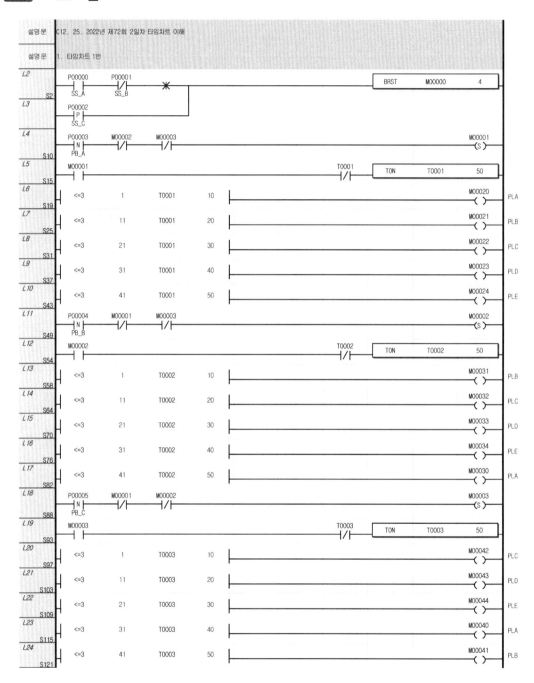

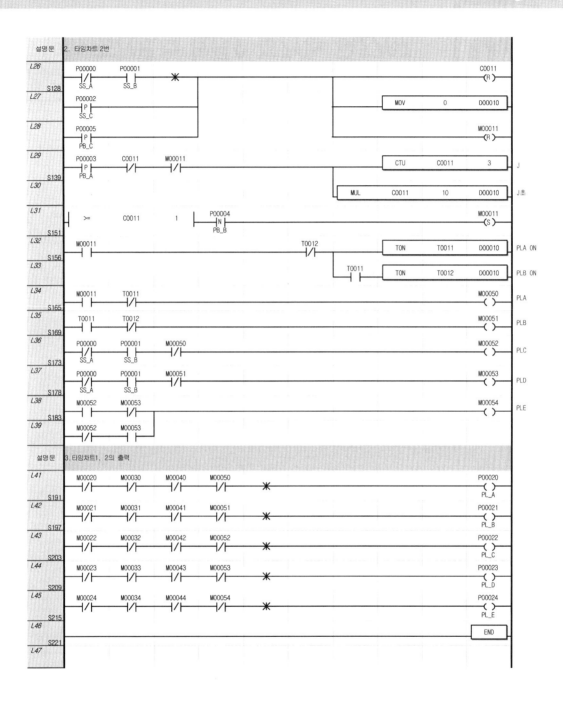

26 2022년 제72회 3일차 타임차트 이해

1 PLC 입·출력 배치도

(1) PLC 입력 8점 출력 6점 이상 수검자가 알맞은 PLC에 프로그램을 작성하며, 전원은 노이즈 대책을 세워서 결선한다.

(2) PLC는 단독 접지하고, RUN 모드상태로 부착한다.

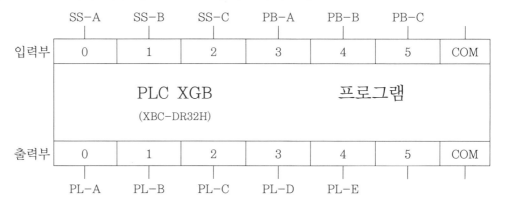

2 동작사항(타임차트 1)

(1) 타임차트의 1칸은 1초로 한다.

(2) 입력접점 SS-A가 On 및 입력접점 SS-B가 Off일 때 동작하고, 입력접점 SS-A가 Off 또는 입력접점 SS-B가 On일 경우 소등 및 초기화된다.

(3) 입력접점 PB-A, 입력접점 PB-B, 입력접점 PB-C에 Rising Edge하면 선입력 우선(인터록) 회로로 동작한다.

(4) 입력접점 PB-A에 Rising Edge하면 출력 PL-A 및 출력 PL-E, 출력 PL-B 및 출력 PL-D, 출력 PL-C가 2초 간격 순으로 점등 후 소등 및 초기화된다.

(5) 입력접점 PB-B에 Rising Edge하면 출력 PL-B 및 출력 PL-D, 출력 PL-C, 출력 PL-A 및 출력 PL-E가 2초 간격 순으로 점등 후 소등 및 초기화된다.

(6) 입력접점 PB-C에 Rising Edge하면 출력 PL-C, 출력 PL-B 및 출력 PL-D, 출력 PL-A 및 출력 PL-E가 2초 간격 순으로 점등 후 소등 및 초기화된다.

▐3 타임차트 1

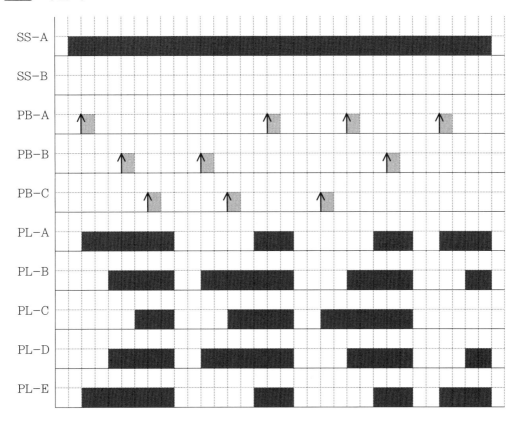

▐4 동작사항(타임차트 2)

(1) 타임차트의 1칸은 1초로 한다.

(2) 입력접점 SS-A가 Off 및 입력접점 SS-B가 On일 때 동작하고, 입력접점 SS-A가 On 또는 입력접점 SS-B가 Off일 경우 소등 및 초기화된다.

(3) 입력접점 PB-A에 Rising Edge하면 J에 누적 저장되고 최대값은 5이며, 입력접점 PB-B에 Rising Edge하면 G에 누적 저장되고 최소값은 2이며 최대값은 6이다.

> **참고** G의 누적 저장값이 2 미만일 때 입력접점 SS-C에 Rising Edge하면 누적 저장값은 초기화된다.

(4) G > J ≧ 1일 때 입력접점 PB-C에 Falling Edge하면 J 및 G의 누적 저장값은 변경되지 않는다.

(5) 출력 PL-A는 J가 1이고, (G×1초-1초) Off / 1초 On 점멸 후 소등한다.

(6) 출력 PL-B는 J가 2이고, (G×1초-1초) Off / 1초 On 점멸 후 소등한다.

(7) 출력 PL-C는 J가 3이고, (G×1초-1초) Off / 1초 On 점멸 후 소등한다.

(8) 출력 PL-D는 J가 4이고, (G×1초-1초) Off / 1초 On 점멸 후 소등한다.

(9) 출력 PL-E는 J가 5이고, (G×1초-1초) Off / 1초 On 점멸 후 소등한다.

(10) 언제나 입력접점 SS-C에 Rising Edge하면 소등 및 초기화된다.

5 타임차트 2

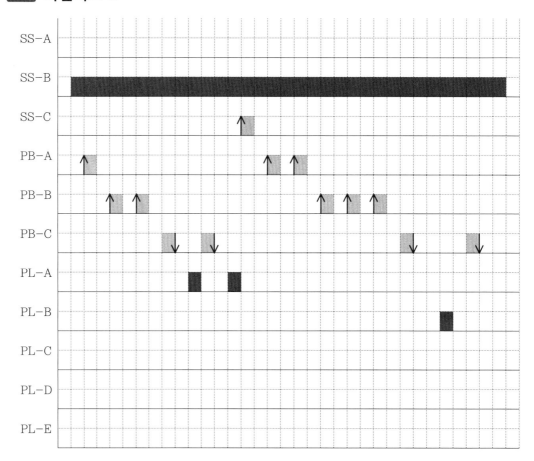

6 프로그램

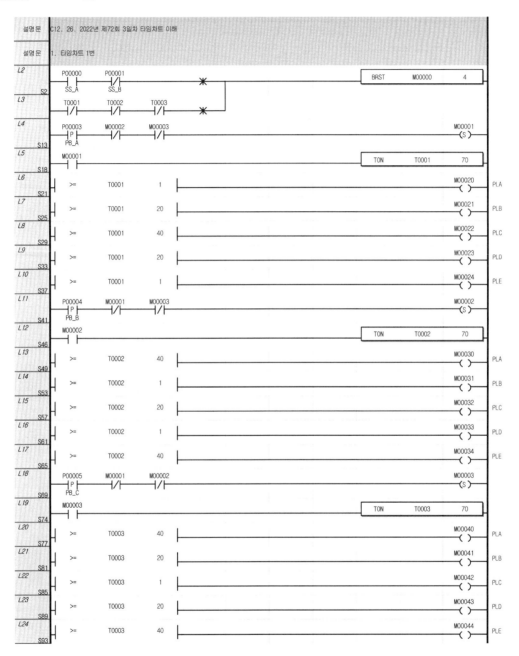

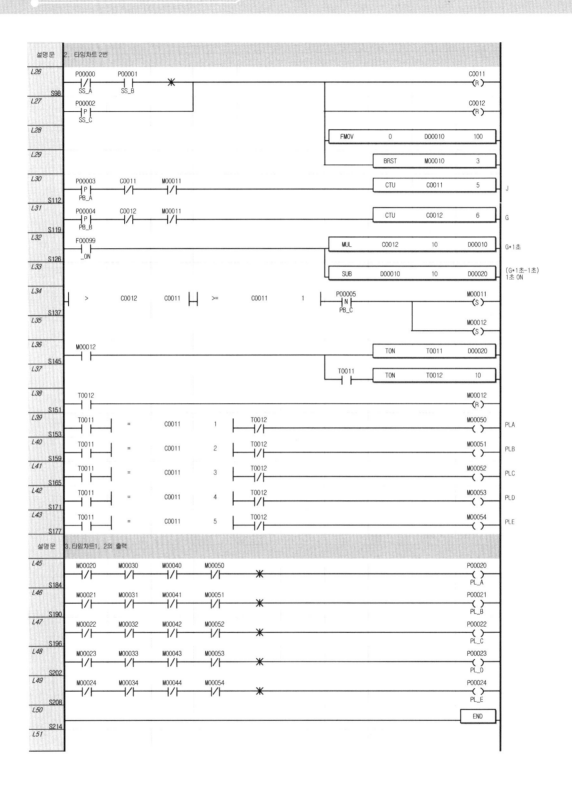

2023년 제73회 1일차 타임차트 이해

1 PLC 입·출력 배치도

(1) PLC 입력 8점 출력 6점 이상 수검자가 알맞은 PLC에 프로그램을 작성하며, 전원은 노이즈 대책을 세워서 결선한다.

(2) PLC는 단독 접지하고, RUN 모드상태로 부착한다.

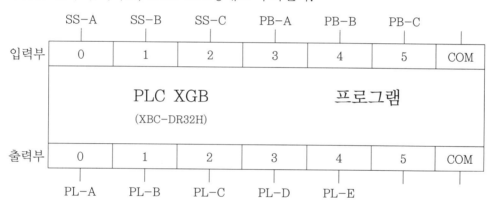

2 동작사항(타임차트 1)

(1) 타임차트의 1칸은 2초로 한다.

(2) 입력접점 SS-A가 On 및 입력접점 SS-B가 Off일 때 동작하고, 입력접점 SS-A가 Off 또는 입력접점 SS-B가 On일 경우 소등 및 초기화된다.

   참고 입력접점 SS-C는 사용하지 않는다.

(3) 입력접점 PB-A와 입력접점 PB-B에 Rising Edge하면 선입력 우선(인터록) 회로로 동작한다.

(4) 입력접점 PB-A에 Rising Edge하면 출력 PL-C가 0.1초에서 10초 동안 점등 후 초기화되고, 출력 PL-B 및 출력 PL-D는 2초에서 8초 동안 점등 후 소등되며, 출력 PL-A 및 출력 PL-E는 4초에서 8초 동안 점등 후 소등된다.

(5) 입력접점 PB-B에 Rising Edge하면 출력 PL-C가 0.1초에서 10초 동안 점등 후 초기화되고, 출력 PL-B 및 출력 PL-D는 2초에서 8초 동안 점등 후 소등되며, 출력 PL-A 및 PL-E는 2초에서 6초 동안 점등 후 소등된다.

(6) 언제나 입력접점 PB-C를 On하면 소등 및 초기화된다.

■3 타임차트 1

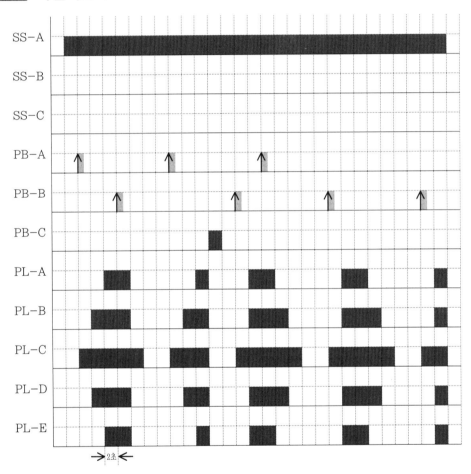

▋▋4 동작사항(타임차트 2)

(1) 타임차트의 1칸은 1초로 한다.

(2) 입력접점 SS-A가 Off 및 입력접점 SS-B가 On일 때 동작하고, 입력접점 SS-A가 On 또는 입력접점 SS-B가 Off일 경우 소등 및 초기화된다.

(3) 입력접점 PB-A에 Rising Edge하면 N에 누적 저장되고, 입력접점 PB-B에 Rising Edge하면 M에 누적 저장되며 각각의 최대값은 5이다.

(4) 입력접점 SS-C에 Falling Edge하면 누적 저장값은 초기화된다.

(5) N > 0, M > 0일 때 입력접점 PB-C에 Falling Edge하면 N 및 M의 누적 저장값은 변경되지 않는다.

> **참고** $\sqrt{3^2+2^2}=3.6=3$초, $\sqrt{3^2+3^2}=4.2=4$초, $\sqrt{N^2+M^2}=J=G$초 지수함수 및 제곱근연산을 하여 소수점 이하 버림을 한다.

(6) 출력 PL-A는 3초, G초 등 동안 점등 후 소등 및 초기화된다.

(7) 출력 PL-B는 3초, G초 등 동안 0.5초 On / 0.5초 Off 점멸 반복 후 소등된다.

(8) 출력 PL-C는 입력접점 SS-A가 Off 및 입력접점 SS-B가 On일 때 점등되고, 출력 PL-A는 반전(NOT)하여 출력 PL-C가 동작한다.

(9) 출력 PL-D는 입력접점 SS-A가 Off 및 입력접점 SS-B가 On일 때 점등되고, 출력 PL-B는 반전(NOT)하여 출력 PL-D가 동작한다.

(10) 출력 PL-E는 출력 PL-C와 출력 PL-D의 Exclusive-OR(배타적 논리합 또는 XOR) 회로로 동작한다.

(11) 언제나 입력접점 SS-C에 Falling Edge하면 소등 및 초기화된다.

5 타임차트 2

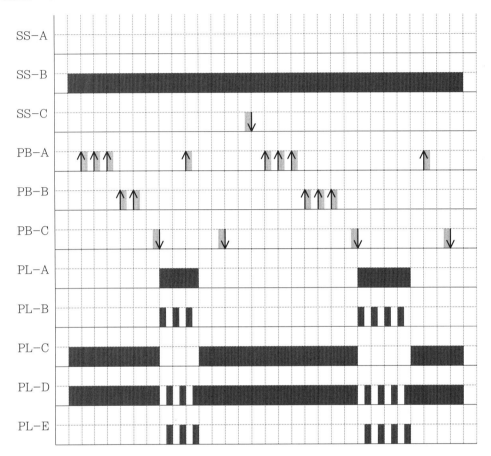

6 프로그램

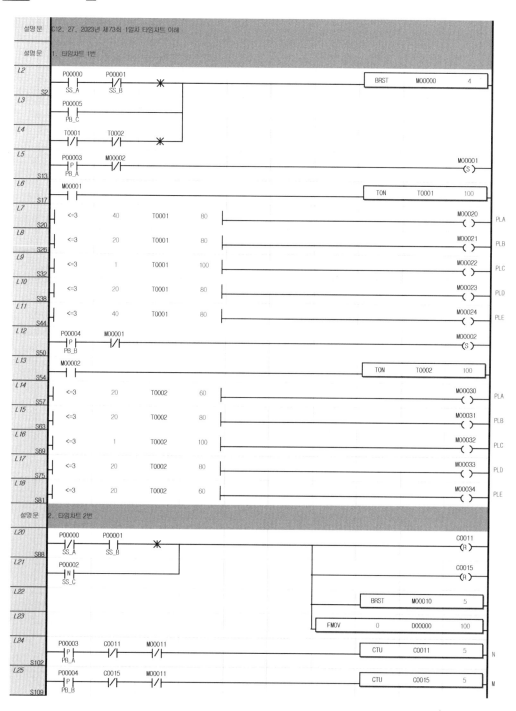

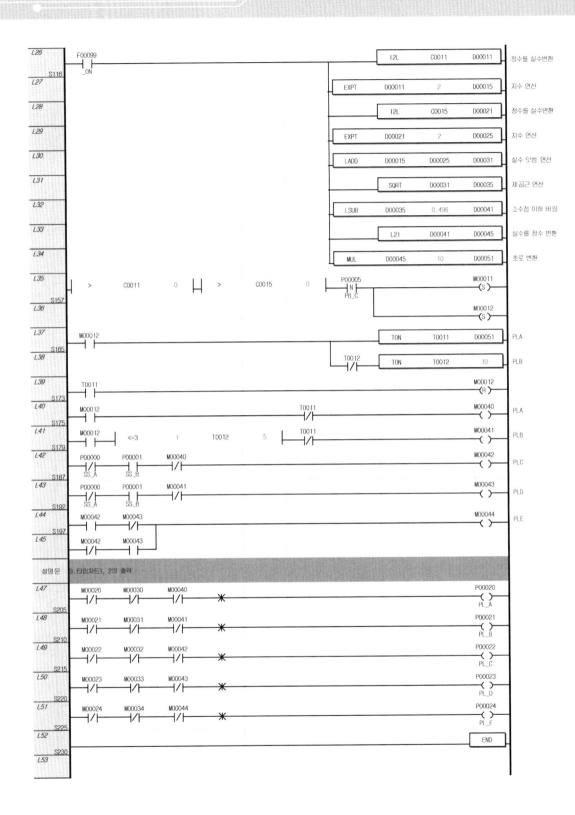

L26	F00099								I2L	C0011	D00011	정수를 실수변환
S116	_ON											
L27									EXPT	D00011	2	D00015	지수 연산
L28									I2L	C0015	D00021	정수를 실수변환
L29									EXPT	D00021	2	D00025	지수 연산
L30									LADD	D00015	D00025	D00031	실수 덧셈 연산
L31									SQRT	D00031	D00035	제곱근 연산
L32									LSUB	D00035	0.496	D00041	소수점 이하 버림
L33									L2I	D00041	D00045	실수를 정수 변환
L34									MUL	D00045	10	D00051	초로 변환

L35 / S157
```
 > C0011 0 ┤ ├ > C0015 0   P00005        M00011
                                  ┤N├          (S)
                                  PB_C
```
L36
```
                                                M00012
                                                (S)
```
L37 / S165
```
M00012                              TON  T0011  D00051   PLA
┤ ├
```
L38
```
              T0012          TON  T0012  10    PLB
              ┤/├
```
L39 / S173
```
T0011                                           M00012
┤ ├                                              (R)
```
L40 / S175
```
M00012                           T0011          M00040   PLA
┤ ├                              ┤/├            ( )
```
L41 / S179
```
M00012      <=3  1     T0012  5   T0011         M00041   PLB
┤ ├                              ┤/├            ( )
```
L42 / S187
```
P00000  P00001  M00040                          M00042   PLC
┤/├      ┤/├     ┤ ├                            ( )
SS_A    SS_B
```
L43 / S192
```
P00000  P00001  M00041                          M00043   PLD
┤/├      ┤/├     ┤ ├                            ( )
SS_A    SS_B
```
L44 / S197
```
M00042  M00043                                  M00044   PLE
┤ ├      ┤ ├                                    ( )
```
L45
```
M00042  M00043
┤/├      ┤/├
```

설명문 3.타임차트1, 2의 출력

L47 / S205
```
M00020  P00030  M00040       ＊                 P00020
┤/├      ┤/├     ┤/├                            ( )
                                                PL_A
```
L48 / S210
```
M00021  M00031  M00041       ＊                 P00021
┤ ├      ┤/├     ┤ ├                            ( )
                                                PL_B
```
L49 / S215
```
M00022  M00032  M00042       ＊                 P00022
┤/├      ┤/├     ┤/├                            ( )
                                                PL_C
```
L50 / S220
```
M00023  M00033  M00043       ＊                 P00023
┤/├      ┤/├     ┤/├                            ( )
                                                PL_D
```
L51 / S225
```
M00024  M00034  M00044       ＊                 P00024
┤/├      ┤/├     ┤/├                            ( )
                                                PL_E
```
L52 / S230
```
                                                END
```
L53

2023년 제73회 2일차 타임차트 이해

1 PLC 입·출력 배치도

(1) PLC 입력 8점 출력 6점 이상 수검자가 알맞은 PLC에 프로그램을 작성하며, 전원은 노이즈 대책을 세워서 결선한다.

(2) PLC는 단독 접지하고, RUN 모드상태로 부착한다.

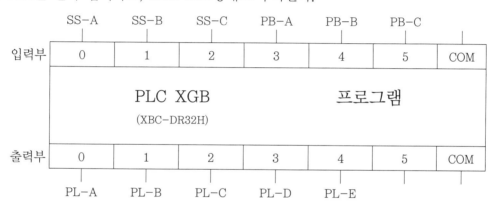

2 동작사항(타임차트 1)

(1) 타임차트의 1칸은 2초로 한다.

(2) 입력접점 SS-A가 On 및 입력접점 SS-B가 Off일 때 동작하고, 입력접점 SS-A가 Off 또는 입력접점 SS-B가 On일 경우 소등 및 초기화된다.

참고 입력접점 SS-C는 사용하지 않는다.

(3) 입력접점 PB-A와 입력접점 PB-B에 Rising Edge하면 선입력 우선(인터록) 회로로 동작한다.

(4) 입력접점 PB-A에 Rising Edge하면 출력 PL-C는 0.1초에서 10초 동안 점등 후 초기화되고, 출력 PL-B 및 출력 PL-D는 2초에서 6초 동안 점등 후 소등되고, 출력 PL-A 및 PL-E는 4초에서 6초 동안 점등 후 소등된다.

(5) 입력접점 PB-B에 Rising Edge하면 출력 PL-C는 0.1초에서 10초 동안 점등 후 초기화되고, 출력 PL-B 및 출력 PL-D는 4초에서 8초 동안 점등 후 소등되고, 출력 PL-A 및 PL-E는 4초에서 6초 동안 점등 후 소등된다.

(6) 언제나 입력접점 PB-C를 On하면 소등 및 초기화된다.

▉3 타임차트 1

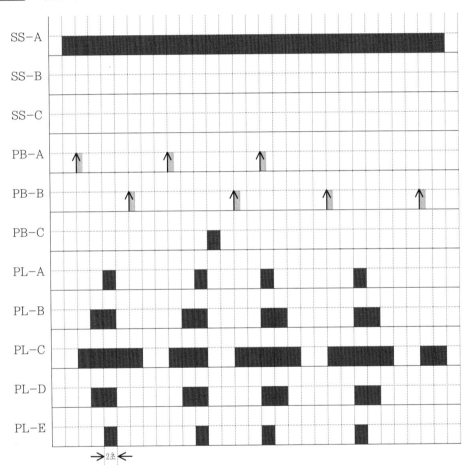

▮▮▮▮ **4 동작사항(타임차트 2)**

(1) 타임차트의 1칸은 1초로 한다.

(2) 입력접점 SS-A가 Off 및 입력접점 SS-B가 On일 때 동작하고, 입력접점 SS-A가 On 또는 입력접점 SS-B가 Off일 경우 소등 및 초기화된다.

(3) 입력접점 PB-A에 Rising Edge하면 N에 누적 저장되고, 입력접점 PB-B에 Rising Edge하면 M에 누적 저장되고 각각의 최대값은 5이다.

(4) 입력접점 SS-C가 On하면 누적 저장값은 초기화된다.

(5) $N \geqq 1$, $M \geqq 1$일 때 입력접점 PB-C에 Falling Edge하면 N 및 M의 누적 저장값은 변경되지 않는다.

> **참고** $\sqrt{4 \times 4} = 4 = 4$초, $\sqrt{1 \times 3} = 1.7 = 1$초, $\sqrt{N \times M} = J = G$초 제곱근을 연산하여 소수점 이하 버림을 한다.

(6) 출력 PL-A는 4초, G초 동안 점등 후 소등 및 초기화된다.

(7) 출력 PL-B는 4초, G초 동안 0.5초 On / 0.5초 Off 점멸 반복 후 소등된다.

(8) 출력 PL-C는 입력접점 SS-A가 Off 및 입력접점 SS-B가 On일 때 점등되고, 출력 PL-B는 반전(NOT)하여 출력 PL-C가 동작한다.

(9) 출력 PL-D는 입력접점 SS-A가 Off 및 입력접점 SS-B가 On일 때 점등되고, 출력 PL-A는 반전(NOT)하여 출력 PL-D가 동작한다.

(10) 출력 PL-E는 출력 PL-A와 출력 PL-B의 Exclusive-OR(배타적 논리합 또는 XOR) 회로로 동작한다.

(11) 동작 완료 후 입력접점 PB-C에 Falling Edge하면 재동작을 반복한다.

(12) 언제나 입력접점 SS-C를 On하면 소등 및 초기화된다.

5 타임차트 2

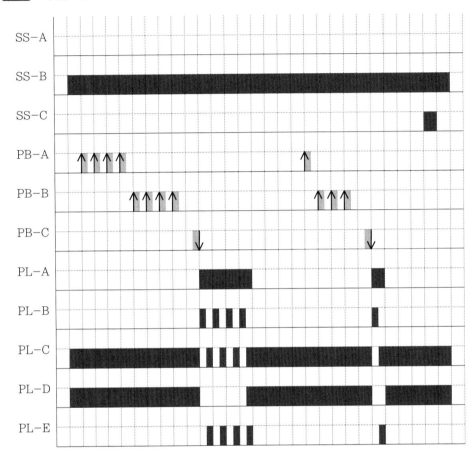

6 프로그램

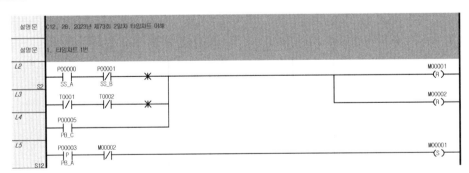

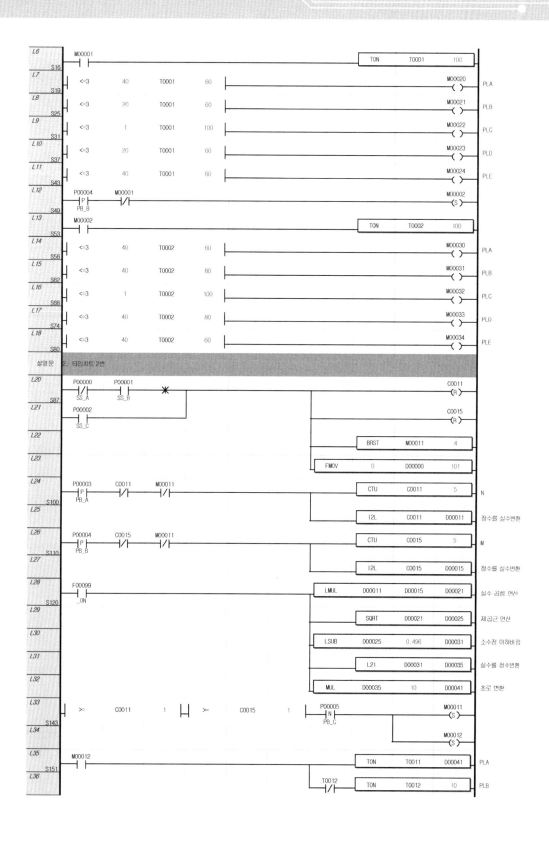

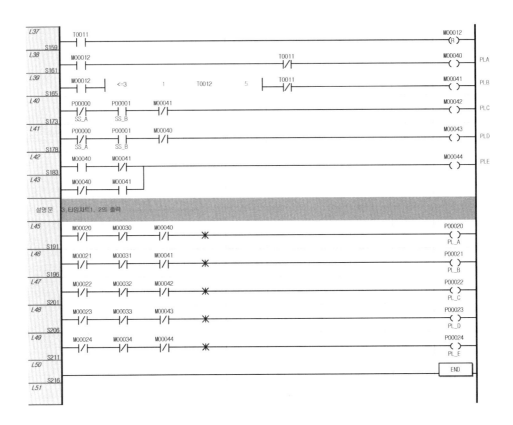

2023년 제73회 3일차 타임차트 이해

1 PLC 입·출력 배치도

(1) PLC 입력 8점 출력 6점 이상 수검자가 알맞은 PLC에 프로그램을 작성하며, 전원은 노이즈 대책을 세워서 결선한다.

(2) PLC는 단독 접지하고, RUN 모드상태로 부착한다.

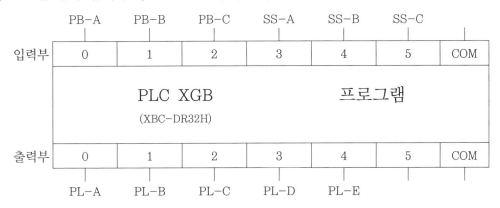

2 동작사항(타임차트 1)

(1) 타임차트의 1칸은 2초로 한다.

(2) 입력접점 SS-A가 On 및 입력접점 SS-B가 Off일 때 동작하고, 입력접점 SS-A가 Off 또는 입력접점 SS-B가 On일 경우 소등 및 초기화된다.

　참고　입력접점 SS-C는 사용하지 않는다.

(3) 입력접점 PB-A와 입력접점 PB-B에 Falling Edge하면 선입력 우선(인터록) 회로로 동작한다.

(4) 입력접점 PB-A에 Falling Edge하면 출력 PL-C는 0.1초에서 10초 동안 점등 후 초기화되고, 출력 PL-B 및 출력 PL-D는 2초에서 8초 동안 점등 후 소등되고, 출력 PL-A 및 PL-E는 4초에서 6초 동안 점등 후 소등된다.

(5) 입력접점 PB-B에 Falling Edge하면 출력 PL-A와 PL-E는 0.1초에서 6초 동안 점등 후 소등되고 다시 8초에서 14초 동안 점등 후 소등 및 초기화되며, 출력 PL-B와 PL-D는 0.1초에서 4초 동안 점등 후 소등되고 다시 10초에서 14초 동안 점등 후 소등 및 초기화되며, 출력 PL-C는 0.1초에서 2초 동안 점등 후 소등되고 다시 12초에서 14초 동안 점등 후 소등 및 초기화된다.

(6) 언제나 입력접점 PB-C를 On하면 소등 및 초기화된다.

■3 타임차트 1

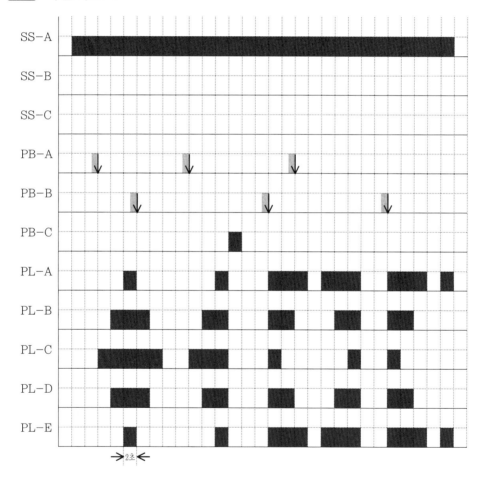

■ 4 동작사항(타임차트 2)

(1) 타임차트의 1칸은 1초로 한다.

(2) 입력접점 SS-A가 Off 및 입력접점 SS-B가 On일 때 동작하고, 입력접점 SS-A가 On 또는 입력접점 SS-B가 Off일 경우 소등 및 초기화된다.

(3) 입력접점 PB-A에 Falling Edge하면 N에 누적 저장되고, 입력접점 PB-B에 Falling Edge하면 M에 누적 저장되며 각각의 최대값은 5이다.

(4) 입력접점 SS-C에 Rising Edge하면 누적 저장값은 초기화된다.

(5) N $\geq$ 1, M $\geq$ 1일 때 입력접점 PB-C에 Rising Edge하면 N 및 M의 누적 저장값은 변경되지 않는다.

> **참고** $\sqrt{3} + \sqrt{4} = 3.73 = 3$초, $\sqrt{N} + \sqrt{M} = J = G$초 제곱근 연산하여 소수점 이하 버림을 한다.

(6) 출력 PL-A는 3초, G초 동안 점등 후 소등 및 초기화된다.

(7) 출력 PL-B는 3초, G초 동안 0.5초 On / 0.5초 Off 점멸 반복 후 소등된다.

(8) 출력 PL-C는 입력접점 SS-A가 Off 및 입력접점 SS-B가 On일 때 점등되고, 출력 PL-A는 반전(NOT)하여 출력 PL-C가 동작한다.

(9) 출력 PL-D는 입력접점 SS-A가 Off 및 입력접점 SS-B가 On일 때 점등되고, 출력 PL-B는 반전(NOT)하여 출력 PL-D가 동작한다.

(10) 출력 PL-E는 출력 PL-C와 출력 PL-D의 Exclusive-OR(배타적 논리합 또는 XOR) 회로로 동작한다.

(11) 동작 완료 후 입력접점 PB-C에 Rising Edge하면 재동작을 반복한다.

(12) 언제나 입력접점 SS-C에 Rising Edge하면 소등 및 초기화된다.

5 타임차트 2

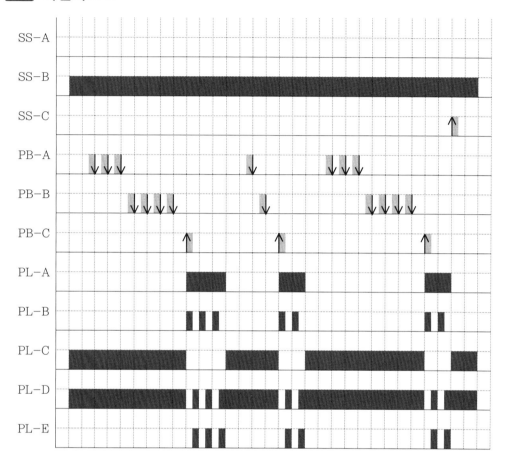

6 프로그램

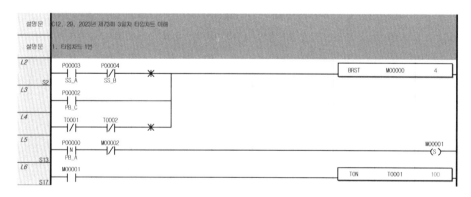

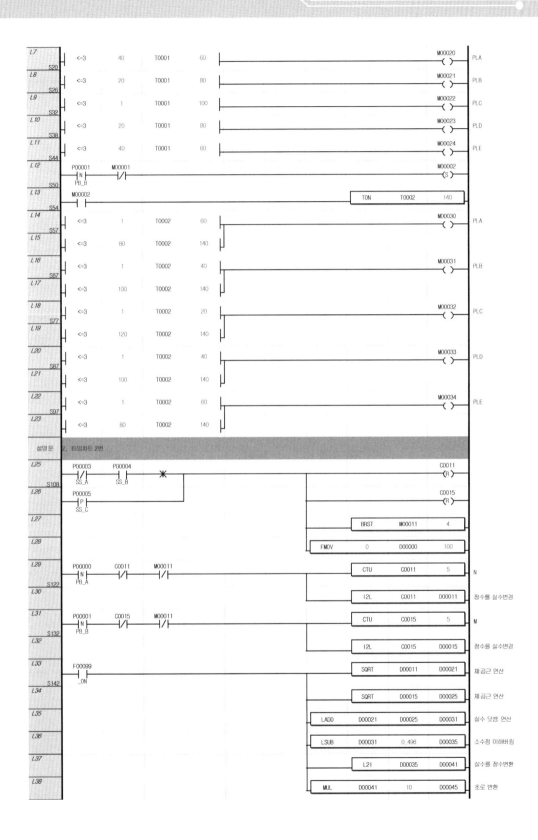

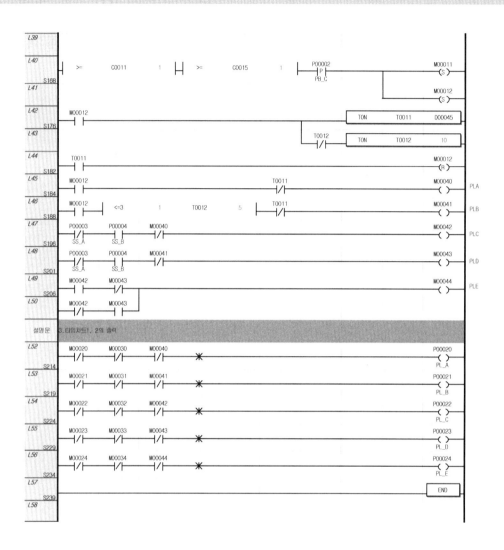

설명문   3.타임차트1, 2의 출력

422

저 자 소 개

김재규

- 대한주택공사(현, 한국토지주택공사) 사장 표창장 수상
- 전주시장 표창장 수상(대한주택관리사협회 전북도회)
- 전주시장 표창장 수상(서호 1차 관리소)
- 전기기능사 취득
- 전기공사기사 1급 취득
- 전기기사 1급 취득
- 설계사 면허증 1급 취득
- 전기기능장 취득

- 소방설비기사(전기분야) 1급 취득
- 소방설비기사(기계분야) 1급 취득
- 주택관리사(보) 취득
- 주택관리사 취득
- 전기 경력, 감리 특급기술자
- 전기, 전자, 통신, 소방기술자
- 종합건설업체, 감리 및 설계업체, 주택관리업체 등 경력 20년 이상 이사, 소장 등으로 현업에 종사

 전기기능장 실기 PLC

2023. 7. 5. 초 판 1쇄 인쇄
2023. 7. 12. 초 판 1쇄 발행

저자와의
협의하에
검인생략

지은이 | 김재규
펴낸이 | 이종춘
펴낸곳 | **BM** ㈜도서출판 **성안당**

주소 | 04032 서울시 마포구 양화로 127 첨단빌딩 3층(출판기획 R&D 센터)
　　　 10881 경기도 파주시 문발로 112 파주 출판 문화도시(제작 및 물류)

전화 | 02) 3142-0036
　　　 031) 950-6300

팩스 | 031) 955-0510
등록 | 1973. 2. 1. 제406-2005-000046호
출판사 홈페이지 | **www.cyber.co.kr**
ISBN | 978-89-315-2850-3 (13560)
정가 | 35,000원

이 책을 만든 사람들
기획 | 최옥현
진행 | 박경희
교정·교열 | 김원갑
전산편집 | 송은정
표지 디자인 | 박현정
홍보 | 김계향, 유미나, 정단비, 김주승
국제부 | 이선민, 조혜란
마케팅 | 구본철, 차정욱, 오영일, 나진호, 강호묵
마케팅 지원 | 장상범
제작 | 김유석